普通高等学校“十四五”规划建筑专业精品教材

城市规划概论

(第三版)

丛书审定委员会

何镜堂　仲德崑　张　颀　李保峰

赵万民　李书才　韩冬青　张军民

魏春雨　徐　雷　宋　昆

本书主审　赵万民

本书主编　胡　纹

本书编写委员会

黄　瓴(重庆大学)　闫水玉(重庆大学)

谭文勇(重庆大学)　孙国春(重庆大学)

李泽新(重庆大学)　权东计(西北大学)

赵　炜(四川大学)　刘　玮(北京建筑大学)

杨培峰(福建工程学院)　陈　桔(昆明理工大学)

陈　旭(福建工程学院)　闫　利(西南科技大学)

华中科技大学出版社

中国·武汉

图书在版编目(CIP)数据

城市规划概论/胡纹主编. —3 版. —武汉：华中科技大学出版社，2022.8 (2024.9 重印)
ISBN 978-7-5680-8104-7

Ⅰ. ①城… Ⅱ. ①胡… Ⅲ. ①城市规划 Ⅳ. ①TU984

中国版本图书馆 CIP 数据核字(2022)第 121611 号

城市规划概论(第三版)　　　　胡　纹　主编
Chengshi Guihua Gailun(Di-san Ban)

策划编辑：金　紫
责任编辑：周怡露
封面设计：原色设计
责任监印：朱　玢
出版发行：华中科技大学出版社(中国·武汉)　　电话：(027)81321913
　　　　　武汉市东湖新技术开发区华工科技园　　邮编：430223
录　　排：华中科技大学惠友文印中心
印　　刷：武汉开心印印刷有限公司
开　　本：850mm×1065mm　1/16
印　　张：14
字　　数：306 千字
版　　次：2024 年 9 月第 3 版第 3 次印刷
定　　价：42.80 元

本书若有印装质量问题，请向出版社营销中心调换
全国免费服务热线：400-6679-118　竭诚为您服务

普通高等学校"十四五"规划建筑学专业精品教材

总　　序

《管子》一书《权修》篇中有这样一段话:"一年之计,莫如树谷;十年之计,莫如树木;百年之计,莫如树人。一树一获者,谷也;一树十获者,木也;一树百获者,人也。"这是管仲为富国强兵而重视培养人才的名言。

"十年树木,百年树人"即源于此。它的意思是说,培养人才是国家的百年大计,既十分重要,又不是短期内可以奏效的事。"百年树人"并不是非得一百年才能培养出人才,而是比喻培养人才的远大意义,因此要重视这方面的工作,并且要预先规划,长期、不间断地进行。

当前,我国建筑业发展形势迅猛,急缺大量的建筑建工类应用型人才。全国各地建筑类学校以及设有建筑规划专业的学校众多,但能够既符合当前改革形势又适用于目前教学形式的优秀教材却很少。针对这种现状,急需推出一系列切合当前教育改革需要的高质量优秀专业教材,以推动应用型本科教育办学体制和运作机制的改革,提高教育的整体水平,并且加快改进应用型本科办学模式、课程体系和教学方法,形成具有多元化特色的教育体系。

这套系列教材整体导向正确,内容科学精练,编排合理,指导性、学术性、实用性和可读性强,符合学校、学科的课程设置要求。本书以建筑学科专业指导委员会的专业培养目标为依据,注重教材的科学性、实用性、普适性,尽量满足同类专业院校的需求。教材内容上大力补充新知识、新技能、新工艺、新成果;注意理论教学与实践教学的搭配比例,结合目前教学课时减少的趋势适当调整了篇幅。根据教学大纲、学时、教学内容的要求,突出重点、难点,体现了建设"立体化"精品教材的宗旨。

这套系列教材以发展社会主义教育事业、振兴建筑类高等院校教育教学、促进建筑类高校教育教学质量的提高为己任,为发展我国高等建筑教育的理论、思想,对办学方针、体制及教育教学内容改革等进行了广泛深入的探讨,提出新的理论、观点和主张。希望这套教材能够真实地体现我们的初衷,能够真正成为精品教材,受到大家的认可。

中国工程院院士

2007年5月于北京

第三版前言

21世纪初，我们面对着一个充满变化、动荡的世界。

全球气候变化 2020年1月，全球平均气温破纪录，成为自1880年有气象记录以来最热的一个月。在过去的一个世纪里，全球表面平均温度已经上升了0.3～0.6 ℃，全球海平面上升了10～25 cm。许多学者的预测表明，到21世纪中叶，世界能源消耗的格局若不发生根本性变化，大气中二氧化碳的浓度将达到560 ppm，地球平均温度将有较大幅度的增加。全球气候变化会给人类带来难以估量的损失。气候变化会使人类付出巨大代价的观念已为世界所接受，并成为学者广泛关注和研究的全球性环境问题。

逆全球化 在整个全球化进程中，不可避免地会出现相应的"赢家"与"输家"。随着全球化进程的不断发展，"赢家"与"输家"的矛盾日益激增。当前，世界经济复苏乏力，困难和风险增加，加之疫情、难民潮、地区冲突，国际上出现了英国脱欧、"美国优先"等诸多贸易保护主义倾向。

中国的城市化 诺贝尔奖获得者、美国经济学家斯蒂尔格里茨把中国的城市化与美国的高科技发展列为深刻影响世纪人类发展的两大主题。其实，我们对这种"高估"准备不足，原本以为还需要一两年，我国才会跨过城市化50%的门槛，而根据国家统计局公布的第七次全国人口普查数据，2020年居住在城镇的人口为90199万人，意味着城镇人口占比达63.89%，我国即将进入城市化的下一阶段。

城乡区域发展和收入分配差距较大 我国居民可支配收入基尼系数在近几年都处于0.46以上的较高水平。过大的收入分配差距，凸显了不同收入阶层之间的矛盾，已成为制约经济社会协调持续发展和全面建设小康社会的重要障碍。缩小收入差距、推进社会公平，是摆在中国经济社会全面协调发展战略面前的一个重要选择和挑战。在这个特殊的时期，我们需要应对新时代的新挑战，应该重新认识城乡规划的意义。

以人民为中心 习近平总书记说过，无论是城市规划还是城市建设，无论是新城区建设还是老旧区改造，都要坚持以人民为中心，聚焦人民群众的需求，合理安排生产、生活、生态空间，走内涵式、集约型、绿色化的高质量发展路子，努力创造宜业、宜居、宜乐、宜游的良好环境，让人民有更多获得感，为人民创造更加幸福的美好生活。

价值观转变 在资源环境压力尚未缓解、传统的生产模式和消费模式尚未根本改变的情况下，我们非常有必要强调生态价值，只有生态价值的重要性得到认可，才能走出一条中华民族永续发展的路子，实现"二氧化碳于2030年前达到峰值，争取在2060年前努力实现碳中和"的国际承诺。城乡规划工作应该实现重大的思路调整，规划工作的核心不仅有做好资源配置,还有减少资源消耗,降低对自然的干扰。好的规划目标不应该是不计环境代价的经济增长,而应该是促进生态价值转化的绿色发展,合理的规划方案不一定反映为蓝绿空间的比例,更关键的是要推动生活空间的生态化转型,提供优良生态环境。

新发展格局 面对新的危机,我国一再强调构建以国内大循环为主体、国内国际双循环相互促进的新发展格局,强调始终把人民群众生命安全和身体健康放在第一位,强调充分发挥我国独特的制度优势、发展优势和机遇优势,切实转变发展方式,改变城乡、区城发展和收入差距,使发展成果更好地惠及全体人民。这些都应该成为新时代城乡规划工作的重要指导思想。

教育 社会对城乡规划教育的需求也在不断变化。城乡规划的知识体系在不断拓展,面对社会需求的变化和学科自身发展的持点,我们需要重新审视规划教育的走向。对于这门以复杂科学著称的综合性学科而言,其知识结构的丰富程度,需要从本科教育、研究生教育以及后续教育的全过程来综合衡量。

总之,城乡问题的复杂性决定了城乡规划学科的综合性。然而,不能把学科的综合性简化为要求每个人拥有全面的知识结构,它并不一定意味着每个毕业生都应成为全能的规划师,而是指我们必须依靠跨学科的交叉融合,依靠团队的力量才能够实现规划的综合性。

本书的修订着力于构建一个较为全面的基础知识框架,甚至是城乡规划学生需要的科学普及知识的框架,并不需要学生对相关理论和知识有深刻的理解。本次修订增加了城市空间规划、国土空间规划体系、气候与城市三个章节,邀请了更多的院校和老师参与其中,6 所院校的 12 位老师的参与使得教材更有普惠性。

胡 纹

2021 年 8 月

目　录

第1章 概　　述

1.1 城市的产生

在历史的演替中，人类社会经历了原始社会、奴隶社会、封建社会、资本主义社会、社会主义社会等阶段，城市作为一种区别于农村的聚落，产生于原始社会向奴隶社会过渡的时期。人类社会劳动大分工是城市产生的根本原因，人类技术的进步和阶级的形成促进了城市的发展。

1.1.1 居民点的产生

从本质上说，各种居民点都是社会生产发展的产物。它们既是人类生活居住的地点，又是人类从事生产和其他活动的场所。

在原始社会漫长的岁月里，人类过着依附于自然的采集经济生活，居无定所，居住方式以巢居和穴居为主。在与自然进行斗争的过程中，人类开始创造工具，开始狩猎、捕捞，自身的生存能力逐渐提高，同时形成了较稳定的原始部落。

随着生产能力的进一步提高，劳动分工逐渐产生，原始农业和畜牧业及狩猎随之分开。原始农业和畜牧业的出现，使人类的生活有了保障，开始过着较为安定的生活，人口不断增加。于是人类便开始选择适当地点，开垦荒地，经营林业，放牧牲畜，建造房屋，定居下来，逐渐从游牧生活转换到定居生活。

以农业为主的生产方式及氏族公社的形成必然产生聚族而居的居民点，它也是人类历史上第一次劳动大分工的产物。

早期的居民点仍然不能摆脱自然资源的束缚，多发源于自然资源丰富的地区，大都靠近河流、湖泊，那里有丰富的水源、肥沃的土地，适于耕种，易于居住。中国的黄河中下游、埃及的尼罗河下游、亚洲的幼发拉底河以及底格里斯河流域，都是人类历史上最早出现居民点的地区。

1.1.2 城市的形成

生产力的提高产生了剩余产品，人们需要对剩余产品进行交换，于是产生了私有制和劳动分工。随着交换量的增加及交换次数的频繁，专门从事交易的商人出现。商业和手工业也从农牧业中分离出来，这是人类社会的第二次劳动大分工。原始居民点也发生变化，其中以农业为主的是农村，一些商业和手工业的聚集点逐渐发展为城市。所以，可以说城市是生产发展和人类的第二次劳动大分工的产物。

原始社会的生产关系逐渐解体,出现了阶级分化,人类开始进入奴隶社会。城市是伴随着私有制和阶级分化,在原始社会向奴隶社会过渡的时候出现的。在几个古代文明的发源地,城市的产生有先有后,但都符合这个发展规律。

从我国文字上讲,"城"和"市"起初是两个不同的概念。"城"是具有防御功能的概念,正所谓"筑城以卫君,造廓以守民"(《吴越春秋》);而"市"是具有贸易、交换功能的概念,是一种具有交易性的场所。二者相结合,便有了完整的"城市"概念。

1.1.3　城市的发展特点

城市的发展过程是人们在社会经济发展的基础上,利用文化技术,适应生产方式和生活方式的变化,不断改进自己的居住环境,主动或被动地进行城市建设的过程。

城市的发展经历了两大阶段:古代城市发展阶段和近现代城市发展阶段。这两个阶段以 18 世纪下半叶的产业革命为界。不同的发展阶段对应着人类社会不同的发展特征。

1. 古代城市的发展特点

(1) 城市结构简单,城市职能单一。早期城市一般都是行政、宗教、军事或手工业和商业的中心。城市的结构和形态都比较单纯。城市多以王宫、庙宇、教堂、官邸或其他大型公共建筑为中心。两河流域的古巴比伦城(图 1-1),古希腊的雅典卫城(图 1-2),法国的巴黎,中国隋唐的长安城(图 1-3)和元代大都城(图 1-4)都基本如此。这都反映了城市生产力水平不高、城市功能比较单一的状况。

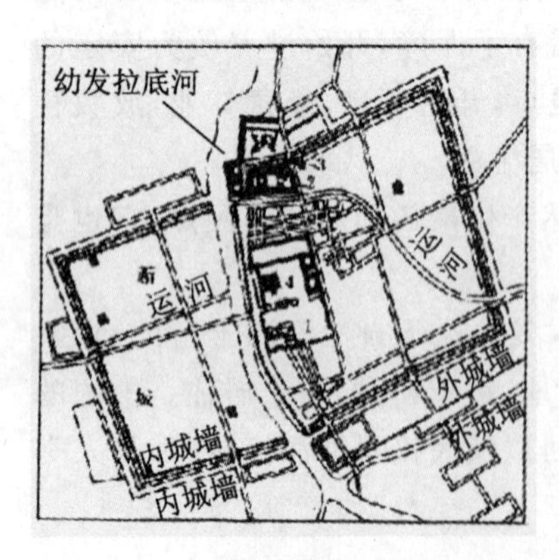

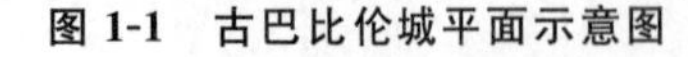
图 1-1　古巴比伦城平面示意图

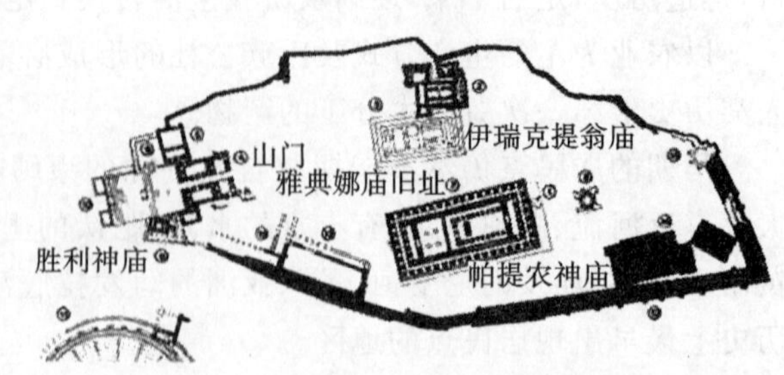

图 1-2　古希腊的雅典卫城平面图

(2) 城市规模小。由于受城防工事体系、供水和卫生条件的限制,除了西方的罗马城、东方的长安城这些特殊情况外,城市规模一般较小。例如公元前 5 世纪,雅典是拥有 4 万市民、10 万奴隶和外国人的城市,而当时有代表性的规划思想认为,一个理想城市的居民人数不能超过 1 万人。13 世纪的欧洲城市居民人数很少超过 5 万,这反映了城市规模受当时社会、经济、技术等条件的制约。

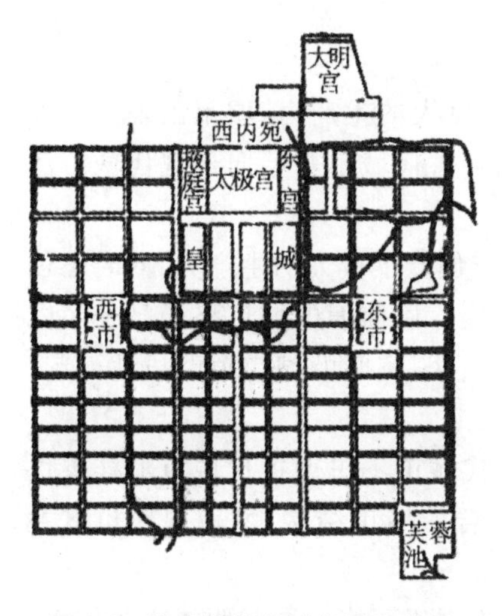

图 1-3 隋唐的长安城复原示意图

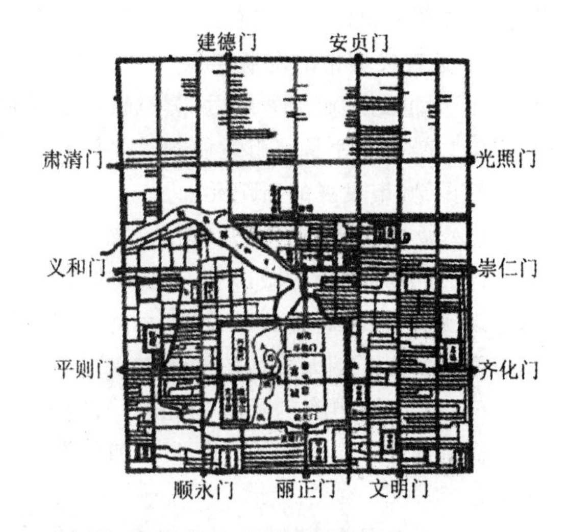

图 1-4 元代大都城复原平面图

(3) 军事职能占主要地位。初期的城市都有很强的防御属性,最初是为了防止野兽袭击,后来则是由于战争的需要,用于抵御战争侵袭。古代战争频繁,城市多建于山上,筑有几重城墙,城墙外还有深而广的城壕(图 1-5)。

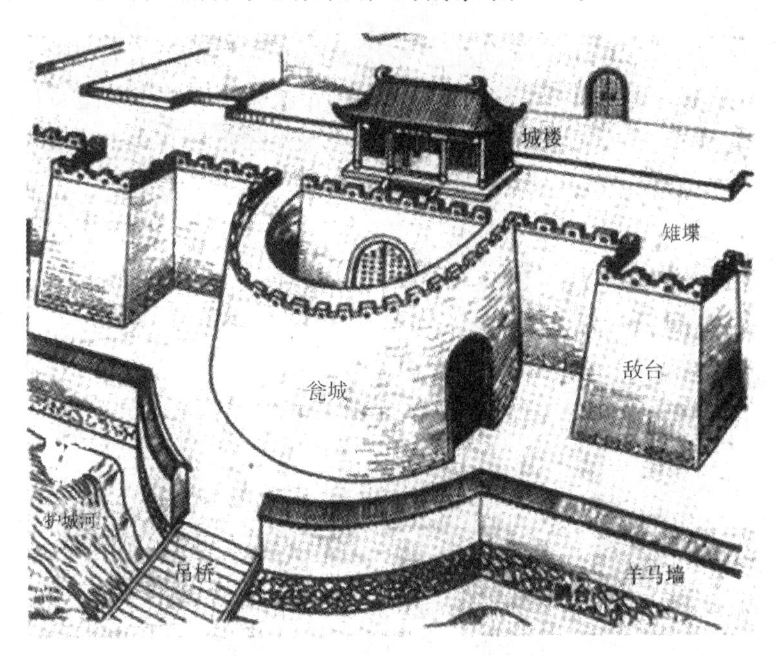

图 1-5 军事城壕

(4) 城市化水平低,且进展缓慢。这一时期,城市人口在世界总人口中所占比例很小。公元 1600 年,只有 1.6%的欧洲人口生活在 10 万人以上人口规模的城市;到 1700 年,相应的数字仅上升到 1.9%;直到 1800 年,世界城市人口总数为 2930 万人,仅占世界总人口的3%左右。

2. 近现代城市的发展特点

在18世纪产业革命以后,蒸汽机的发明创造了巨大的生产力,城市出现了极大的变化。产业革命是城市发展的重要里程碑,标志着古代城市开始向近现代城市演进,开启了城市发展的新纪元。

(1) 城市发展速度加快,变化剧烈。工业化生产创造了极大的生产力,同时也创造了极大的物质财富,城市有了更多的资本用于发展。以前旧的城市格局已经不能满足现实的需要,高耸的摩天楼、大型厂房、新式住宅区、宽阔的城市道路拔地而起,城市面貌发生了翻天覆地的变化。

(2) 城市结构趋向复杂,规模日渐增大。近现代城市不再像古代城市那样仅仅只有简单的功能分区,而是追求更加复杂、更加综合的城市结构,城市规模也日益扩大。

(3) 城市职能多样化,经济社会的发展成为城市主要职能。城市职能逐步增多,城市不再像过去那样单单以防御为主,而是成为拥有工业、商业、金融、贸易等综合职能的城市。

(4) 城市类型增多。出现了港口贸易城市、矿业城市、交通枢纽城市和以某种产业为主的城市等。

(5) 人口向城市急剧聚集,城市化水平快速提高。一方面,工业化需要吸收大量的农业人口,使之转换为城市人口;另一方面,城市扩张也吞并了周边乡村的农业用地,失去土地的农民流入城市,成为工人,城市化水平在短时间内大幅度提高。预计到2025年,世界人口的60%将住在城市或城市周围。

1.2 城市规划的地位、作用和任务

1.2.1 城市的定义

随着历史的发展,城市的内容、功能、结构、形态不断演化,从某一方面或某一角度给城市下定义已经不可以概括城市这一包罗万象的事物的本质;但是,从任一不同角度的研究,对了解城市的本质都是有益的。例如,从经济地理的角度看,城市的产生和发展是与劳动的地域分工的出现和深化分不开的。社会学家把城市看作生态社区(ecological community),并认为城市是社会化的产物。经济学家认为所有的城市都存在人口和经济活动在空间上集中这一基本特征。市政管理专家和政治家曾经把城市看作法律上的实体,现在则把它看作公共事业的经营部门,并提倡有效的规划和管理。生态学家把城市看作人工建造的聚居地,是当地自然环境的组成部分。建筑学家认为,城市是多种建筑形式的空间组合,主要是为聚集的居民提供具有良好设施的适宜生活和工作的物质环境。

现代意义上的城市，是以非农产业和非农业人口聚集为主要特征的居民点，在我国，城市是按国家行政建制设立的市和镇。

1.2.2 城市规划的地位和作用

对城市规划地位、作用和任务的认识，关系到城市规划生存和发展的依据，决定着城市规划工作在国民经济和社会发展中的角色定位，也直接影响到规划从业者看待工作、处理问题的方式。

在我国城市规划制度创新过程中，这一问题之所以显得更为重要、更为迫切，原因在于，观念的创新是制度创新的灵魂。城市规划工作能否在不断变化的社会政治环境中有一个正确的定位，规划观念的转变以及制度创新能否保持一个正确的方向，与我们对城市规划地位、作用和任务的认识有着非常密切的联系。

城市规划是在一定时期内，对城市各类设施包括经济设施（工业、仓库、农田水利、商业旅游等设施）、社会设施（住宅、办公楼、教育、科研、医疗、文化、体育、娱乐等设施）以及基础设施（道路、公交、供水、排水、煤气、热力、园林绿化等设施）所做的发展计划和综合部署，使其有机联系。因此，城市规划实际上就是社会经济发展在城市空间上的"物化"规划，其任务是解决社会、经济和城市建设在城市空间上的协调发展问题。

城市建设是一项庞大的系统工程，城市规划是引导和控制城市建设活动的基本依据和手段，是落实国家宏观城乡发展战略的重要组成部分，是保证城市土地和空间资源合理利用和城市各项建设合理进行的前提和基础，是实现城市及国家经济社会目标的重要手段，也是城市管理的依据。

城市规划在城市建设中起着"龙头"的作用，这是由城市规划的特性及其在城市建设中的地位决定的。

第一，城市规划具有很强的综合性。它不仅要解决单项工程建设的合理性问题，而且要解决各个单项工程之间相互关系的合理性问题。要运用全局的观点正确处理城市与乡村，生产与生活，局部与整体，近期与远期，平时与战时，经济建设与环境保护等一系列关系。由此可见，城市规划代表的是国家和人民的整体利益和最高利益，自然成为城市建设的"龙头"。

第二，城市规划具有很强的政策性。它表明政府对特定地区建设和发展所要采取的行动，也是国家对城市发展进行宏观调控的手段之一。它一方面提供城市社会发展的保障措施，支持房地产市场的发展；另一方面又以政府干预的方式克服市场的消极因素，保证土地分配符合城市总体利益，保证本地使用符合社会利益，并将规划政策告知公众，实现全社会对国家政策和规划策略的认同。

第三，城市规划具有很强的先期性。它既要解决城市当前建设中的问题，做好项目基本建设的前期调查研究和可行性论证，又要高瞻远瞩，考虑城市的长远发展需要，超前研究建设中即将可能出现的一些重大问题，并对城市建设加以引导和控制,实现对城市未来发展的空间架构,保持城市发展的整体连续性。

第四,城市规划具有不确定性。随着市场经济的发展,城市规划开始面对投资主体多元化的挑战,政府虽然是重要的投资主体,但其所占比例日益下降,私人、集体、外资的投资日益上升。这些主体的进入与投资随着市场的变动而变动,这就构成了投资的不确定性,城市规划如何面对这种不确定性成为新的问题。城市规划既是主动的引导、控制行为,又是被动的等待和服务行为。

1.2.3 城市规划的任务

城市规划的基本任务是根据一定时期经济、社会发展的目标和要求,确定城市性质、规模和发展方向,统筹安排各类用地和空间资源,综合部署各项建设,以实现经济和社会的可持续发展。

城市规划的主要任务表现在以下几个方面:①查明城市区域范围内的自然条件、自然资源、经济地理条件、城市建设条件、现有经济基础和历史发展的特点,确定城市在区域中的地位和作用;②确定城市性质、规模及长远发展方向,拟定城市发展的合理规模和各项技术经济指标;③选择城市各功能组成部分的建设用地,并进行合理组织和布局,确定城市规划空间结构;④从城市的整体和长远利益出发,合理和有序地配置城市空间资源;⑤通过空间资源配置,提高城市的运作效率,促进经济和社会的发展;⑥确保城市的经济和社会发展与生态环境相协调,增强城市发展的可持续性;⑦建立各种引导机制和控制机制,确保各项建设活动与城市发展目标相一致;⑧通过信息提供,促进城市房地产市场的有序和健康运作。

我国当前城市规划的主要任务为:①深入开展城市规划的研究工作;②完善规划编制体系,提高规划质量和水平;③加强立法工作,完善城市规划法规体系;④严格依法行政,提高城市规划管理水平;⑤深化城市规划体制改革,加强规划队伍建设。

1.2.4 城市规划与建筑学的关系

认识建筑学与城市规划两个专业的相互关系,必须从它们的研究对象入手。建筑学的主要研究对象为建筑设计,涉及建筑的策划、施工等方面;城市规划的主要研究对象为城市规划设计与管理。

1. 城市规划对建筑的影响

从设计与管理层面上来看,城市规划对建筑设计起到控制与引导作用,如图 1-6 所示。

具体来讲,城市规划对建筑的影响主要表现为以下几个方面。

(1) 城市规划影响建筑的选址。

城市规划法规定任何建设项目的选址必须征得规划行政主管部门的同意,而既定的总体规划、分区规划、详细规划是批复选址意见的基本依据之一。

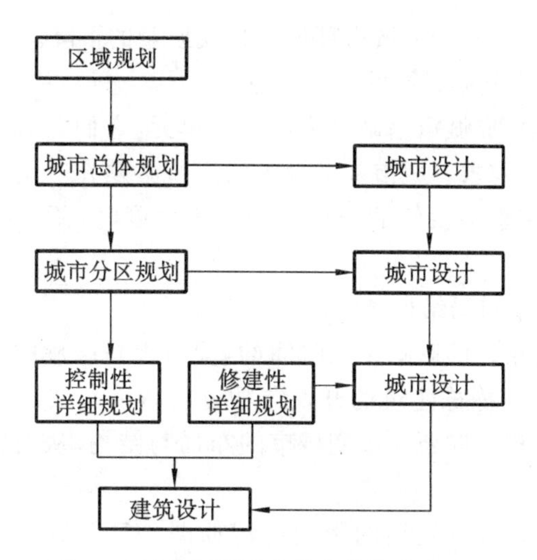

图1-6 城市规划对建筑设计的影响过程

(2) 城市规划影响建筑的综合效益。

城市规划是建筑基地周围其他项目建设的指导与控制依据,具有改善与调整建筑基地区位条件的作用,从而影响到建筑的综合效益。比如城市道路的拓宽导致建筑临街情况改变,交通条件的改善会直接促进建筑使用性质的改变或经营效益的变化。

(3) 城市规划影响建筑布局、形体与风格。

用地性质、绿地率、建筑密度、建筑高度、容积率、出入口方位、建筑退后红线距离、建筑红线、建筑风格与色彩是规划管理部门依据城市规划对建筑设计提出的基本设计条件。这些条件对建筑的布局、形体、风格具有控制与引导作用,比如建筑密度、容积率、后退红线距离、建筑高度可以控制建筑体量,规划文本中的引导意见或强制措施可以引导或控制建筑风格。

2. 建筑对城市规划的影响

城市规划在引导与控制建筑设计与建设的同时,也会受到建筑的影响,具体可分为以下几个方面。

(1) 建筑直接影响城市规划。

存量建筑,即现有建筑,是直接影响城市规划的主要因素,它们可以对各层次的规划带来或多或少的影响。比如北京紫禁城是极具保护价值的建筑群,它就直接影响到北京城市规划的编制与实施,并成为紫禁城外围建筑高度控制与景观规划的主要依据。

(2) 建筑影响城市的环境与景观质量。

建筑是城市的主要组成部分,毫无疑问,它将对城市的环境与景观质量产生影响。然而这一影响过程具有复杂性:城市建设直接置于规划管理之下,但由于规划管理人员的素质、城市建设的复杂性与长期性、规划设计的局限性,建筑设计可能体现了错误的规划设计意图,造成城市环境与景观质量的下降。

(3) 建筑影响城市基础设施的使用效益。

每一栋建筑均是构成城市基础设施的基本单元,它们会对城市基础设施提出一定的要求,最终形成总需求。城市基础设施的运行必须在一定建设规模与使用条件下才具有经济性,当需求与供给的矛盾达到一定程度时,便会影响到城市基础设施的规划与建设。

(4) 建筑影响城市布局结构。

建筑对城市布局结构的影响是长时间的,同时也是缓慢的。城市某一区位功能的置换与发展是通过一栋栋建筑的开发与功能的转换来实现的。这种开发与功能转换的积累达到一定程度时便会改变城市的布局与结构,从而影响到后续城市规划的编制与实施。

综上所述,建筑对城市规划的影响过程如图 1-7 所示。建筑与城市规划相互影响。

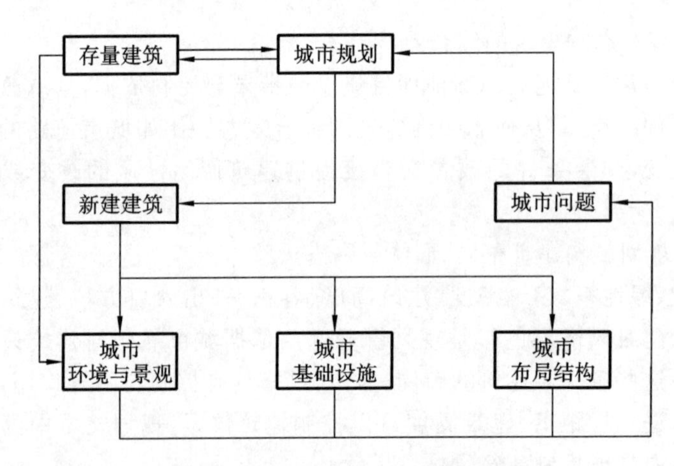

图 1-7 建筑对城市规划的影响过程

【思考题】

1. 城市形成的主要动因是什么?

2. “城”与“市”的概念是什么?

3. 城市与乡村之间有怎样的辩证关系?

4. 理解“凡立国都,非于大山之下,必于广川之上,高毋近阜而水用足,低毋近水而沟防省。因天材,就地利,故城郭不必中规矩,道路不必中准绳”的含义。

5. 城市规划对建筑有哪些影响?

第2章　城市规划的发展简史

2.1　古代城市规划

2.1.1　中国古代的城市规划

中国古代城市规划发展史是一部非常辉煌的历史，与中国古代文明密不可分。伴随着不同的政治、经济和文化背景的变迁，中国古代城市经历了几千年的漫长历史，古代的城市规划思想理论也随之不断发展演变。

1. 中国古代城市规划理论演变

据考古证实，我国最早的城市距今有4000多年的历史。夏朝时开始有了关于城市规划的史料记载。商朝是我国城市规划体系的萌芽阶段。

西周是我国奴隶社会的鼎盛时期，开始逐渐形成我国古代的城市规划体系。这个时期形成了完整的社会等级制度和宗教法理关系，以及城市布局模式的严格规则。《周礼·考工记》记载："匠人营国，方九里，旁三门，国中九经九纬，经涂九轨，左祖右社，前朝后市，市朝一夫。"因此，西周是我国古代城市规划思想最早形成的时代(图2-1、图2-2)。

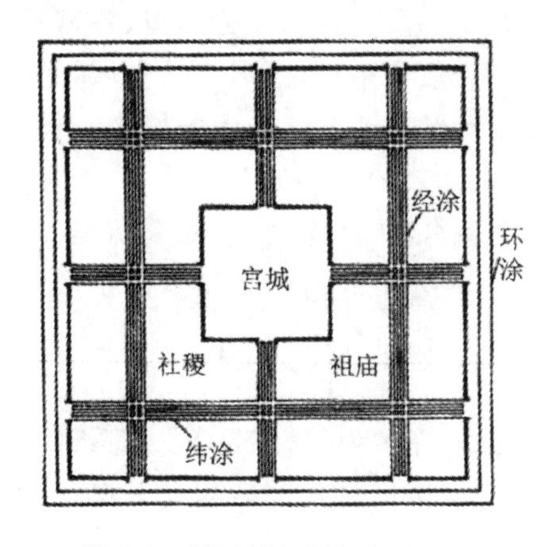

图2-1　周王城复原想象平面图

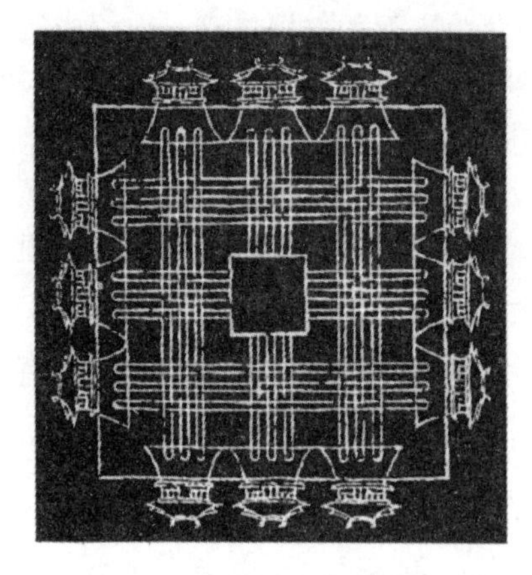

图2-2　《周礼·考工记》中关于"王城"的形制图

东周的春秋、战国时代是从奴隶制向封建制过渡的时期，也是中国古代社会及文明发展的重要时期。各种学术思想如儒家、道家、法家等都是在这个时期形成并传承的，学术思想的百家争鸣、商业的发达、战争的频繁以及筑城与攻守技术的发展,形成了当时城市建设的高潮。因此,东周是我国古代城市规划思想的多元化时代:既有一脉相承的儒家思想,维护传统的社会等级和宗教礼法,表现为城市形制的皇权至上理念;也有以管子为代表的变革思想,在城市选址上提出“高毋近阜而水用足,低毋近水而沟防省”,在城市形制上强调“因天材,就地利,故城郭不必中规矩,道路不必中准绳”的自然至上理念以及“筑城以卫君,造郭以守民”的社会要求,从思想上打破了《周礼》单一模式的束缚。

汉武帝时代,开始“罢黜百家,独尊儒术”,因为儒家提倡的礼制思想最有利于巩固皇权统治。礼制的核心思想是社会等级和宗法关系,《周礼·考工记》的城市形制正是礼制思想的体现。从此,封建礼制思想开始了对中国长达3000年左右的统治。从曹魏邺城、唐长安城到元大都和明清北京城,《周礼·考工记》的城市形制对中国古代都城的影响得到了越来越完整的体现。

与此同时,以管子和老子为代表的自然观对中国古代城市形制的影响也是长期并存的。许多古代城市格局利用自然条件而不完全循规蹈矩。特别是宋代以后,随着商品经济的发展,一些位于通航交汇处、水旱路交通交汇点的城市的布局开始冲破礼制约束,如当时的东京汴梁(开封)、临安(杭州)等。

2. 中国古代城市规划实践(典型格局)

(1) 唐长安城。

长安城始建于隋,建成并兴盛于唐,所以通常称为隋唐长安城。长安城是隋文帝杨坚于开皇二年(公元582年),在结束了数百年南北朝分裂、混战的局面,实现了全国统一后,在原汉长安城东南新建的规模空前的都城。其建城指导思想是要体现统一的隋王朝的大和新,初时名为大兴城。由宇文恺负责制订规划并利用冬闲时节征集数十万的农民修筑。他们先筑城墙,修排水系统,开辟道路,划分坊里、建宫殿;然后逐步在坊里中兴建宅第,至唐初才基本建成。唐取代隋后,改名为长安城,经过几次大规模的修建,长安城总人口达到近百万,成为当时世界上最大的城市。长安城体现了《周礼·考工记》记载的城市形制规则(图2-3)。

唐长安城的居住分布采用坊里制,朱雀大街两侧各有54个坊里,每个坊里四周设置坊墙。坊里实行严格管制,坊门朝开夕闭。东西处市肆内的道路呈井字形,道路宽度为14～16米,街上密集布置着店铺,也是日出开、日暮闭。

(2) 元大都和明清北京城。

从1267年到1274年,元朝在北京修建新的都城,命名为元大都。元大都继承和发展了中国古代都城的传统形制,是继唐长安城之后中国古代都城的又一典范,并经明清两代的继承发展成为留存至今的北京城。

元大都城市格局的主要特点是三套方城、宫城居中和轴线对称布局。三套方城分别是内城、皇城、宫城,各有城墙围合,皇城位于内城的南部中央,宫城位于皇城的东部,并在元大都的中轴线上。皇城东西分别设有太庙和社稷,商市集中于城北,体现了“左祖右社”和“面朝后市”的典型格局(图2-4)。

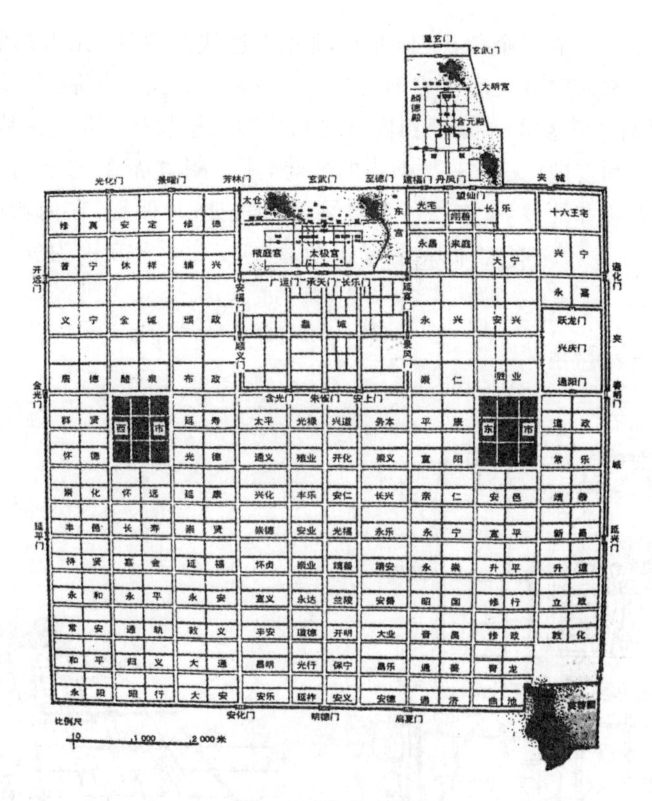

图 2-3　唐长安城

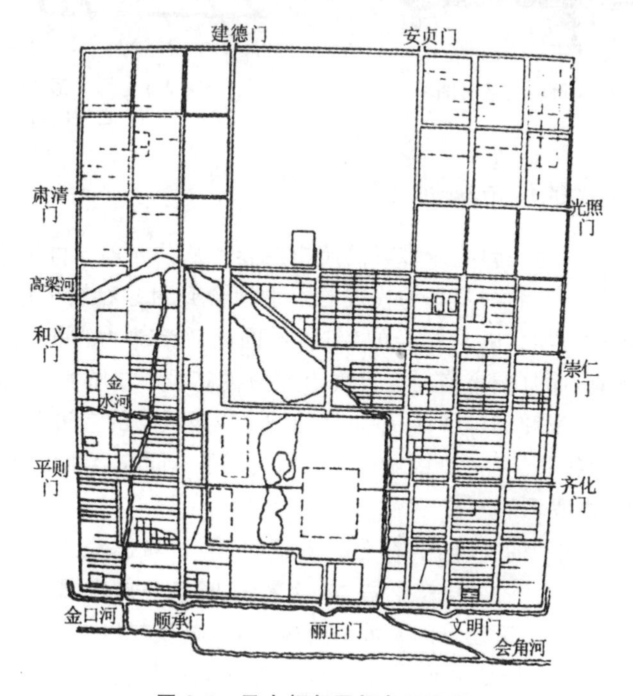

图 2-4　元大都复原想象平面图

虽然历经元、明、清三个朝代,但北京城并未遭战乱毁坏,元大都的城市形制得以保存。明北京城的内城长度在北部收缩了2.5 km,在南部扩展了0.5 km,使中轴线更为突出,从外城南侧的永定门到内城北侧的钟鼓楼长达8 km,沿线布置了城阙、牌坊、华表、广场和宫殿,突出庄严雄伟的气势,显示封建帝王的至高无上。皇城前东西两侧各建太庙和社稷,又在城外设置了天、地、日、月四坛,在内城南侧的正阳门外形成商业市肆布局。清北京城没有实质性的变更,城市较为完整地保存至今(图2-5、图2-6)。

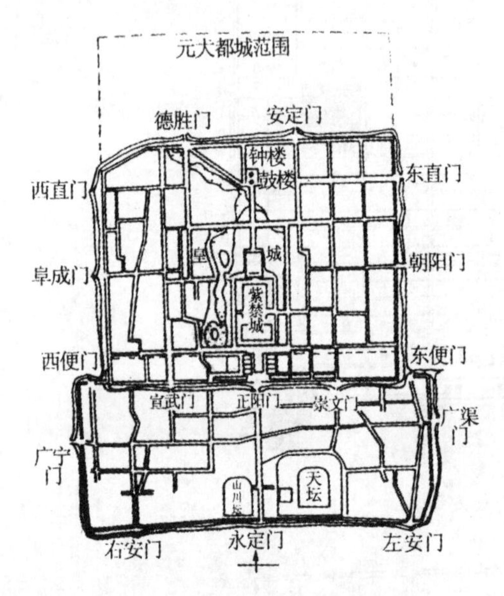

图2-5 明、清北京城平面图

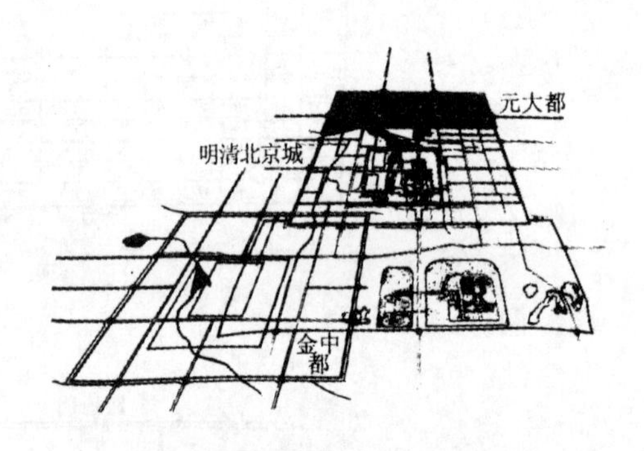

图2-6 元大都和明、清北京城之间的继承关系

2.1.2 西方古代的城市规划

欧洲的古代文明是一幅绚丽多彩的历史巨卷。从公元前5世纪到公元17世纪,欧洲经历了从以古希腊和古罗马为代表的奴隶社会到封建社会的中世纪、文艺复兴和巴洛克几个历史时期。随着社会的变迁,不同的政治势力占据主导地位,不仅带来不同城市的兴衰,而且城市格局也表现出相应的特征。古希腊城邦的城市公共场所、古罗马城市的炫耀和享乐特征、中世纪的城堡以及教堂的空间主导地位、文艺复兴时期的古典广场和君主专制时期的城市放射轴线都是不同社会和政治背景下的产物。

1. 古希腊和古罗马的城市

古希腊是欧洲文明的发祥地,在公元前5世纪,古希腊经历了奴隶制的民主政体,形成了一系列城邦国家。在古希腊繁盛时期,城市规划之父希波丹姆(Hippodamus)提出了城市建设的希波丹姆模式,这种模式以方格网的道路系统为骨架,以城市广场为中心,充分体现了民主和平等的城邦精神。这一模式在其规划的米利都城(Miletus)中得到完整体现:城市结合地形成为不规则的形状和棋盘式的道路网,城市中心由一个广场及一些公共建筑物组成,主要供市民们集合和商贸使用,广场周围有柱廊,供休息和交易用(图 2-7)。

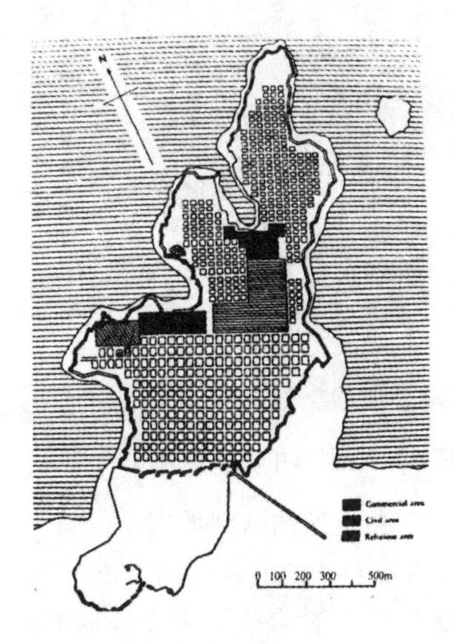

图 2-7　米利都城(Miletus)

古罗马时代是西方奴隶制发展的繁荣阶段。公元前 300 年,罗马几乎征服了全部地中海地区,在被征服的地方建造了大量的营寨城(图 2-8)。营寨城有一定的规划模式:平面呈方形或长方形,中间为十字形街道,交点附近为露天剧场或斗兽场与官邸建筑群形成的中心广场。营寨城的规划思想深受军事控制目的的影响。随着国力强盛、领土扩大和财富的积累,城市得以大规模发展。除了道路、桥梁、城墙和排水道等城市设施以外,大量公共浴池、斗兽场和宫殿等供奴隶主享乐的设施也出现了。到了罗马帝国时期(公元前 30 年,罗马共和国执政官奥古斯都称帝),城市建设进入了鼎盛时期,除了继续建造公共浴池、斗兽场和宫殿外,城市还成为帝王宣扬功绩的工具,广场、铜像、凯旋门和记功柱成为城市空间的核心和焦点。古罗马城是最为集中的体现:城市中心是共和国时期和帝国时期形成的广场群,广场上耸立着帝王铜像、凯旋门和记功柱,城市各处散布着公共浴池和斗兽场(图 2-9、图 2-10)。

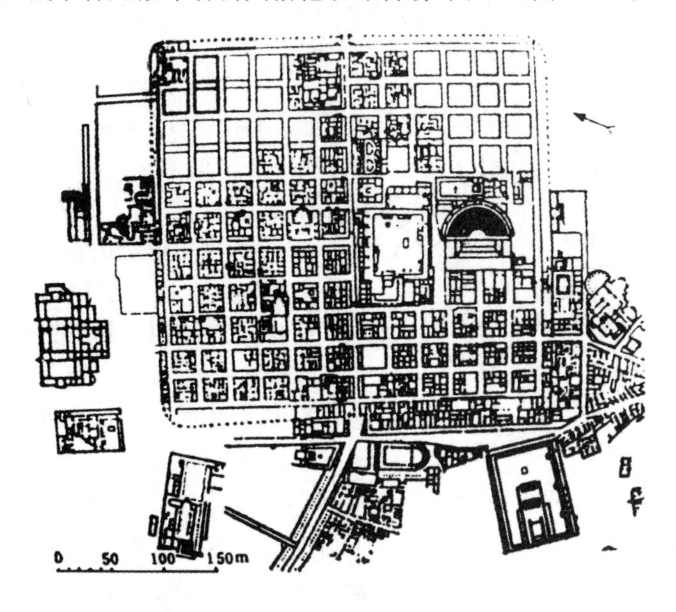

图 2-8　Timgad 城(今阿尔及利亚)平面图

图 2-9 古罗马中心区平面图

图 2-10 古罗马广场

2. 中世纪的欧洲城市

古罗马帝国的灭亡标志着欧洲进入封建社会的中世纪。由于以务农为主的日耳曼人南下，社会生活中心转向农村，手工业和商业十分萧条，城市处于衰落状态，古罗马城的人口也减至 4 万。

中世纪的欧洲分裂成许多小的封建领主王国，封建割据和战争不断，出现了许多具有防御作用的城堡。中世纪欧洲的教会势力十分强大，教堂占据了城市的中心位置，教堂的庞大体量和高耸尖塔成为城市空间布局和天际轮廓的主导因素，使中世纪的欧洲城市景观具有独特的魅力。

10 世纪以后，手工业和商业逐渐兴起，一些城市摆脱了封建领主的统治，成为自治城市，公共建筑(如市政厅、关税厅和行业会所)占据了城市空间的主导地位。随着手工业和商业的继续繁荣，不少中世纪的城市突破封闭的城堡不断向外扩张(图 2-11)。

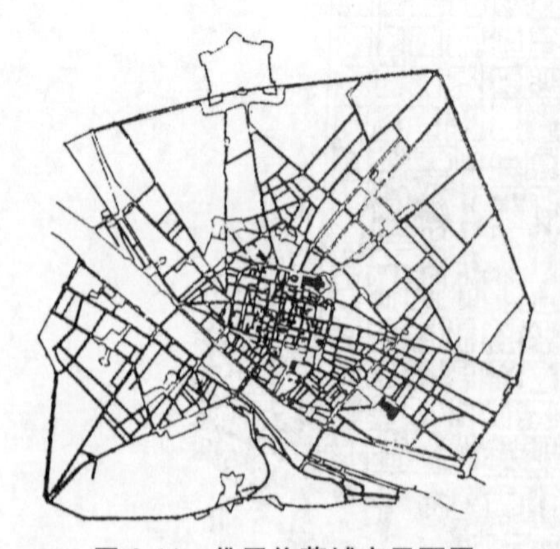
图 2-11 佛罗伦萨城市平面图

3. 文艺复兴和巴洛克时期的城市

14 世纪以后的文艺复兴时期是欧洲资本主义的萌芽时期，科学、技术和艺术都得到飞速发展。在人文主义思想的影响下，许多中世纪的城市进行了改建，改建往往集中在一些局部地段，如广场建筑群。意大利的城市修建了不少古典风格和构图严谨的广场和街道，如罗马的圣彼得大教堂和威尼斯的圣马可广场(图 2-12)。

在 17 世纪后半叶，新生的资本主义迫切需要强大的国家机器提供庇护，资产阶级与国家结成联盟，反对封建割据和教会势力，建立了一批中央集权的君权专制国家。城市建设受古典主义思潮的影响，设计者崇尚抽象的对称和协调，无论在平面布局还是在立面构图上，都不遗余力地强调轴线和主从关系。其中巴黎的改建规划受到的影响最大，轴线放射的街道（如香榭丽舍大道，图 2-13）、宏伟壮观的宫殿花园（如凡尔赛宫，图 2-14）和公共广场（如协和广场）都成为当时城市建设模仿的典范。

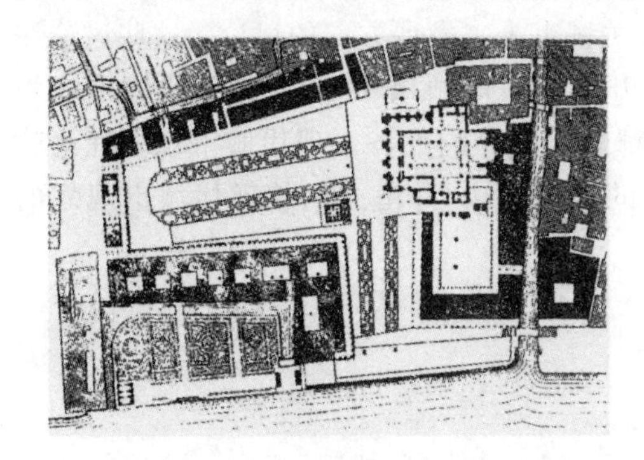

图 2-12　威尼斯圣马可广场

图 2-13　巴黎星形广场和香榭丽舍大道

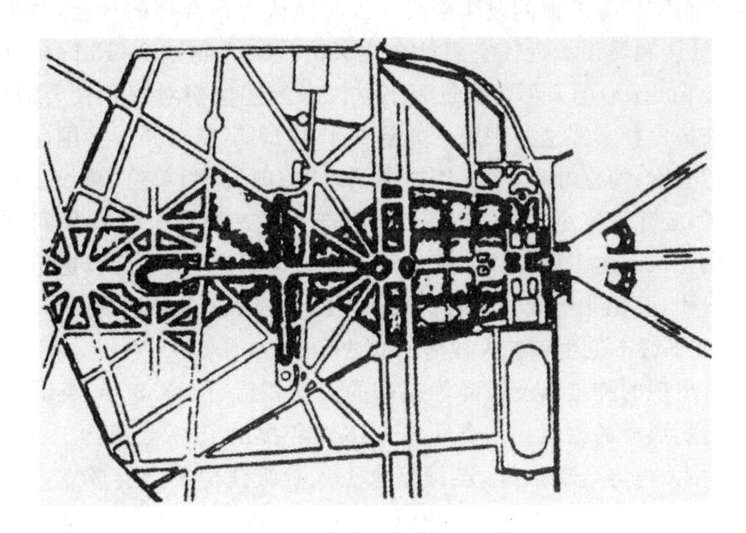

图 2-14　巴黎凡尔赛宫平面图

2.2　现代城市规划的产生和早期探索

18 世纪的工业革命极大地推进了城市化进程。工业生产方式的改进和交通技术的发展使得城市人口迅速增加。农业生产劳动率的提高和资本主义制度的建立，迫使大量破产农民进一步向城市集中，各类城市都面临着人口爆炸性增长的问题。这样的人口增长，使得原有城市中的居住设施严重不足，旧的居住区不断沦为贫民窟，出现了许多粗制滥造的住宅。同时在市内交通设施严重短缺的情况下，城市需要提供廉价的、距生产地点在合适的步行距离以内的住房。而房地产投机和城市政府对工人住宅缺乏重视，造成人口高度聚集、市政基础设施和公共服务设施严重匮乏、住宅基本的通风和采光条件不能满足需求等问题,导致传染病的流行。特别是19世纪30—40年代蔓延于英国和欧洲大陆的霍乱更引起社会和有关当局的惊恐,同时引起社会各阶层人士的关注。

在19世纪中叶,开始出现了一系列有关城市未来发展方向的讨论。这些讨论在很多方面是对城市发展讨论的延续,同时开拓了新的领域和方向,为现代城市规划的形成和发展在理论上、思想上和制度上都做了充分的准备。现代城市规划理论就是在认识工业城市问题的同时,提出相应的解决方法,并由此构筑现代城市规划的基本框架。

2.2.1 现代城市规划的历史渊源

1. 空想社会主义

近代历史上的空想社会主义源于莫尔(T. More)的"乌托邦"概念。他期望通过对理想社会组织结构等方面的改革来改变当时他认为不合理的社会,并描述了他理想中的建筑、社区和城市。近代空想社会主义的代表人物欧文(Robert Owen)和傅立叶(Charleo Fourier)等人不仅通过著书立说来阐述他们对理想社会的信念,还通过一些措施来推广和实践这些理想。如欧文于1817年提出并在美国印第安纳州实践的"协和村"方案;傅立叶在1829年提出了以"法郎吉"为单位,建设由1500～2000人组成的社区,废除家庭小生产,以社会大生产替代。1859—1870年间,戈定(J. P. Godin)在法国Guise的工厂相邻处按照傅立叶的设想进行了实践,这组建筑群包括了三个居住组团,有托儿所、幼儿园、剧场、学校、公共浴室和洗衣房。

2. 英国关于城市卫生和工人住房的立法

针对当时出现的肺结核及霍乱等疾病的大面积流行,1833年,英国成立了委员会专门调查疾病形成的原因。该委员会于1842年提出了"关于英国工人阶级卫生条件的报告"的相关内容。1844年,英国皇家工人阶级住房委员会成立,并于1848年通过了公共卫生法,这部法律规定了地方当局对污水排放、垃圾堆集、供水、道路等方面应负的责任。由此开始,英国通过制订一系列的卫生法规,建立起一整套对卫生问题的控制手段。对工人住宅的重视也促成了一系列法规的通过,如英国1868年的《贫民窟清理法》和1890年的《工人住房法》等,这些法规要求地方政府提供公共住房。

3. 巴黎改造

豪斯曼(George E. Haussman)从1853年开始任巴黎的行政长官,他看到了巴黎的供水受到污染,排水系统不足,可以用作公园和墓地的空地严重缺乏,大片破旧肮脏的住房以及没有最低限度的交通设施等问题,于是通过政府直接参与和组织,对巴黎进行了全面的改造。该改建项目以道路系统来划分整个城市的结构,并将塞纳河两岸地区紧密地连接在一起。街道改建与整治街景相结合,出现了标准的住房平面布局方式和标准的街道设施。城市的两侧建造了两个森林公园,城市中配置了大面积的公共开放空间，从而为当代资本主义城市的建设确立了典范，成为19世纪末20世纪初欧美城市改建的样板。

4. 城市美化

城市美化源自文艺复兴后建筑学和园艺学传统。自18世纪开始，中产阶级对城市四周由街道和连续的联列式住宅所围成的居住街坊中只有点缀性的绿化表示出极端的不满，在此情况下兴起的"英国公园运动"试图将农村的风景庄园引入城市之中，因此出现了围绕城市公园布置联列式住宅的布局方式，它将住宅坐落在不规则的自然景色中。这一思想通过西谛(Litte)对中世纪城市内部布局的总结和对城市不规则布局的倡导而得到深化。与此同时，在美国各以奥姆斯特(F. L. Olmsted)所设计的纽约中央公园为代表的公园和公共绿地的建设也意在实现与此相同的目标。以1893年在芝加哥举行的博览会为起点，对市政建筑物进行全面改进为标志的城市美化运动兴起，它综合了对城市空间和建筑美化的各个方面的思想和实践，在美国城市得到了全面的推广。

5. 公司城

公司城是资本家出资建设、管理的小型城镇。公司城的建设初衷是资本家为了就近解决在其工厂中工作的工人的居住问题，从而提高工人的生产能力。这类城镇在19世纪中叶后在西方各国都有众多的实例，如卡德伯里(George Cadbury)于1897年在伯明翰所建的模范城(Bournville)，W. H. 利佛(W. H. Lever)于1888年在利物浦附近所建造的城镇阳光港(Port Sunlight)等。

2.2.2 现代城市规划的两种基本思想体系

19世纪以后所进行的理论探讨和实践，为现代城市规划的形成和发展在理论上、思想上和制度上都打了坚实的基础。在这样的基础上，形成了以霍华德(E. Howard)提出的田园城市(图2-15)和勒·柯布西耶(Le Corbutier)提出的现代城市设想(图2-16)为代表的两种完全不同的城市规划思想体系。这两种城市规划思想体系影响并确定了现代城市的发展路径。

霍华德希望通过在大城市周围建设一系列规模较小的城市来吸引大城市中的人口，从而解决大城市拥挤和不卫生的问题。与此相反，勒·柯布西耶则希望通过对大城市结构的重组，在人口进一步集中的基础上，在城市内部解决城市问题。这两种思想界定了此后城市发展的两种基本方向：城市的分散发展和集中发展。每一种发展方式都在当代城市的发展中得到了体现。同时，这两种规划思路也显示了两种完全不同的规划思想和规划体系，霍华德的规划奠基于社会改革的思想，直接从空想社会主义的思想出发而建构其体系，因此在其论述的过程中更多地体现出对人文的重视和对社会经济的关注。勒·柯布西耶则从建筑师的角度出发，对建筑和功能的内容更为关心，并希望通过对物质空间的改造来改造整个社会。

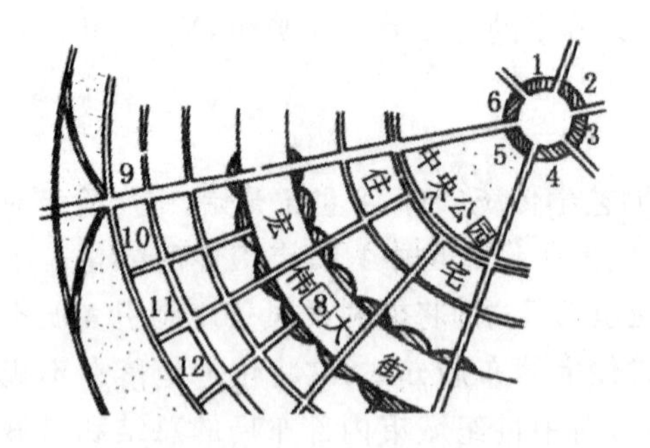

图 2-15　霍华德的田园城市图解

1—图书馆；2—医院；3—博物馆；4—市政厅；
5—音乐厅；6—剧院；7—水晶宫；8—运动场；
9—火车站；10—煤场、石料场；11—服装厂、印刷厂；
12—制靴厂

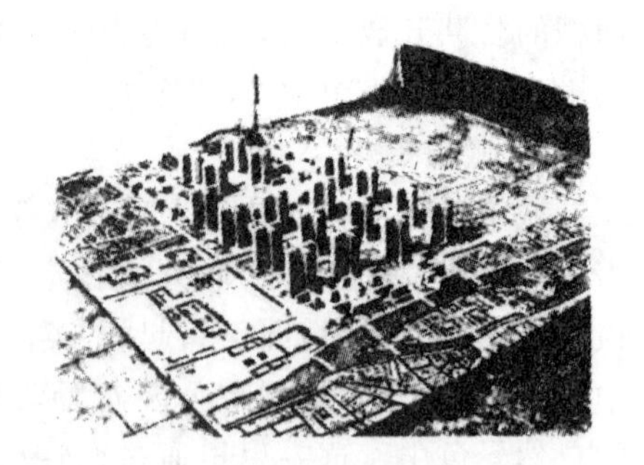

图 2-16　勒·柯布西耶的"明日城市"规划方案

2.3　现代城市发展趋势

现在城市的发展存在着两种主要的趋势，即分散发展和集中发展。对城市发展的理论研究也主要针对这两种趋势而展开，这在前面介绍的霍华德的田园城市和柯布西耶的现代城市设想中已有表述。相对而言，城市分散发展更得到重视，因此出现了许多比较完整的理论陈述，而关于城市集中发展的理论研究则主要处于对象的解释方面，还缺少完整的理论陈述。

2.3.1　城市分散发展理论

1. 从田园城市到新城

田园城市、卫星城和新城的思想都是建立在通过建设小城市来分散大城市的基础之上的，但其含义仍有一些差别，它们应当被看作是同一个概念随着社会经济状况的变化而不断发展深化的结果。霍华德于 1898 年提出了田园城市的设想。田园城市尽管在 20 世纪初得到了初步的实践，但在实际的运用中分化为两种不同的形式：一种是指农业地区自给自足的孤立小城镇；另一种是指城市郊区。前者的吸引力较弱，也不能形成霍华德所设想的城市群，难以发挥其设想的作用；后者显然是与霍华德的意愿相违背的，它只能促使大城市无序地向外蔓延。在这样的状况下，到 20 世纪 20 年代，曾在霍华德的指导下主持完成第一个田园城市莱彻沃斯规划的恩温(R. Unwin)提出了卫星城理论(图 2-17)，并以此来继续推行霍华德的思想。恩温认为，霍华德的田园城市在形式上犹如围绕在行星周围的卫星，因此，他在考虑伦敦地区的规划时，建议围绕着伦敦在周围建立一系列的卫星城，并将伦敦过度密集的人口和就业岗位疏解到这些卫星城中去。恩温通过著述和设计活动竭力推进他的卫星城理论，1924 年，在阿姆斯特丹召开的国际城市会议提出建设卫星城是防止大城市规模过大的一个重要方法，从此，卫星城成为一个在国际上通用的概念。在这次会议上，明确提出了卫星城市的定义：卫星城市是一个在经济上、社会上、文化上具有现代城市性质的独立城市单位，但又是从属于某个大城市的派生产物。卫星城市概念强化了与重型城市（又称母城）的依赖关系，强调中心城的疏解，因此往往被视作中心城市某一功能疏解的接受地，并出现了工业卫星城、科技卫星城甚至新城等不同的类型，希望使之成为中心城市功能的一部分。经过一段时间的实践，人们发现这些卫星城带来的一些问题的原因在于对中心城市的过度依赖。卫星城应具有与大城市相近似的文化福利设施，可以满足居民的就地工作和生活需要，从而形成一个职能健全的相对独立的城市。20 世纪 50 年代以后，人们将这类按规划设计建设的新城市统称为新城（new town）。新城的概念强调了其相对独立性，它基本上是一定区域范围内的中心城市，为其周围的地区服务，并且与中心城市相互作用，成为城镇体系中的一个组成部分，对涌入大城市的人口起到一定的疏解作用。

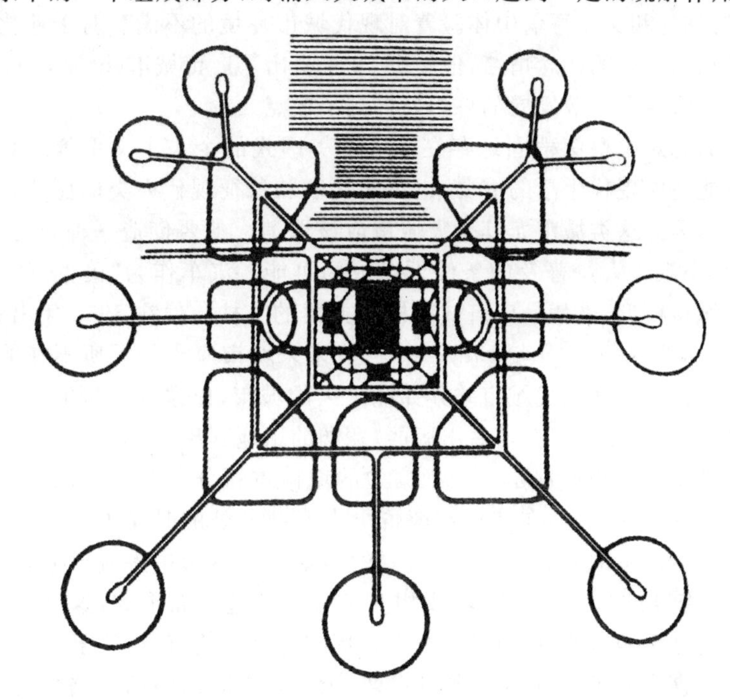

图 2-17　恩温提出的卫星城理论图解

2. 有机疏散理论

有机疏散理论（theory of organic decentralization）是 E. 沙里宁（E. Saarinen）为缓解因城市过分集中所产生的弊病而提出的关于城市发展及其布局结构的理论。他在 1942 年出版的《城市：它的发展、衰败和未来》一书详尽地阐述了这一理论。

沙里宁认为，城市与自然界的所有生物一样，都是有机的集合体，因此城市建设所遵循的基本原则也与此相一致，或者说，城市发展的原则是可以从自然界的生物演化中推导出来的。他揭示现代城市出现衰败的原因，从而提出了治理现代城市衰败、促进其发展的对策就是要进行全面的改建的观点,这种改建应当能够达到以下目标:①把衰败地区中的各种活动,按照预定方案,转移到适合于这些活动的地方去;②把上述腾来的地区,按照预定方案进行整顿,改作其他最适宜的用途;③保护一切旧的和新的使用价值。因此,有机疏散就是把大城市目前的一整块拥挤的区域分解成若干个集中单元,并把这些单元组织成为"在活动上相互关联的有功能的集中点"。城市有机疏散的显著特点:原先密集的区域将分裂成一个一个的集镇,它们彼此之间被具有保护性的绿化地带隔离开来。

要达到城市有机疏散的目的,就需要有一系列的手段来推进城市建设的开展,沙里宁在书中详细地探讨了城市发展思想、社会经济状况、土地问题、立法要求、城市居民的参与和教育、城市设计等方面的内容。

3. 广亩城

F. L. 赖特(F. L. Wright)处于美国社会具体的经济背景和城市发展的独特环境之中,从人的感觉和文化意蕴中体验着对现代城市环境的不满和对工业化之前的人与环境相对和谐状态的怀念情绪,他于 1932 年提出了广亩城市(broadacre city)的设想。这个设想将城市分散发展的思想发挥到了极点。

在赖特的思想中根深蒂固地存在着一种美国式的个人主义平等思想。他认为现代城市不能适应现代生活的需要,也不能代表和象征现代人类的愿望,是一种"反民主的机制",因此这类城市尤其是大城市应该取消。他要创造一种新的、分散的文明形式,它在小汽车大量普及的条件下已成为可能。汽车作为"民生"的驱动方式,成为他的反城市模型,也就是广亩城市构思方案的支柱。他在 1932 年出版的《消失中的城市》(*The Disappearing City*)中写道,未来城市应当是无所不在的,"这将是一种与古代城市或任何现代城市差异如此之大的城市,以致我们可能根本不会认识到它作为城市而已来临"。在随后出版的《宽阔的田地》(*Broadacres*)一书中,他正式提出了广亩城市的设想。这是一个把集中的城市重新分布在一个地区性农业的方格网格上的设想。他认为,在汽车和廉价电力遍布各处的时代里,已经没有将一切活动都集中于城市中的需要,而最为需要的是如何从城市中解脱出来,发展一种完全分散的、低密度的生活、居住、就业相互结合在一起的新形式,这就是广亩城市。在这种实质上是反城市的"城市"中,每一户周围都有一英亩(约等于 4046.86 m^2)的土地来生产供该户居民消费的食物和蔬菜,居住区之间以高速公路相连接,提供方便的汽车交通。沿着这些公路建设公共设施、加油站等,并使其自然地分布在为整个地区服务的商业中心之内。他写道:"美国不需要有人帮助建造广亩城市,它将自己建造自己,并且完全是随意的。"应该看到,美国各城市在 20 世纪 60 年代以后普遍向郊区迁移的趋势在相当程度上是赖特广亩城思想的体现。

2.3.2 城市集中发展理论

1. 聚集经济理论

经济活动的聚集是城市经济的根本特征之一。K. J. 巴顿(K. J. Button)在《城市经济学：理论和政策》(*Urban Economics：Theory and Policy*)一书中，将聚集经济效益分为10种类型：①本地市场的潜在规模，居民和工业的大量集中产生了市场经济；②大规模的本地市场减少实际生产费用；③在提供某些公共服务事业之前，需要有人口限度标准；④某种工业在地理上集中于一个特定的地区，有助于促进一些辅助性工业的建立，以满足其进口的需要，并为成品的推销与运输提供方便；⑤日趋积累的熟练劳动力汇聚和适应于当地工业发展所需要的一种职业安置制度；⑥有才能的经营家与企业家的聚集发展起来；⑦在大城市，金融与商业机构条件更为优越；⑧城市的集中能经常提供范围更为广泛的设施；⑨工商业者更乐于集中，因为他们可以面对面地打交道；⑩地理上的集中，能给予企业很大的刺激去进行改革。聚集经济是城市活动集中的主要原因。正如恩格斯在描述当时全世界的商业首都伦敦时所说的那样："这种大规模的集中，250万人这样聚集一个地方，使这250万人的力量增加了100倍。"在这种聚集效应的推动下，城市不断地集中，发挥出更大的作用。

G. A. 卡利诺(G. A. Carlino)于1979年和1982年通过实证性研究尝试区分"城市化经济"(urbanization economies)、"地方化经济"(localization economies)和"内部规模经济"(internal economies of scale)对产业聚集的影响。城市化经济就是当城市地区的总产出增加时，不同类型的生产厂家的生产成本下降；地方化经济就是当整个工业的全部产出增加时，这一工业中的某一生产过程的生产成本下降；而内部规模经济是指当生产企业本身规模的增加时，本企业的生产成本下降。经研究发现，对产业聚集的影响而言，内部规模经济并不起作用，它只对企业本身的发展有影响，因此只能从外部规模经济方面寻找聚集效益的原因。在两类外部规模经济中，他发现，作为引导城市集中的要素而言，地方化经济不及城市化经济重要。也就是说，对于工业的整体而言，城市的规模只有达到一定的程度才具有经济性。当然，聚集就产出而言是经济的，即使在"成本—产出"的整体中仍处于经济的时候，就成本而言也可能是不经济的，这主要表现在地价或建筑租金的昂贵和劳动力价格的提高，以及环境质量的下降等方面。不过根据卡利诺1982年的研究，城市人口少于330万时，聚集经济性超过不经济性；当人口超过330万时，则聚集不经济性超过经济性。当然，这项研究是针对制造业进行的，而且是一般情况下的。

2. 大都市、巨大城市、大都市带

大都市(metropolis)，也称为大都市区，是指由主要大城市和郊区及附近的城市群组合而成的城市区域，其中，主要大城市发挥着主导经济、社会的作用。大都市的概念在不同的国家有不同的标准，一般指人口规模在50万以上的城市地区。世界上大都市的人口规模不断增加，因此出现了一些以城市人口规模定义的术语。人口达100万的城市，在我国通常称为特大城市，在英语中则称为百万城市(million city)。联合国人类聚居中心在《人类聚居的全球报告》中，将人口在100万人以上的城市称为巨大城市(mega city)，将400万人及以上的城市称为超级城市(super city)。1960年，全世界400万人以上的城市仅19个。

随着大城市向外急剧扩展和城市密度的提高,在世界上许多国家中出现了空间上连绵成片的城市密集地区。对此有两个术语:一个是城市聚集区(urban agglomeration),一个是大城市带(megalopolis)。联合国人类聚居中心对城市聚集区的定义是:被一群密集的、连续的聚居地所形成的轮廓线包围的人口居住区,它和城市的行政界线不尽相同。在高度城市化地区,一个城市聚集区往往包括一个以上的城市,这样,它的人口也就远远超出中心城市的人口规模。大城市带的概念是J.戈特曼(J. Gottmann)于1957年提出的,指的是多核心的城市连绵区,人口的下限是2500万人,人口密度为每平方千米至少250人。因此,大城市带是人类创造的宏观尺度最大的一种城市化空间。根据戈特曼的标准,他列出了世界上主要的大城市带,其中以美国东北部大城市带最为典型,其他已经成型的大城市带有:英国以伦敦—利物浦为轴线的英格兰大城市带,欧洲西北部大城市带和美国五大湖大城市带。中国的长江三角洲城市密集地区被认为是正在形成中的世界第六个大城市带。

以上有关大城市的几个概念都是从人口规模角度进行定义的,并没有揭示这些城市在当代政治经济生活中的地位和作用,因此人们又使用世界城市、国际城市等概念来定义在世界政治经济生活中具有特殊地位的城市。

3. 世界城市或国际城市

德国诗人歌德在18世纪后半叶将罗马和巴黎称为世界城市。P.格迪斯(P. Geddes)于1915年则将当时西方一些国家正在发展中的大城市称为世界城市。1966年,P.霍尔(P. Hall)针对第二次世界大战后世界经济一体化进程,看到并预见到一些世界大城市在世界经济体系中将发挥越来越重要的作用,他着重对这类城市进行了研究并出版了《世界城市》一书。在书中,他认为世界城市具有以下几个主要特征。

①世界城市通常是政治中心。它不仅是各国政府的所在地,有时也是国际机构的所在地。世界城市通常还是各类专业性组织和工业企业总部的所在地。

②世界城市是商业中心。它们通常拥有大型国际海港、大型国际航空港,并且是一个国家最主要的金融和财政中心。

③世界城市是集合各种专门人才的中心。世界城市集中了大型医院、大学、科研机构、国家图书馆和博物馆等各项科教文卫设施,也是新闻出版传播的中心。

④世界城市是巨大的人口中心。世界城市聚集区都拥有数百万乃至上千万人口。

⑤世界城市是文化娱乐中心。

1982年,J.弗里德曼(J. Friedmann)和G.沃尔夫(G. Wolff)发表了一篇题为《世界城市形成:一项研究与行动的议程》(*World City Formation: An Agenda for Research and Action*)的论文。该文将世界城市看成世界经济全球化的产物,提出世界城市是全球经济的控制中心,并提出了世界城市的两项判别标准。一是城市与世界经济体系联结的形式与程度,即作为跨国公司总部的区位作用、作为国际剩余资本投资“安全港”的地位、作为面向世界市场的商品生产者的重要性、作为意识形态中心的作用等。二是由资本控制所确立的城市空间支配能力，如金融及市场控制的范围是全球性的、国际区域性的或国家性的。

J. 弗里德曼等依据世界体系理论，认为世界城市只能产生在与世界经济联系密切的核心或半边缘地区，即资本主义先进的工业国和新兴工业化国家或地区。

1986 年 J. 弗里德曼又发表了题为《世界城市假说》(*The World City Hypothesis*)的论文，强调了世界城市的国际功能取决于该城市与世界经济一体化相联系的方式与程度的观点，并提出了世界城市的 7 个指标：①主要的金融中心；②跨国公司总部所在地；③国际性机构的集中度；④商业部门(第三产业)的高度增长；⑤主要的制造业中心(具有国际意义的加工工业等)；⑥世界交通的重要枢纽(尤指港口和国际航空港)；⑦城市人口规模达到一定标准。

2.3.3 城市分散发展与集中发展的统一

城市的分散发展和集中发展只是表述了城市发展过程中的不同方面，任何城市的发展都是这两个方面的作用的综合，或者说是分散与集中相互对抗而形成的暂时平衡状态。

(1)《雅典宪章》(1933 年)。

《雅典宪章》是国际现代建筑协会(Congrès International d'Architecture Modern，CIAM)于 1933 年 8 月在雅典会议上制订的一份关于城市规划的纲领性文件——“城市规划大纲”。它集中反映了当时“新建筑”学派人士，特别是法国勒·柯布西耶(Le Corbusier)的观点。他提出，要将城市与其周围影响地区作为一个整体来研究。城市规划的目的是使居住、工作、游憩与交通四大功能活动正常进行。他提出以下问题和解决办法：①居住问题为人口密度过大、缺乏空地及绿化、生活环境质量差、公共设施少且分布不合理等，建议住宅区要有绿带与交通道路隔离，住宅区按邻里单位规划；②工作问题是因工作地点在城市中无计划的布置，远离居住区，从而造成过分拥挤而集中的人流交通，建议有计划地确定工业与居住的关系，缩小其距离，以减少上下班的人流；③游憩问题是大城市缺乏空地、城市绿地面积少且位置大多位于郊区，建议新建的居住区要多保留空地，增加旧区绿地，降低旧区的人口密度，并在市郊保留良好的风景地带；④针对交通恶化问题，靠局部的放宽改进道路并不能解决问题，须从整个道路系统的规划入手，考虑适应机动交通发展的全新道路系统，街道要以车辆行驶速度作为功能分类的依据，分为交通要道、住宅区街道、商业区街道、工业区街道等，并按照调查统计的交通资料来确定道路宽度。《雅典宪章》认为城市的种种矛盾是由大工业生产方式的变化及土地私有化引起的，应按全市人民的意志规划。其步骤为：在区域规划基础上，按居住、工作、游憩进行分区及平衡后，建立三者联系的交通网，并强调居住为城市的主要功能。城市规划是一个三维空间科学，应考虑立体空间，并以国家法律的形式保证规划的实现。

(2)《马丘比丘宪章》(1977年)。

20世纪70年代后期,国际现代建筑协会鉴于当时世界城市化趋势和城市规划过程中出现的新内容,于1977年在秘鲁的利马召开了国际性的学术会议。与会的建筑师、规划师和有关官员以《雅典宪章》为出发点,总结了近半个世纪以来尤其是第二次世界大战后的城市发展和城市规划思想、理论和方法的演变,展望了城市规划进一步发展的方向,在古文化遗址马丘比丘山上签署了《马丘比丘宪章》。该宪章申明:《雅典宪章》仍然是这个时代的一项基本文件,它提出的一些原理在今天仍然有效,但随着时代的进步,城市发展面临着新的环境,而且人类对城市规划也提出了新的要求,《雅典宪章》的一些指导思想已不能适应当前形势的发展变化,因此需要进行修正。

《马丘比丘宪章》所提出的"都是理性派所没有包括的,单凭逻辑所不能分类的种种一切"。《马丘比丘宪章》首先强调了人与人之间的相互关系对城市和城市规划的重要性,并将理解和贯彻这一关系视为城市规划的基本任务。《马丘比丘宪章》摒弃了《雅典宪章》机械主义和物质空间决定论的思想基石,宣扬社会文化论的基本思想。社会文化论认为,物质空间只是影响城市生活的一项变量,而且这一变量并不能起决定性的作用,而起决定性作用的应该是城市中各人类群体的文化、社会交往模式和政治结构。在考察了当时城市化快速发展和遍布全球的状况之后,《马丘比丘宪章》要求将城市规划的专业和技术应用到各级人类居住点上,即邻里、乡镇、城市、都市地区、区域、国家和洲,并以此来指导城市建设。而这些规划都"必须对人类的各种需求作出解释和反应",并"应该按照可能的经济条件和文化意义提供与人民要求相适应的城市服务设施和城市形态"。从人的需要和人与人之间的相互作用关系出发,《马丘比丘宪章》针对《雅典宪章》和当时城市发展的实际情况,提出了一系列具有指导意义的观点。

《马丘比丘宪章》在对40多年的城市规划理论探索和实践进行总结的基础上,提出《雅典宪章》所崇尚的功能分区"没有考虑城市居民的人与人之间关系,结果使城市患了贫血症,在那些城市里建筑物成了孤立的单元,否认了人类的活动要求流动的、连续的空间这一事实"。确实,《雅典宪章》以后的城市规划都是依据功能分区的思想而展开的,尤其在第二次世界大战后的城市重建和快速发展阶段中按规划建设的许多新城和一系列的城市改造中,对纯粹功能分区的强调导致了许多问题,人们发现经过改建的城市社区竟然不如改建前或一些未改建的地区充满活力,新建的城市也相当冷漠、单调,缺乏生气。对于功能分区的批评,从20世纪50年代后期就已经开始,认为功能分区并不是一种良好的组织城市的方法,而最早的批评来自国际现代建筑协会的内部,他们认为柯布西耶的理想城市"是一种时尚的、文雅的、诗意的、有纪律的、机械环境的机械社会,或者说,是具有严格等级的技术社会的优美城市"。他们提出的以人为核心的人际结合思想以及流动、生长、变化的思想为城市规划的新发展提供了新的起点。20世纪60年代的理论则以杰克布斯充满激情的现实评述和亚历克山大相对抽象的理论论证为代表。《马丘比丘宪章》接受了这样的观点，提出"在今天不应当把城市当作一系列的组成部分拼在一起考虑，而必须努力去创造一个综合的、多功能的环境"，并且强调"在1933年，主导思想是把城市和城市的建筑分成若干组成部分，在1977年，目标应当是把已经失掉了它们的相互依赖性和相互关联性，并已经失去其活力和含义的组成部分重新统一起来"。

《马丘比丘宪章》认为城市是一个动态系统，要求"城市规划师和政策制订人必须把城市看作在连续发展与变化的过程中的一个结构体系"。20世纪60年代以后，系统思想和系统方法在城市规划中得到了广泛的运用，直接改变了过去将城市规划视作对终极状态进行描述的观点，而更强调城市规划的过程性和动态性。第二次世界大战期间逐渐形成、发展的系统思想和系统方法在20世纪50年代末被引入规划领域而形成了系统方法论。在对物质空间规划进行革命的过程中，社会文化论主要从认识论的角度进行批判，而系统方法论则从实践的角度进行建设，尽管两者在根本思想上并不一致，但对城市规划的思想体系转换都起了积极的作用。最早运用系统思想和方法的规划研究开始于美国1950年末的运输-土地使用规划。这些研究突破了物质空间规划对建筑空间形态的过分关注，而将重点转移至发展的过程和不同要素间的关系，以及要素的调整与整体发展的相互作用之上。自20世纪60年代中期后，在运输-土地使用规划研究中发展起来的思想和方法，经麦克劳林、恰得威克等人在理论上的努力和广大规划师在实践中的自觉运用形成了城市规划运用系统方法论的高潮。《马丘比丘宪章》在对这一系列理论探讨进行总结的基础上做了进一步的研究，提出"区域和城市规划是个动态过程，不仅要包括规划的制订，而且也要包括规划的实施。这一过程应当能适应城市这个有机体的物质和文化的不断变化"。从这样的意义上讲，城市规划就是一个不断模拟、实践、反馈、重新模拟……的循环过程，只有在这样不间断的过程中才能更有效地与城市系统相协调。

2.4　当代城市发展趋势

2.4.1　当代城市主义学派

为了解决城市演变过程中出现的新问题，20世纪下半叶渐次出现了诸如新城市主义与精明增长、日常都市主义、景观都市主义等自成体系的当代城市主义学派。它们代表了当时西方建筑学和城市规划学专业领域的前沿理论探索和实践活动。

1. 新城市主义与精明增长

第二次世界大战后，美国城市向郊区的无序蔓延带来了许多负面影响，不仅导致了中心城市的衰败从而产生城市危机，还导致了城市交通拥挤、生态环境破坏等多种问题。在这样的背景下，20世纪八九十年代，"新城市主义"和"精明增长"理念应运而生，提倡恢复传统的高密度城市发展模式，对城市和郊区的发展进行综合性规划以达到与生态环境协调发展的目标。新城市主义主要是美国城市规划界的改革运动,它更加注重城市的空间形体规划。而增长管理和精明增长则主要关注各级政府的增长政策,其内容更加广泛。

(1) 新城市主义(new urbanism)。

新城市主义(又称新都市主义)思想形成于20世纪80年代,以彼得·卡尔索普(Peter Calthorpe)、安德烈斯·杜安尼(Andres Duany)、穆尔、普拉兹波克、普里佐德斯和索罗门等先锋派人士为代表,主要是针对城市郊区无序蔓延带来的诸多城市问题(诸如城市空心化,原来完整的城市结构、城市文脉、人际关系、邻里和住区结构被打破,人们离开熟悉的环境居住,都市概念和都市感淡化,以及过分依赖汽车造成严重的能源浪费、环境破坏等)而提出的一种新的城市规划和设计指导思想。

1993年10月,第一届"新城市主义代表大会"(the congress for the new urbanism,简称"CNU")在美国弗吉尼亚北部亚历山大市召开,标志着新城市主义运动的正式确立以及"新城市主义时代"的正式来临。此次大会的主要议题包括:位置不定的现代城市郊区;中心城的衰落;社区日益严重的种族和收入等级隔离问题;抚养孩子的家庭需要面临父母双份收入来维持这种经济社会模式的挑战;日常活动需依赖汽车的发展模式对环境带来的破坏等。1996年在南卡罗来纳州查尔斯举行的第四届新城市主义大会上形成了纲领性文件《新城市主义宪章》(*the Charter of the New Urbanism*)。宪章提出的新城市主义核心思想分以下三个层次。①在区域层次上,包括大都市、城市和城镇,主张区域中的各个组成部分(如城市和村庄)在设计中要明确地划出边界;城市最好在这些边界以内进行填充式开发;区域规划要给居民提供多种可选择的交通方式、价格能够承受的住房;区域内的各个城镇间要合理分配资源和收入,建立协调的关系,避免破坏性的竞争。②在城市邻里、地区和联络通道层次上,主张邻里紧凑发展;居民的各种活动组织的位置应在5分钟的步行距离之内,公交站点的位置也应在5分钟的步行距离之内;邻里住房要容纳不同类型的居民;邻里的活动设施和公园等要穿插于邻里内部而不应隔离设置;联系通道的组织要增强邻里结构。③在街区、街道和建筑层次上,要求设计师将单体建筑与环境(包括历史、气候、地形等)紧密联系;建筑、街道和广场的设计要增强安全性、舒适性和吸引力,并能够增进邻里交往。整体来看,宪章提倡重新组织公共政策和开发实践,主张恢复现有中心城镇和位于连绵都市区域内的城镇,创造和重建丰富多样的、适于步行的、紧凑的、混合使用的社区,以将蔓延的郊区重新整理并配置为多样化的、完善的都市、城镇、乡村及邻里单元。

新城市主义的两大重要思想内容包括传统邻里社区发展理论(traditional neighborhood development,简称TND)和公共交通主导型发展理论(transit-oriented development,简称TOD)。两者都体现了新城市主义理论的基本特点:紧凑、适宜步行、复合功能、可支付性以及注重环境。其中"传统邻里发展模式"由安德雷斯·杜安伊(Andres Duany)和伊丽莎白·普拉特-扎别克(Elizabeth Plater-Zyberk)夫妇提出，其重点在于城镇邻里社区的城市设计。

TND 的思想与渊源可追溯到克莱伦斯·佩里的“邻里单位理论”，主要构成要点有：邻里是社区的基本单元；半径约 400 m，或 5 分钟步行距离；优先考虑公共空间和市政建筑的适当地点；复合并均衡的使用功能；足够的建筑密度；精密的交通网络；低市政开发成本；多样化的可支付住宅类型；注重建筑及景观的地域性和传统性（图 2-18）。

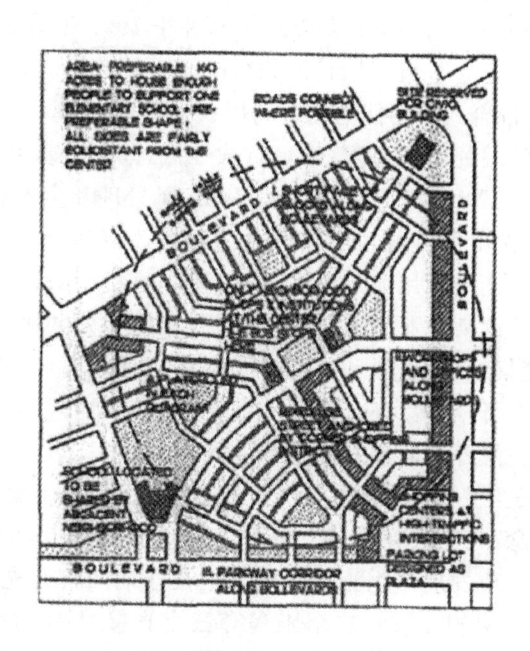

图 2-18　在佩里邻里模式基础上绘制的新型邻里模式图

TOD 则由彼得·卡尔索普（Peter Calthorpe）提出，强调在区域层面上整合公共交通和土地利用的关系，使二者相辅相成。TOD 旨在建立一个以高质量交通系统为核心的、紧凑的、适宜步行的邻里社区，它使人们可以在不完全依赖汽车的情况下仍能获得高质量的生活。①TOD 模式将有效控制小汽车出行，使城市建立合理的出行结构，缓解能源、环境、土地紧缺等一系列问题，并能够缓解中心城区因小汽车出行量过大而产生的交通压力，进而保障中心城区交通系统的机动性，有利于维持一个强大的市中心。②通过合理设计公共交通站点，鼓励人们更多地使用公共交通从而减少汽车的使用，同时修建自行车车道和步行道，且站点邻近多用途的核心商业区，使公共交通站点成为一个多功能的目的地，从而增强吸引力。③开敞空间也可以为人们提供很好的休闲场所，将公共绿地、公园等外部开敞空间组织成与自行车、步行线路结合在一起的网络。总之，TOD 以其功能的多样性与服务的多样性，使多样性的人群受益。

（2）精明增长。

在美国郊区化问题日益严重的同时，欧洲的紧凑发展让许多历史城镇保持了紧凑而高密度的形态,并被认为是居住和工作的理性环境。美国由此取法欧洲,在一些州的相关立法中逐渐引入了“增长管理”一词。

在对精明增长的倡导与推动中,以美国规划协会(American Planning Association)贡献最为卓越。早在1991年该协会就倡导开展新的增长法规和规划方面的研究工作,认为精明增长的主要目标在于帮助政府使影响规划和管理的、变动的法规条例更加现代化,在立法方面协助和支持政府的工作。1994年该协会出台了一份《精明增长计划》(*Smart Growth Project*),并于1996年与美国环保署等7个政府机构和非营利组织建立了精明增长网站(smart growth network),提出了精明增长的“十项原则”:①混合式多功能的土地利用;②垂直的紧凑式建筑设计;③能在尺寸样式上满足不同阶层的住房要求;④步行式社区;⑤创造富有个性和吸引力的居住场所;⑥增加交通工具种类;⑦保护空地、农田、风景区和生态敏感区;⑧加强利用和发展现有社区;⑨做出可预测、公平和产生效益的发展决定;⑩鼓励公众参与。其原则的核心内容在于充分利用城市存量空间,减少盲目扩张;并加强对现有社区的重建,重新开发废弃、污染工业用地,以节约基础设施和公共服务成本;保证城市建设相对集中,采用密集组团,生活和就业单元尽量拉近距离,减少基础设施、房屋建设和使用成本。其中,住宅区、办公场所和商贸用地交错布局,并集中在城市中心,这是“精明增长”的提倡者们最为关心的内容。

1997年,美国马里兰州州长帕里斯·N.格伦迪宁(Parris N. Glendening)明确提出了“精明增长”概念,其初衷在于建立一种使州政府能够指导城市开发的手段,并使政府财政支出对城市发展产生正面影响。他在任期间首开先河地发起了马里兰州的精明增长和邻里保护工程。这个工程有三个直接目标:①保护剩余的自然资源;②州政府资源应该分配到已经有建成基础设施或已经被规划的地方,以支持现有社区和邻里;③减轻纳税人不必要的花费负担。之后,精明增长作为一种可持续的城市发展模式开始在全国逐渐发展起来并得到了公众的认可。

综合而言,“精明增长”的目的是城市发展使每个人受益,实现经济、社会、环境公平,新旧城区均获得投资机会并得到良好发展。尤因·阿尔(Ewing R.)认为,“精明增长”的目标是通过规划紧凑型社区,充分发挥已有基础设施的效力,提供更多样化的交通和住房选择来努力控制城市蔓延。总的来说,“精明增长”强调对城市外围有所限制,注重发展现有城区。

2000年,美国规划师协会(APA)联合60家公共团体组成了“美国精明增长联盟”(smart growth America),成为精明增长实践研究的前沿阵地。该联盟的诸多研究成果对美国政府精明增长实践提供了有益的理论助推。2003年,美国规划师协会在丹佛召开规划会议,会议的主题就是用精明增长来解决城市蔓延问题,确定精明增长的核心内容。“精明增长”是一项涵盖多个层面城市发展原则的综合策略,它首先改变了以城市发展为主导的区域发展目标,将城市的发展融入区域整体生态体系,提出“城市有边界的增长原则”,“精明增长”不是指不增长,而是划定了城市增长的边界范围，即城市对土地需求的增长应当受到所在区域整体生态系统的制约。

2. 日常都市主义(everyday urbanism)

“日常生活”作为一个哲学概念最早由胡塞尔(Husserl)在1936年的《欧洲科学的危机及先验现象学》中提出，他认为站在科学对立面的日常生活是解决欧洲科学危机的良药。随后这一概念被马克思主义哲学家兼社会学家亨利·列斐伏尔(Henri Lefebvre)、先锋导演和潜在的革命者居伊·德波(Guy Debord)、人类学家兼史学家米歇尔·德塞图(Michel de Certeau)所关注并发展成为世纪性话题。他们是调查那些完全被忽视的日常生活经验领域的先驱，坚持将理论与社会实践联系起来，将思想与生活经验联系起来。德塞图更是在无意识重复进行性的日常生活实践中区分出战略和战术，强调日常生活是早已存在于文化中的规则和产品，只是尚未得到认可；并倡导将城市地方文化作为总体规划的另一个方面来考虑，如一个地域性的即兴创作等战术性的努力。

1999年由约翰·蔡斯(John Chase)、玛格丽特·克劳福德(Margaret Crawford)、约翰·卡利斯基(John Kaliski)所著的《日常都市主义》出版，回应了政治经济导向下的美国的城市化问题，并将“日常”与“都市主义”这两个词相结合，试图将其与其他众多的都市主义区别开来，为理解城市化提供了一个新的角度。日常都市主义用以表达一种地域性城市生活所带来的社会语言和地方文化，也概括了广为流传但尚未系统化的城市设计态度。

日常都市主义试图理解过去以及当下一直以矛盾的、不稳定的方式发生的空间类型，尝试面对社会行动以及需要被社会想象力激活的生活。从这一点来说，它可能比任何其他形式的当代城市主义都更富有变革和挑战精神，蕴含着巨大的潜力，因而也更加迫切需要被引介。

日常都市主义的建立基础在于强调日常生活的平凡性与现实感，而并不在于追求完美的理想城市这种可能性。日常都市主义者们还对以下的观点持开放与吸收的态度：“在我们的生活中仍然充满着很多难以琢磨的元素，比如：生命的无常、不和谐的声音、事物的多样性以及同时发生的可能性。”因此，日常都市主义这种对平民开放式的关注使其在不经意间成为一种非正统的自下而上进行的城市发展机制，并与正统的自上而下的发展方式截然相反。

日常都市主义对于城市物质形态与社会行为之间的关系并没有予以过多的关注，提倡注重在不顾已有的设计和规划的前提下帮助人们适应并改善周围的生活环境，会通过占用人行道、停车场和闲置的土地以便非正式商业行为的发生，甚至有时还会占用私人的车道和庭院作为清仓大甩卖的场所。日常都市主义还积极地呼吁保护地方的特色街道与建筑，延续充满活力和多文化融合的邻里街区生活方式。

3. 景观都市主义(landscape urbanism)。

景观都市主义的起源可追溯至20世纪70年代末、后现代主义对现代主义建筑规划的批判阶段。这些批判包括现代主义不能创造一个“有意义”“宜居”的公共领域,不能将城市作为各种群体历史综合意识的集合,又不能满足城市中各个层次的群体交流等需求。查尔斯·詹克斯(Charles Jencks)于1977年宣称,伴随着美国工业经济的不断衰退,“现代主义建筑的死亡”标志着市场向消费者选择多样化方向的转变。而后现代主义建筑思潮并不能够解决工业转型过程中越来越多的“去中心化”(decentralization)问题,即越来越多的居民搬离城市的中心区,城市人口出现了负增长。与此同时,整个社会也在对工业文明带来的严重环境问题进行着深刻的反省,工业文明在创造了辉煌现代文明的同时,对自然生态造成了巨大破坏并且已经危及人类自身的生存,因此人类转向一种合理利用自然资源的可持续发展方向,重塑自然生态和人与自然的关系。在这种文化背景之下,景观逐渐替代建筑,成为新一轮城市发展过程中刺激发展的基本要素,成为重新组织城市发展空间的重要手段。景观是一个媒介,是唯一有能力对当今社会的快速发展、城市转型过程中的问题从逐渐适应和交替演变等方面提出有效解决方法的模型,这个模型可以对城市化的过程提出开放式、不确定的解决策略,并根据城市环境的不断变化提出相应的适应性方案。

查尔斯·瓦尔德海姆(Charles Waldheim)是“景观都市主义”概念的提出者,他给出如下定义:“景观都市主义描述了当代城市化进程中一种对现有秩序重新整合的途径,在此过程中景观取代建筑成为城市建设的最基本要素。在很多时候,景观已变成了当代城市尤其是北美城市复兴的透视窗口和城市重建的重要媒介。”

景观都市主义的概念是在当时的规划设计理论无法适应时代发展的条件下出现的,是一种全新的思路和语言。之前一直采用建筑基础设施为先的城市发展策略带来了诸多问题,如城市中高楼大厦林立,阴暗角落遍布,高密度的建筑群给城市居民带来了巨大的压力。景观作为一个简单易行且相对于建筑成本较低的概念出现在人们的视野里,并很快付诸实践。大量景观设计作品的出现改变了城市在人们心目中原来灰暗、肮脏、充满暴力的印象,使城市的角落变成了干净、健康和释放城市居民活力的场所。透过这个视角,人们重新认识到了城市的价值和希望,并进一步将这个理论运用到快速发展的城市开发背景中,在改变城市的同时,引入新的绿色可持续发展产业,增加城市居民的就业机会,促进当地经济的发展,这一点在当前金融危机的大环境下显得尤其重要。

景观都市主义的内涵包括三方面内容:工业废弃地的修复,自然过程作为设计的形式,景观作为绿色基础设施。景观都市主义的出现是为了解决大量北美城市中心区不断萎缩的问题,也被应用于快速发展背景下的新城开发中,用景观代替建筑、水电、管道设施等。作为城市建设的绿色基础设施,保护和利用原来场地上的一切景观要素,因势利导,尊重场地的生态演变过程,引入新的生态策略,将场地中的生态系统和道路系统向周边区域延伸,使之完整地融入周边环境,并与城市其他的绿色空间联系起来,使需要开发的场地与整个城市融为一体,从而促进场地的景观再生。

2.4.2 人本主义与社区发展规划

人本主义是14世纪后期伴随着资产阶级和资本主义生产方式产生而出现的一种社会意识形态，在渗透到城市规划领域以后随着城市的发展而有了新的理解并在各时期出现不同的理论与学说。在百家争鸣、异彩纷呈的规划思想发展历程中，人本主义规划思潮在与同时代的其他思想的博弈、碰撞以及自我批判中发展，表现出一条忽明忽暗、但从未间断的发展轨迹。尤其在20世纪90年代前后，基于对无节制的郊区化的反思，以及对全球生态危机、可持续发展等做出应对，美国兴起了新城市主义，将"人本主义"为核心的城市规划设计思想致力于重塑多样化、人性化、社区感的城镇生活氛围，新城市主义甚至一度成为执政纲领之一。

人本主义是社会发展的根本，而社区是社会发展最重要、最基本的单位，是人可感知的并直接与人的生活和工作相联系的社会细胞。随着时间的推移、社会的不断进步，人的因素组成的社会的因素，愈来愈成为影响城市发展的主要因素，和谐社区引起越来越多的关注。要实现以人为本的社会发展，最为完整并有大量实践、成果显著的方法是社区发展。

从20世纪50年代起，为解决落后地区的发展问题，联合国积极倡导社区发展活动。1951年，联合国经济社会理事会(U. N. economic and social council)通过议案，该议案的主要设想是通过在各地方基层建立社区福利中心来推动经济和社会的发展。此后，联合国又制订了更为可行的"社区发展计划"，提出要以乡村社区为单位，由政府机构与社区内的民间组织、合作组织、互助组织等通力合作，发动全体居民自发地投身于社区建设事业中。1952年，"社区组织与社区发展小组"正式成立，具体负责推行社区发展运动。1957年，联合国开始进一步研究社区发展计划在发达国家的应用，试图通过社区发展计划解决工业化与城市化带来的社会问题，这也标志着社区发展计划从解决乡村发展问题到全面应用于城市和乡村发展的转变。

社区发展具有以下特点：①主体性——强调社区居民的共同参与和民主决策；②目标性——为达成一定的发展目标而进行；③动态性——是一种有组织、有计划、经济和社会并重的动态过程。从社区发展的内涵与特点来看，社区发展不同于传统的以社会财富的增长作为发展的主要目标(以GDP的增长为主要指标)的发展战略，而是以社会福利的最大化作为发展的核心。它不仅追求社会财富的增长，更关心经济发展能给社会全体成员带来什么样的结果。人们的基本需求是否能得到满足？经济增长的成果能否得到公正的分配？社会和政治结构是否能向民主化的方向发展？正如经济学家丹尼斯·古雷特(Dennis Goulet)所说："发展至少有三个基本内容：生存、自尊和自由。"

2.4.3 中国城镇化新阶段

在全球经济一体化的新形势下，中国社会经济发展一直保持了快速前进的新局面,综合国力与工业化、城镇化及城乡一体化的建设取得了辉煌的成就。中国正经历着世界上最大规模的城镇化过程,无论是规模还是速度,都是人类历史上前所未有的。2017 年 10 月,中国共产党第十九次全国代表大会在人民大会堂开幕,大会报告指出:要坚持新发展理念。发展是解决我国一切问题的基础和关键,发展必须是科学发展,必须坚定不移贯彻创新、协调、绿色、开放、共享的发展理念,推动新型工业化、信息化、城镇化、农业现代化同步发展。李克强总理强调:以人为核心的新型城镇化必将成为拉动内需的最大潜力所在。由此,中国城镇化进入了新的阶段,新型城镇化是以民生、可持续发展和追求质量为内涵,通过区域城乡统筹与协调发展、产业升级转型、集约利用与低碳经济以及生态文明来实现中国的新型城镇化的特色之路。中国新型城市化要重视以下理论与实践问题。

(1) 中心城市带动与辐射区域发展理论,促进新型城镇化的创新实践。

①结合中国实际国情,树立资源节约型的城镇化新思路。城市化过程中必须实施资源节约型发展战略,根据中国自然及经济资源的区域空间分布特点,将节约理念贯穿于城市发展的生产、流通、消费和社会生活的各个领域,最终实现城市发展过程中资源、环境、经济、社会的协调发展。

②要走出一条质量效益型的城市发展的健康之路,应牢固树立科学发展观,辩证地认识资源环境和经济发展的关系,应根据国情,因地制宜,适当控制大城市的人口、用地规模,走真正适合中国国情的高质量、高效率的健康城市化的发展之路。

③要逐步消除城乡二元经济结构,缩小城乡差别,走城乡协调发展之路。

(2) 依据空间经济网络布局理论,构建新型城镇化的创新模式。

空间经济网络布局理论侧重于城市区位、距离和空间经济的网络分析,抓住核心城市、核心区域,构建以人为本的城市化经济发达区,考虑中心性、优越区位、聚集性等。空间经济网络合理布局,有利于城市与区域发展的相互协调、相互联动。随着国民收入的提高,城市化过程中,减少资源消耗,有利于城市生态环境的改善,同时民众对于提高生活质量、健康水平的诉求与日俱增。新型城镇化必须一方面关注区域城市生态格局修复,另一方面关注城市区域的承载能力,重视每个城市的环境容量,提高居住水平与质量,以达到健康城镇化目标。具体应该考虑以下三点:①按照一定的地理环境,促进空间经济的相对协调平衡布局,合理发展,促使城市向生态型发展;②集中紧凑、因地制宜地发展大中小城市,构建城市低碳经济的思路。低碳城市建设必须要在秉承科学原理的基础上,走出切合实际、因地制宜的地方特色道路;③在城市高速发展的情况下,政府应严格控制大城市规模,有选择地发展卫星城镇和重点小城镇。

(3) 新型城镇化是一个重大区域经济发展命题,应充分认识中国城镇化本身的发展规律。

城镇化是经济结构、社会结构和生产方式的根本性转变,涉及产业的转型和新产业的支撑,以及城乡社会结构的全面调整和转型,庞大的基础设施建设与资源环境对它的支撑以及大量的立法、管理、网民素质提高等众多方面，必然是长期积累与长期发展的渐进过程，城镇化发展有其内在的规律性，必须充分认识。具体应该考虑以下三点。①认识城市发展的有限承载力与空间定向扩展规律。土地资源、水资源、能源以及环境等各项资源既是城镇发展的基础，也是城市可持续发展能力的大小与城市发展前景重要的因素，充分考虑资源环境承载力才能走健康发展之路。②认识城市空间与城市环境容量的有限性、舒适性与生态性。城市及其周围的大面积水域、绿地、林地等重要生态源区，以及河流、道路等重要生态廊道，对改善城市环境质量、维持生物多样性、方便城市居民居住以及休闲娱乐均具有重要现实意义。③按照全国主体功能规划的客观要求，建设大的城市群，特大城市应组团发展，带动城乡有机统一的协调发展。

2.4.4　可持续城市发展

随着人工智能、机器人、自动化和大数据的出现，第四次工业革命正以前所未有的态势席卷全球，给城市发展与人类社会的未来提出了新的挑战。可持续发展由此成为当下全球国家与地区、城市发展的重要共识，要求为人类和地球建设一个具有包容性、可持续和韧性的未来而共同努力，旨在不损害后代人满足其自身需要的能力的前提下满足当代人发展的需要。

(1)《变革我们的世界：2030 年可持续发展议程》。

2015 年 9 月 25 日至 9 月 27 日，193 个联合国会员国在纽约联合国总部召开的“联合国可持续发展峰会”上正式通过成果性文件《变革我们的世界：2030 年可持续发展议程》(*Transforming Our World*：*The 2030 Agenda for Sustainable Development*)。这一涵盖 17 项可持续发展目标(sustainable development goals，简称 SDGs，图 2-19)和 169 项具体目标的纲领性文件旨在推动未来 15 年内实现三项宏伟的全球目标：消除极端贫困，战胜不平等和不公正，保护环境、遏制气候变化。2030 年可持续发展议程(简称 2030 年议程)是对发展目标的重大改进与提升。它的实施将动员世界各国将可持续发展目标切实贯穿于各自发展的全球与国家战略之中。其中“可持续城市与社

图 2-19　17 项可持续发展目标

区"被列入第11项重要目标(SDG11)。2030年议程中的环境目标已经成为与社会、经济目标同等重要的可持续发展支柱,环境因素在全球发展议程中的重要性与日俱增。

(2)《新城市议程》。

2016年10月17日至10月20日,联合国第三次住房与可持续城镇化大会在厄瓜多尔首都基多市召开,这是联合国近年在人居环境发展领域规模最大、规格最高的全球会议。作为2015年联合国可持续发展峰会之后的首个全球峰会,本次大会主要讨论如何应对当今世界人居环境领域所面临的一系列挑战,尤其是快速城镇化所带来的一系列新情况、新问题,并进一步落实可持续发展各项目标。

会议发布了包括175条条款的《新城市议程》(*The New Urban Agenda*),这份政策性文件把城市问题放在当今全球面临的共同挑战(如气候变化、社会分化、快速城镇化)的大框架之下,从推动城市转型发展入手,把联合国多年倡导的包容、可持续、合作融入应对挑战的行动中,提出了城市转型发展的具体行动纲领,并达成以下共识:①城镇化的话题涉及人居环境各个层次,需要通过国家与地方政策应对其挑战;②要把公平问题与发展议程相结合;③推动城市规划和城市有规划地扩展;④衡量可持续的城镇化对于实现可持续发展的作用;⑤加强制度建设,确保《新城市议程》的有效实施。

(3)《可持续城市与社区评价标准、管理体系、实施纲要》。

2018年12月15日,首届国际可持续发展大会在埃及开罗举办,联合国首份致力实施可持续发展国际(SDG11)的国际标准《可持续城市与社区评价标准、管理体系、实施纲要》(*Guidelines for Sustainable Cities and Communities*,简称指南)在会上发布。这是首个由联合国机构编制完成的可持续城市与社区领域的国际化标准,旨在为世界各国尤其是发展中国家建设符合国际最高标准的可持续城市与社区,为落实联合国可持续发展目标(SDG11)提供明确指引。指南确定了可持续城市评价标准的7个一级指标:①安全经济型城市;②交通与便捷性;③土地利用效率;④文化与自然遗产;⑤城市抗灾与弹性;⑥健康的生态环境与气候应对;⑦安全与可持续的公共空间。指南还确定了可持续社区评价标准的7个一级指标:①可持续建筑;②包容的社区设施与服务;③宜居的社区景观;④经济与生产力;⑤安全;⑥自豪高知的社区;⑦社区管理。

(4) 可持续城市内涵。

由于可持续城市具有的复杂性特征,要做出精确且公认的界定,必然存在诸多困难。综合一系列国际会议的政策议程,可归纳出可持续城市的以下基本含义。

①可持续城市是建立在尊重自然的模式和规则之上的城市空间。

②可持续城市是致力于改善城市生活质量,包括生态、文化、政治、机制、社会和经济等方面,并且不给后代遗留负担的城市发展模式。

③可持续城市是在社会、经济和物质等领域中,其自身发展都能够得到永续维

持的城市，并且其发展所依赖的区域资源供应能够得到不断维持，它能够远离外界的环境灾害，并持久地保持自身的安全运行。

【思考题】

1. 元大都城市的特点是什么？
2. 米利都城的特点是什么？
3. 什么是田园城市？
4. 比较城市集中主义和城市分散主义指导思想的差别。
5. 简述《雅典宪章》与《马丘比丘宪章》的主要内容及其差异性。

【参考文献】

[1] 王国爱，李同升."新城市主义"与"精明增长"理论进展与评述[J].规划师，2009，25(4)：67-71.

[2] 唐相龙.新城市主义及精明增长之解读[J].城市问题，2008(1)：87-90.

[3] 唐相龙."精明增长"研究综述[J].城市问题，2009(8)：98-102.

[4] 梁鹤年.精明增长[J].城市规划，2005(10)：65-69.

[5] 陈煊，玛格丽特·克劳福德.日常都市主义理论发展及其对当代中国城市设计的挑战[J].国际城市规划，2019，34(6)：6-12.

[6] 凯尔博.论三种城市主义形态：新城市主义、日常都市主义与后都市主义[J].钱睿，王茵，译.建筑学报，2014(1)：74-81.

[7] 杨锐.景观都市主义的理论与实践探讨[J].中国园林，2009，25(10)：60-63.

[8] 黎丽.中西方城市规划理论中人本主义思潮的演进及比较研究[D].重庆：重庆大学，2013.

[9] 陈大鹏.以人为本的城市规划与社区发展[J].规划师论谈，2002(8)：20-22.

[10] 姚士谋，张平宇，余成，等.中国新型城镇化理论与实践问题[J].地理科学，2014，34(6)：641-647.

[11] 单卓然，黄亚平.试论中国新型城镇化建设：战略调整、行动策略、绩效评估[J].规划师，2013，4(29)：11-15.

[12] 陆大道.地理学关于城镇化领域的研究内容框架[J].地理科学，2013，33(8)：897-901.

[13] 董亮，张海滨.2030年可持续发展议程对全球及中国环境治理的影响[J].中国人口·资源与环境，2016，26(1)：8-15.

[14] 石楠."人居三"、《新城市议程》及其对我国的启示[J].城市规划，2017，41(1)：9-21.

[15] 杨东峰，毛其智，龙瀛.迈向可持续的城市：国际经验解读——从概念到范式[J].城市规划学刊，2010(1)：49-57.

第3章　城市空间规划

城市空间规划可以按不同的空间层次和内容来划分。在我国，城市空间规划一般可划分为区域规划、城市总体规划等，内容包含城市设计、居住区规划、城市环境设计等。

城市空间规划是指对区域与城市范围内经济社会的物质实体进行空间上的规划，本章涉及的空间规划更多的是指对物质形态的规划，但是空间规划不仅仅是物质规划，还包括城市经济结构、社会结构、文化结构等方面的内容。

3.1　区域规划

3.1.1　区域规划的空间概念

1. 区域的概念

区域(region)是一个空间概念，是地球表面上占有一定空间的、以不同的物质实体组成的地域结构形式。区域具有一定的范围和界限，也具有不同的层次。

按物质内容来划分，区域可划分为自然地理区域和社会经济区域以及两者的综合体。区域内部各组成部分之间存在紧密的联系，比如各种自然区、综合经济区，在地理要素或经济要素上具有一致性或关联性，但同时在区域之间存在差异性。

2. 区域规划的类型

根据区域空间范围、类型、要素的不同，区域规划可分为三种类型。

(1) 国土规划。

国家级、流域级和跨省级三级规划和若干重大专项规划构成国家基本的国土规划体系。国土规划是一个战略性、基础性、约束性的规划。它的目的是确立国土综合整治的基本目标，协调经济、社会、人口资源、环境诸方面的关系，促进区域经济发展和社会进步。

(2) 都市圈规划。

都市圈规划是以大城市为主，以发展城市战略性问题为中心，以城市或城市群体发展为主体，以城市的影响区域为范围，所进行的区域全面协调发展和区域空间合理配置的区域规划。近年来，中国城市化进入加速发展期，城市化水平从1997年的29.9%发展到2020年的63.89%，大都市的急剧发展成为我国城市化的重要特征之一。然而，国内的都市圈规划虽然才刚刚开始，但发展较快。

(3) 县(市、区)域规划。

它是以城乡一体化为导向，在规划目标和策略上以促进区域城乡统筹发展和区域空间整体利用为重点，统筹安排城乡空间功能和空间利用的规划。

3.1.2　都市圈规划的空间策略

1. 都市圈的空间界定

都市圈以一个或多个中心城市为核心，不以行政地域范围为边界。都市圈是物流、技术流、资金流和人才流等自由流动的城市群地区，是一个以经济要素为主，以地理、文化等要素为辅进行划分的空间类型。都市圈的形成是一个动态过程，是具备若干个功能各异但互为补充的高度关联的现代化中心城市和区域经济演进的必然产物。

纵观国内外都市圈的形成过程，引起都市圈空间成长的最主要的动力是城市化、现代交通技术、产业扩散与转移、政府政策与规划。其中，城市化是直接动因，现代交通技术是基础动因，产业扩散与转移是内在动因，政府决策与规划是外在动因，如图 3-1 所示。

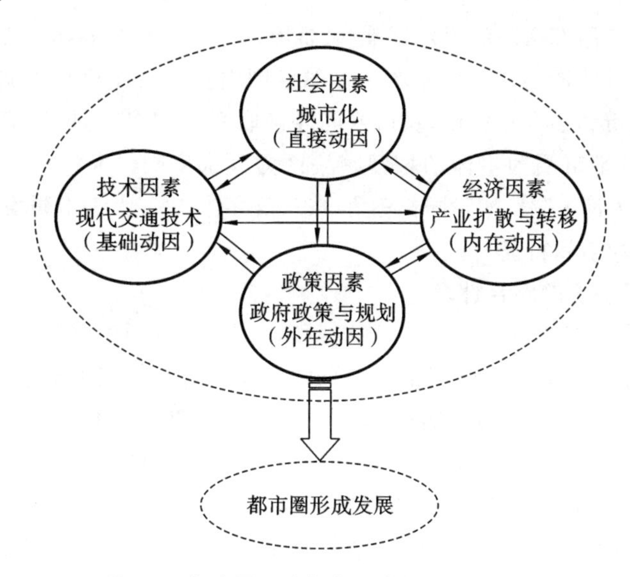

图 3-1　都市圈形成与发展动力机制示意图

国外对都市圈边界的确定以通勤率为主，建立在发达的私人交通基础上。如美国的 SMSA（标准大都市统计区）规定，SMSA 的邻近县中，至少有 15％的职工在中心县工作，且就业者中有超过 25％的职工常住于中心县中。其他欧洲国家外围地域的划分依据也是一些最具代表性的统计指标，如通勤率、非农化水平等。

综合起来，都市圈界定的基本标准包括如下几个方面：

①都市圈是一个城镇密集区域，中心城市发达，副都市圈发育，都市圈圈层结构基本形成；

②快速交通系统形成，社会经济联系密切，尤其是“日常都市圈”的划分一般基于交通条件；

③都市圈中心城市的人口达到一定规模;

④外围地区的区划尽量保持行政区划的完整性,如以县为基本单元,有利于利用统计单位进行研究和利用行政单位进行管理。

目前,我国人口在100万以上的城市或人口不到100万的省会城市均形成了明显的都市圈,且这些城市大多具有跨行政区的城市功能,GDP在整个都市圈区域内所占的比例很高。故我国都市圈的界定以中心城市人口在100万以上,且中心城市具跨省的城市功能,中心城市GDP中心度大于45%为核心条件。但另一方面,我国私人交通不如发达国家发达,通勤率缺乏相应的统计数据基础,因此不能照搬国外的做法。研究表明,在我国目前交通水平上,"1小时左右时距"范围基本为"日常都市圈"范围,故建议以周边城镇到中心城市"1小时左右时距"作为都市圈外围地区进入都市圈的条件。由于我国地形复杂多样,不少大城市受地形影响,城镇密度较低,"日常都市圈"的范围有可能略大于"1小时左右时距",实际操作中应具体问题具体分析。

综上所述,我国都市圈的界定标准为:拥有一个人口规模在100万以上的中心城市或省会城市,且邻近100千米左右半径的范围内至少有1个中等规模以上(50万人口以上)的城市和多个小城市,城市之间经济联系密切、交通网络完善。以两个或两个以上相连的都市圈为主体的城镇密集区为大都市圈。大都市圈密集发展的地区可以形成"特大都市圈",如我国长三角、珠三角、京津唐三大都市圈均为特大都市圈。

2. 都市圈的空间特征

(1) 都市圈功能的整合性。

都市圈以大都市为核心,通过经济辐射和吸引,带动周围城市和乡村联动发展,形成一体化的生产和流通经济网络。中心城市一般具有较高的首位度,以中心城市为核心组织其协调分工是都市圈整体优势确立与协调运作的基础。在日常都市圈范围内,重点是围绕中心城市的日常生活、生产与环境职能,构筑一个完整的城市性功能体。在大都市圈范围内,建立独立的产业体系是实现大都市圈战略的核心。如日本的大阪大都市圈组合成了"商业的大阪、港口的神户、文化的京都"的职能协调体系。

(2) 都市圈的内聚性。

都市经济圈的内聚性是指都市经济圈内的中心城市与周围地区及圈外其他地区之间的吸引与辐射程度,都市经济圈内的中心城市应具有较强的极化和扩散效应。这种极化作用不仅表现为人口和生产的高度集中,更主要地表现为资金融通、中枢管理、商品流通等服务活动的高度集聚。如上海市实现了从服务本地经济到集聚资金辐射周边地区的新跨越,已成为国际资本集散中心、国际国内的金融活动交易中心、金融信息中介服务中心。

(3) 都市圈的依存性。

都市经济圈是一个非均衡系统,并不能封闭、孤立地运行和发展,而必须不断地与外界进行经济能量（如商品和生产要素）的交换，才能产生自组织功能，使圈域经济的运转走上协调、有序的轨道。依存性包括圈域内和圈域外两个方面。如能源不足是长江三角洲都市圈发展面临的主要矛盾，浙江省能源自给率极低，每年运入的煤炭和石油达数千万吨；上海市的主要农副产品（如粮食、蔬菜、水果等）在很大程度上依赖市外供给。蚕茧、棉花、烟叶等农产品原料的圈内需求满足度也较低，需要由圈外地区补给。

（4）都市圈空间网络化。

交通运输网络、商贸网络、信息网络、企业网络、旅游网络、城镇网络等的建设和完善，是都市经济圈形成的重要特征。以交通运输网络化为例，一个成熟的都市经济圈不仅内部有发达的铁路、公路、水运和通信网络，还通过海港、国际航空港和现代化信息港与其他地区发生密切联系，参与国际分工和国际竞争。

（5）都市圈行政关系的复杂性。

都市圈空间内城镇连绵成片，跨多个行政主体，其发展涉及不同层级政府或发展主体之间、同级政府之间的权利互动关系，而形成这些多元利益主体的基本原因是行政区划的分割。行政区划分割造成了“行政区经济”，而我国的权力下放使大量的决策权和公共开支从中央政府向地方政府转移，由于地方政府决策范围扩大，运用政策杠杆、经济杠杆的情况增多，使得“行政区经济”愈演愈烈。

3. 我国几个重要的都市圈

目前，我国已形成若干都市经济圈的雏形，包括内地的长株潭都市圈、大武汉都市圈、成渝都市圈和关中都市圈，以及沿海的海西都市圈、东北都市圈等，但发育比较成熟的还是长三角、粤港澳大湾区、环渤海大湾区和成渝都市圈。

（1）长三角都市圈（图 3-2）。

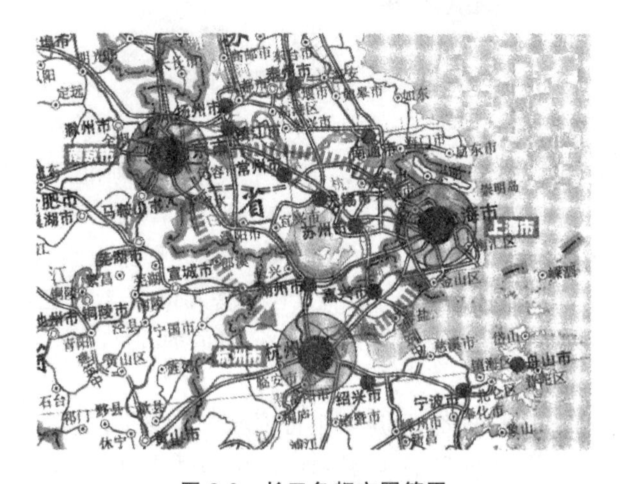

图 3-2　长三角都市圈简图

长三角都市圈以上海为核心，以南京—上海—杭州三市间连线为主轴，包括无锡、常州、苏州、宁波、绍兴等江、浙、沪三省市共 26 个城市，是中国经济实力最强、人口最多的都市圈。长三角地区拥有密集的人口、良好的农业基础、强大的经济技术综合实力、全国最大的经济中心(上海市)和面向国内外两大市场的有利区位。长三角地区总面积21.17万平方千米,总人口达到1.54亿人。2018年,长三角都市圈GDP之和达到了17.85万亿元,占全国19.83%。

(2) 粤港澳大湾区(Guangdong-HongKong-Macao Greater Bay Area,缩写GBA)。

粤港澳大湾区(图3-3)由香港、澳门两个特别行政区和广东省广州、深圳、珠海、佛山、惠州、东莞、中山、江门、肇庆9个城市组成,总面积5.6万平方千米。2017年末总人口已达7000万人,是中国开放程度最高、经济活力最强的区域之一。2017年大湾区经济总量约10万亿元,具有重要战略地位。

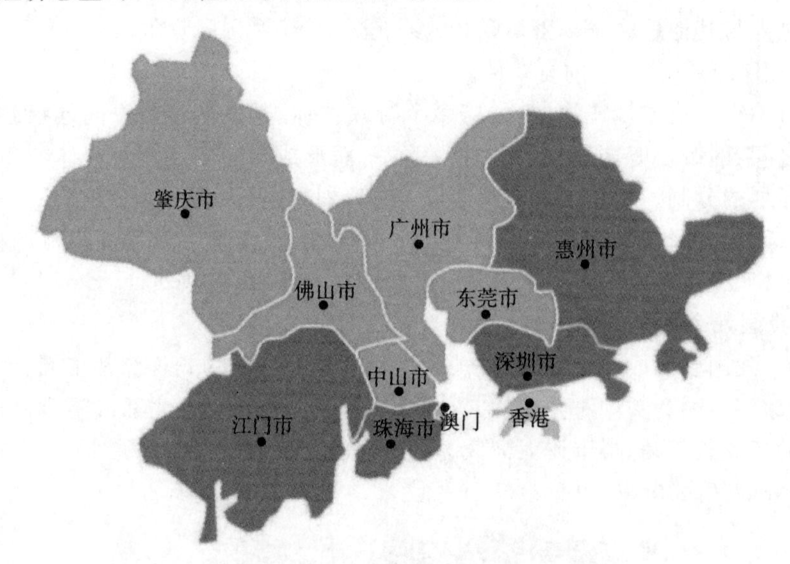

图3-3 粤港澳大湾区简图

(3) 环渤海大湾区。

环渤海大湾区(图3-4)包括北京、天津两个直辖市和河北省的石家庄、秦皇岛、唐山、廊坊、保定、沧州、张家口、承德8个城市,是以京津冀为核心、辽东半岛和山东半岛为两翼的环渤海经济区域,主要包括北京、天津、河北、山东、辽宁"三省两市"经济区域,面积51.8万平方千米。2018年,地区总人口为2.6亿,占全国总人口的18.4%;地区生产总值18.7万亿元,占全国生产总值的20.4%。

(4) 成渝都市圈。

成渝都市圈(图3-5)以成都、重庆两个特大城市为龙头,包括四川绵阳、德阳、乐山和重庆1小时经济圈内的23个区县,面积15.5万平方千米,常住人口约1亿,2020年GDP近6.8万亿元,占全国总GDP的6.7%。该区域是中国西部经济最为发达、城市化水平最高的区域。近年来成都、重庆城乡统筹综合配套改革试验区的设立,进一步强化了该区域作为中国西部经济高地的地位。

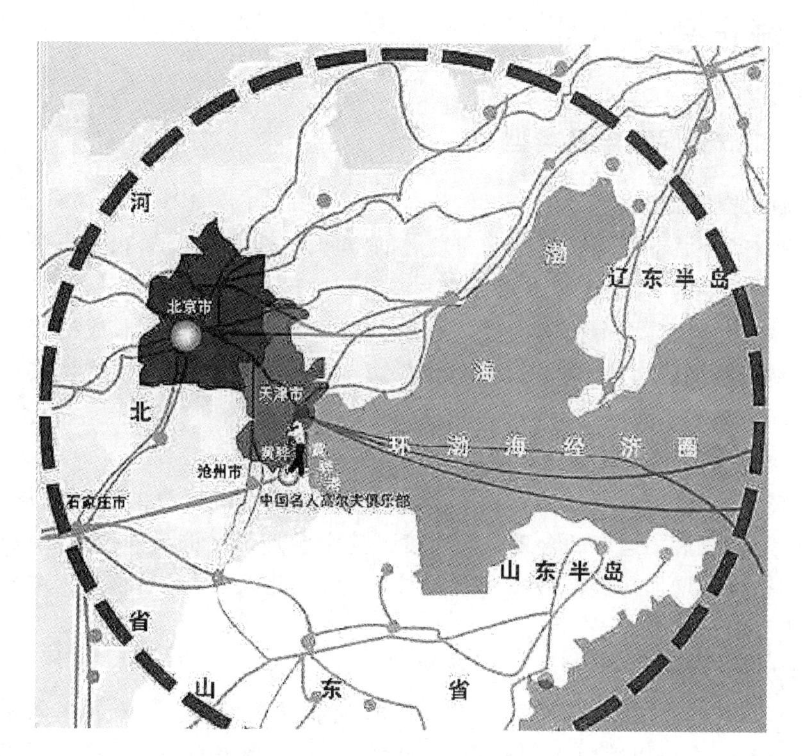

图 3-4　环渤海大湾区简图

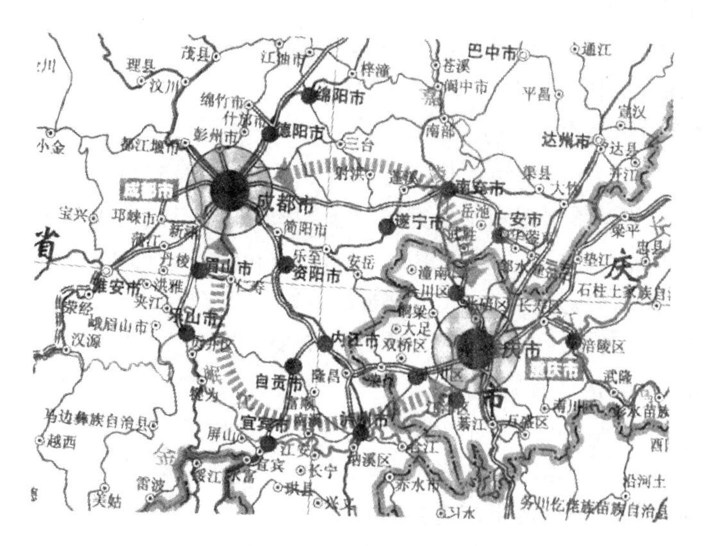

图 3-5　成渝都市圈简图

3.2 城市总体规划

3.2.1 城市空间概念及类型

1. 城市空间概念

城市空间是城市经济社会存在和发展的空间形式,是人类繁衍生息、创造财富、变革求新的重要场所,是在城市漫长的发展过程中逐步形成的。

城市空间结构是城市范围内经济社会的物质实体在空间上形成的普遍联系的体系,是城市经济结构、社会结构的空间投影。它的主要形式包括物质实体的空间密度、空间布局和空间形态。

(1) 城市空间密度。

城市空间密度与城市经济发展有着密切的关系,城市经济的顺利发展,客观上需要一个与其发展相适应的合理空间密度。这个合理密度的最佳值形成以前,城市物质空间密度的增加与经济效益的提高成正比;在此以后,密度的继续增加与经济效益的提高成反比。

(2) 城市空间布局。

城市经济与人文是社会物质运动的基础,且直接受城市空间布局的影响。合理的城市空间布局,可以缩短人、物、资金、能源、信息的流动时间和空间,提高经济效益,反之则会降低经济效益。

(3) 城市空间形态。

城市空间形态是城市空间结构的整体形式,是城市内部空间布局密度的综合反映,是城市平面和立体的形状表现。

2. 城市空间结构类型划分

由于城市空间结构对城市的形成与发展至关重要,有关城市空间形态结构的研究历来受到城市与城市规划理论研究的重视,并形成从不同角度出发看待城市结构的研究成果。伯杰斯的同心圆理论(concentric-zone concept,1925,by Ernest W. Burgess)、霍伊特的扇形理论(sector concept,1938,by Homer Hoyt)以及哈里斯与乌尔曼的多核心理论(multiple-nuclei concept,1945,by Chauncy D. Harris & Edward L. Unman)就是从城市土地利用形态研究入手所归纳出的城市结构理论。这三个有关城市土地利用的理论分别从市场环境下城市的生长过程、特定种类的土地利用(居住用地)沿交通轴定向发展、大城市中多中心与副中心的形成等方面揭示了城市土地利用形态结构的形成与发展规律。

考斯托夫(Spiro Kostof)在《城市形态——历史进程中的城市模式与含义》(*The City Shaped, Urban Patterns and Meanings through History*)中,通过对历史城市结构的分析,将城市的形态分为:①有机自然模式;②格网城市;③图案画的城市;

④庄重风格的城市。

而林奇(Kevin Lynch)在《城市形态》(*Good City Form*)中试图从城市空间分布模式的角度将城市形态归纳为10种类型:①星城;②卫星城;③线性城市;④方格网形城市;⑤其他格网形城市;⑥巴洛克轴线系统城市;⑦花边城市;⑧“内敛式”城市;⑨巢状城市;⑩想象中的城市。

赵炳时教授在分析国内外城市结构分类方法后,提出了采用总平面图解式的形态分类方法,并将城市的结构形态归纳为:①集中型;②带型;③放射型;④星座型;⑤组团型;⑥散点型。(图3-6)

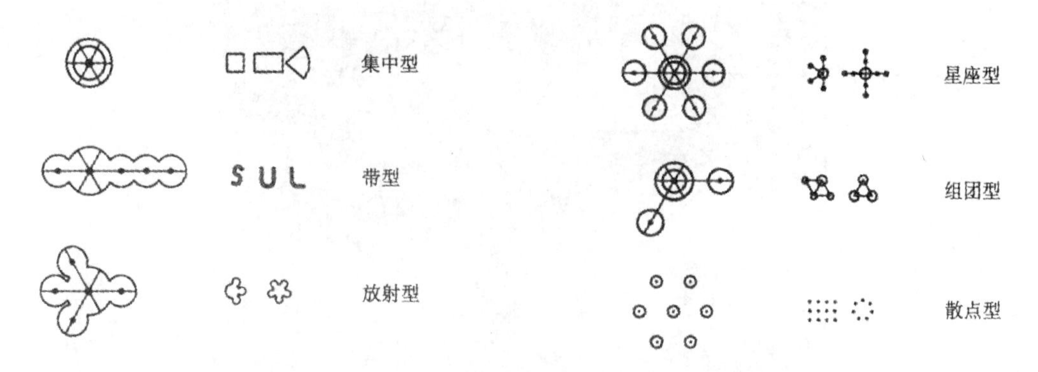

图3-6　城市形态图解式分类示意

从以上不同的城市结构形态理论及类型化分析中可以看出:从不同研究角度归纳出的城市结构类型不尽相同,并不存在一个普遍适用的分类标准。同时,现实中的城市结构受城市所处地形条件、经济发展水平、城市形态现状等客观条件的制约,以及不同时期的城市发展政策、土地利用管理体制的变化、城市规划内容变化等主观因素的影响,呈现出多样化的趋势。

此外,在城市发展的不同阶段,不同规模的城市,甚至在研究大都市圈的城市结构时所选择的空间范围不同,均有可能归纳出不同的形态结构。

3.2.2　城市总体规划中的空间策略

1. 影响城市空间布局的因素

城市是各种城市活动在空间上的投影。城市布局反映了城市活动的内在需要与可获得的外部条件。影响城市总体布局的因素涉及城市自然环境、经济与社会发展、工程技术、空间艺术构思以及政策等诸多因素,但最终要通过物质空间形态反映出来。因此,在考虑城市总体布局时,既需要认真研究对待非物质空间的影响因素,又要将这些因素体现为城市空间布局。影响城市总体空间布局的因素众多,一般可以分为以下几个方面:①自然环境条件;②区域条件;③产业发展情况;④交通条件。

2. 我国城市总体规划案例

(1) 北京(星座型)(图 3-7)。

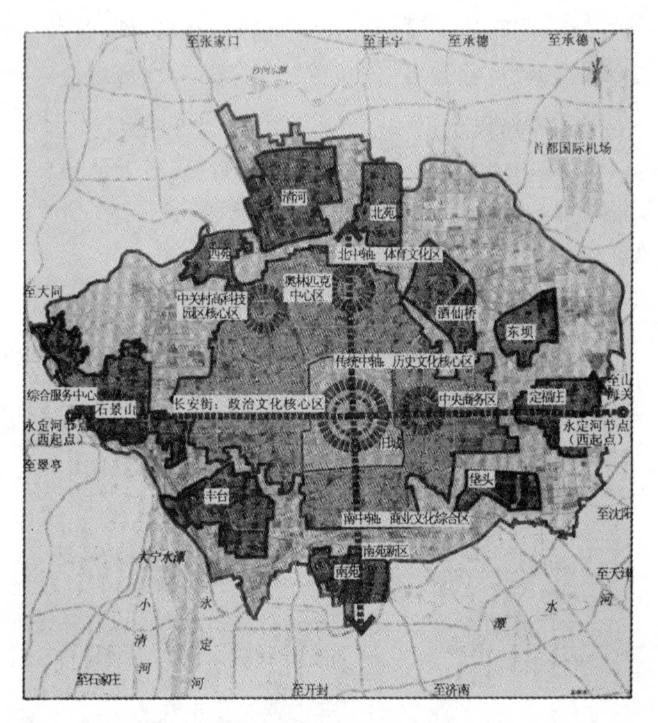

图 3-7 北京城市总体规划(2004—2020 年)城市空间结构图

随着北京城市规模的不断扩大,北京老城已不堪重负。北京的城市总体规划提出了跳跃式卫星城的发展模式,以缓解因中心城的盲目扩张带来的发展压力。北京由北京中心城区和周边的海淀、顺义、石景山、通州、亦庄等 6 个新城组成。

(2) 重庆(组团型)(图 3-8)。

山地地形决定了重庆城市的空间布局类型。重庆城市的空间布局主要由渝中、观音桥、沙坪坝、南坪、大渡口、蔡家、西永、茶园、两路、鱼嘴等 16 个组团组成。

(3) 深圳(带型+组团型)(图 3-9)。

最早深圳的发展沿深南大道开始,形成了东西向带状城市空间布局。但随着城市的快速扩张,深南大道沿线的用地已经用完,于是开始跳跃式地在不同区域形成多个城市新组团,主要包括福田中心、龙岗组团、盐田组团、龙华组团、光明新城等。

(4) 合肥(块状型+轴线)(图 3-10)。

由于城市规模不大,合肥城市的发展围绕护城河开始,圈层均衡式的扩展形成了摊大饼式的块状发展格局。但随着城市的不断扩展,块状空间格局也将逐步被打破,向块状型+轴线的趋势发展。

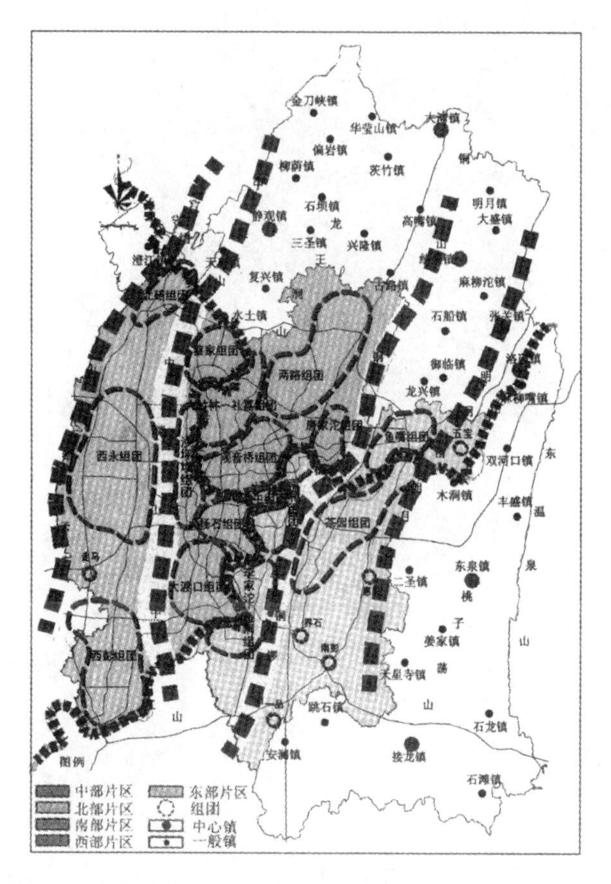

图 3-8　重庆城市总体规划(2004—2020 年)城市空间结构图

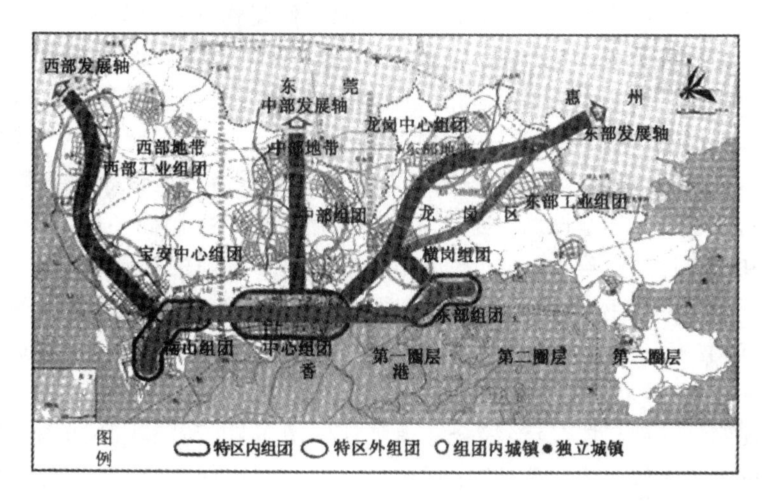

图 3-9　深圳城市总体规划(2004—2020 年)城市空间结构图

图 3-10　合肥城市总体规划(2007—2020 年)城市空间结构图

3.3　城市详细规划

3.3.1　城市详细规划的概念与特征

我国的城市详细规划分为控制性详细规划与修建性详细规划两大类(修建性详细规划在市场经济下越来越少,往往被重点地段城市设计和建筑群体方案设计代替,故略去)。控制性详细规划是城市、县人民政府城乡规划主管部门根据城市(镇)总体规划和地区经济、社会发展以及环境建设的目标,对土地使用性质和使用强度、空间环境、市政基础设施、公共服务设施以及历史文化遗产保护等做出具体控制性规定的规划。控制性详细规划主要以对地块的用地使用控制和环境容量控制、建筑建造控制和城市设计引导、市政工程设施和公共服务设施的配套,以及交通活动控制和环境保护规定为主要内容,并针对不同地块、不同建设项目和不同开发过程,用指标量化、条文规定、图则标定等方式对各控制要素进行定性、定量、定位和定界的控制和引导。

编制控制性详细规划,应当综合考虑当地资源条件、环境状况、历史文化遗产、公共安全以及土地权属等因素,满足城市地下空间利用的需求,妥善处理近期与长远、局部与整体、发展与保护的关系。控制性详细规划既是对城市建设的具体管控,也要考虑城市未来发展的变化,具体有以下特征。

1. 刚性管控与弹性引导性

控制性详细规划刚性管控主要体现在对城市建设项目具体的定量、定位、定界的控制上，这既是控制性详细规划编制的核心，也是控制性详细规划不同于其他规划编制层次的首要特征。控制性详细规划通过对土地使用性质的控制来规定土地上允许建什么，不允许建什么；通过建筑高度、建筑密度、容积率、绿地率等控制指标来控制土地的使用强度和土地建设的意向框架，从而达到管控土地开发的目的。另一方面，城市的发展具有一定程度的不确定性，控制性详细规划要适应社会经济和环境的变化，因此在确定了必须遵循的控制指标、原则外，还应该留有一定的弹性，以强化规划管理的可操作性。如某些指标可在一定的范围内浮动，给予土地使用一定的兼容性，涉及建筑形式、风貌及景观特色等管控对象可做大体方向的引导，给未来的深化设计留有一定的余地。

2. 法律效应

控制性详细规划是城市总体规划法律效应的延伸和体现，是总体规划宏观法律效应向微观法律效应的拓展。法律效应是控制性详细规划的基本特征。

3. 图则标定

图则标定是控制性详细规划在成果表达方式上区别于其他规划编制层次的重要特征，是控制性详细规划法律效应图解化的表现，它用一系列控制线和控制点对用地和设施进行定位控制，如地块边界、道路红线、建筑后退线以及绿化控制线及控制点。控制性详细规划图则在经过法定审批程序后上升为具有法律效力的地方法规，具有行政法规的效能(图 3-11)。

图 3-11　控制性详细规划分图图则

3.3.2 控制性详细规划的控制内容

控制性详细规划应当包括下列内容。

1. 土地使用性质及其兼容性等用地功能控制要求

土地使用控制是对建设用地上的建设内容、位置、面积和边界范围等方面做出的规定。其具体控制内容包括用地使用性质、用地使用兼容性和用地边界、用地面积等。用地边界、用地面积规定了建设用地范围的大小;用地使用性质规定了建设用地上的建设内容。用地使用兼容性通过土地使用兼容范围的规定或适建要求,规定了用地相融或混合使用的规划要求,便于灵活管理。

2. 容积率、建筑高度、建筑密度、绿地率等环境容量控制指标

环境容量控制是为了保证良好的城市环境质量,对建设用地能够容纳的建设量和人口聚集量做出的合理规定。环境容量主要从城市自然环境容量和城市人工环境容量两方面来考虑。自然环境容量主要表现在日照、通风、绿化等方面。容积率过高、建筑密度过高、绿化率过低,容易造成日照不足、通风不畅、环境质量低下等问题。人工环境容量主要表现在市政基础设施和公共服务设施的负荷状态上。伴随着城市高密度聚集而来的往往是人口密度和城市活动强度的提高,给市政基础设施和公共服务设施带来沉重的负担,各种设施超负荷运转,服务质量下降。

3. 基础设施、公共服务设施、公共安全设施的用地规模、范围及具体控制要求

城市生产、生活等各项经济社会活动的正常运转,依赖于城市基础设施、公共服务设施、公共安全设施的保障。对这些设施的用地规模、范围及具体控制要求是控制性详细规划的重要内容。市政基础设施包括交通、电力电信、供热燃气、给水排水、环境卫生设施等,控规中需要确定这些设施用地的面积大小,划定用地边界,规定各项设施在地面上建构筑物的位置、体量和数量。公共服务设施一般包括文化、教育、体育、公共卫生等公用设施和商业、服务业等生活服务设施,对居民日常生活而言必不可少,控规中需要保障这些设施的用地位置及用地面积,并对用地边界、环境容量进行管控。公共安全设施一般包括消防设施、防洪设施、人防设施、抗震设施等,是城市控制性详细规划中重要的控制内容。

4. 城市"四线"控制要求

"四线"是指控制性详细规划中需要划定并控制的黄线、绿线、紫线和蓝线,对城市发展全局和城市环境质量有重要影响。具体而言,黄线是指基础设施用地的控制界线;绿线是各类绿地范围的控制线;紫线是历史文化街区和历史建筑的保护范围界线;蓝线是地表水体保护和控制的地域界线。控制性详细规划中,需要确定各类用地的位置和面积,控制用地指标和用地界限的具体坐标。

3.4　城市设计

3.4.1　城市设计的空间概念

城市设计是落实城市规划、指导建筑设计、塑造城市特色风貌的有效手段，贯穿于城市规划建设管理全过程。城市设计可以从整体平面和立体空间上统筹城市建筑布局、协调城市景观风貌，体现地域特征、民族特色和时代风貌。

城市设计应该考虑以下原则：

(1) 制订和实施城市设计，应当符合城市规划；

(2) 尊重城市发展规律，坚持以人为本，保护自然环境，传承历史文化，塑造城市特色，优化城市形态，节约集约用地，创造宜居公共空间；

(3) 根据经济社会发展水平、资源条件和管理需要，因地制宜，逐步推进。

3.4.2　城市设计的空间层次

根据城市设计对象的空间范围和尺度的不同，城市设计可以划分为不同的空间层次。我国的城市设计通常分为总体城市设计和重点地区城市设计。不同空间层次的城市设计的关注点、设计内容、采用的手段及设计成果都不同。由于城市设计所追求的是城市的物质空间形态，其涉及对象越具体、空间范围越确定，就越容易把握，越容易落实。

1. 总体城市设计(宏观层次)

总体城市设计通常和城市(镇)总体规划相对应，组织编制城市总体规划，应当同步开展总体城市设计，并将总体城市设计内容和控制要求纳入城市总体规划一并报批。总体城市设计应当确定城市风貌特色，保护自然山水格局，优化城市形态格局，明确公共空间体系，划定城市重点地区。根据需要，可针对上述内容开展专项设计。

总体城市设计的实施需要较长期的过程，虽然其效果不如重点地区城市设计那样直观、易于实施和被公众接受，但在城市空间形态形成过程中的作用是中、微观城市设计所无法取代的。而且，由于总体城市设计对城市空间形态的形成更具战略意义，城市整体的影响是决定性的，因此其工作的技术难度也更大。

美国纽约曼哈顿地区、旧金山市在20世纪60年代末至70年代初所进行的城市设计、美国华盛顿州在21世纪初进行的城市结构战略研究都可以看作总体城市设计的实例(图3-12)。

2. 重点地区城市设计(中、微观层次)

重点地区城市设计是在中、微观层次对涉及城市空间、城市文化、城市生活有重要意义和作用的地段所进行的城市设计，如城市核心区和中心地区、体现城市历史

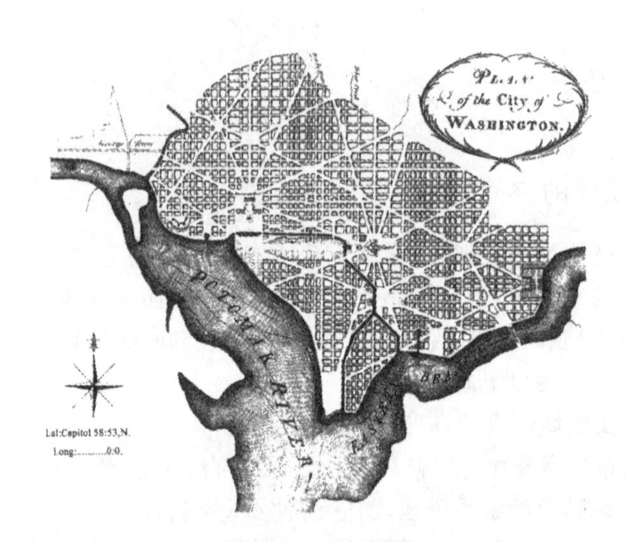

图 3-12　总体城市设计实例(美国华盛顿州)

风貌的地区、新城新区、重要的街道、滨水地区、沿山地带,以及其他能够集中体现和塑造城市文化、风貌特色、具有特殊价值的地区。重点地区城市设计应当塑造城市风貌特色,注重城市与山水自然的共生关系,协调市政工程,组织城市公共空间功能,注重建筑空间尺度,提出建筑高度、体量、风格、色彩等控制要求。重点地区城市设计的内容和要求应当纳入控制性详细规划,并落实到控制性详细规划的相关指标中。

重点地区城市设计内容包括用地布局、街道和路网格局、空间景观控制要素(开放空间、轴线、界面、节点、标识等)、地块开发控制要素(功能、容积率、覆盖率等)、建筑设计控制要素(形态、高度、面宽、退线、色彩等)。重点地区城市设计内容通常与城市控制性详细规划相辅相成,不过城市设计主要关注开发建设对城市空间的物质和视觉质量的影响;人工建造物的适宜性和视角的关系;对光和空气的穿透性影响;与步行道格局的协调性;与城市整体立面轮廓和体量的协调性;与地方传统的协调性和对周围环境的影响等。

第二次世界大战爆发后,波茨坦广场毁于战火,由城市中心的繁华地带"沦落"为荒凉之地。20 世纪 90 年代,德国重启波茨坦广场改造规划,进行了波茨坦广场城市设计总体方案的国际招标。来自慕尼黑的设计师希尔默与萨特勒的方案中标,规划希望从 18 世纪的柏林城中汲取城市特征,维护欧洲城市简洁而复杂的空间,使波茨坦广场成为城市重续文脉的中心标志,因而采取了整齐划一的欧洲传统街块形式,以小的方块建筑作为城市建设的基本单元,满足居住、商场、酒店、公司集团驻地以及音乐厅、剧院的多层次需求,形成以文化娱乐为特色、多功能高度复合的新型 CBD 和城市中心(图 3-13)。

重点地区城市设计可能涉及城市的微观层次,设计的对象空间更为狭小和具体,可能是一个广场或一个建筑群。设计内容包括建筑物的尺度、街道陈设、材质颜

图3-13　重点地区城市设计实例(德国波茨坦广场)

色和纹理、空间过渡的处理、广告和标志、街道景观等。微观层次的城市设计与修建性详细规划设计相辅相成。在对微观层次城市设计进行评价时,应关注功能上的适宜性、街道结构和功能的适宜性、步行环境舒适度、人体尺度和生活质量、空间的创造性等。

3.4.3　城市设计的空间要素

1. 土地利用

土地利用包括土地使用性质、强度和形态。虽然并非在所有情况下均直接表现为城市设计的成果,但却是城市设计的基础和决定性因素。城市设计侧重于对土地使用复合性、整体性和立体化的研究,集中体现了城市设计的学科特征。

(1) 土地使用的复合性。

在当代城市中,各种城市功能之间不是相互独立的,而是存在紧密的联系的,这也是城市生活多向性、多元化的必然体现。功能之间的互相整合,将体现出“整体大于部分之和”的集聚效应,激发出城市更大的发展潜能,充分利用有限的城市土地资源,发挥出城市土地的发展潜力。

(2) 土地使用的整体性。

土地使用的整体性是指综合研究不同城市区块之间的整体关系,结合城市公共空间、历史保护、人际交往、城市景观等方面的整体要求,提高城市土地使用率。在城市设计的具体操作中,可以根据土地使用整体性的要求,对城市规划制订的土地使用原则和技术指标进行必要的调整。

(3) 土地使用的立体化。

土地使用包含两方面的含义。

①立体化的城市开发行为不但使城市向空中发展,更向地下延伸,体现出一种三维和立体的特征,城市设计必须对这样一种现象进行研究,提出相应的策略。

②在研究城市土地使用时,要与城市的三维形态结合起来,研究抽象的城市规划指标,如容积率、覆盖率、建筑高度控制等与城市形态和城市空间环境之间的相互关系。并结合城市三维立体形态和空间环境发展的要求,对城市土地的使用提出相应的要求,包括对开发强度、建筑密度、建筑布局等做出相应的调整,从而把抽象的土地使用指标与城市空间环境建设的具体要求联系起来。

2. 公共空间

城市公共空间由城市街道、城市广场、城市公园、建筑内部和地下公共空间等空间单元构成。城市空间一体化是当代城市设计的研究重点,它要应对当代城市形态和空间环境发展中要素分离、城市空间环境缺乏整体性等突出的问题。城市空间一体化,从城市空间的一般意义而言,是指城市外部空间、建筑内部公共空间和地下空间等的一体化;从城市公共空间的构成单元而言,是指城市街道、广场、公园等城市空间构成单元的体系化。

城市公共空间的一体化建立在城市公共空间系统构成认识的基础上,强调对城市公共空间构成单元的系统化研究和城市公共空间内部城市构成要素的综合处理,以促成城市公共空间的整体性和城市公共空间使用的高效率,发挥公共空间体系的总体效益。克里斯托弗·亚历山大在《城市设计的新理论》(*A New Theory of Urban Design*)中认为:由于当代城市功能的复杂化、建设的分散性等,城市规划设计很难做到东西方古代城市体现的绝对的整体美,但应力求城市局部地区形成相对统一、完整和有特色的城市公共空间体系,从而使城市在整体上带有一定的多样性。具体来看,城市公共空间一体化包括:①城市地面、地上、地下空间的一体化,即城市空间的立体化;②城市外部空间与建筑空间的一体化;③城市交通空间与其他城市公共空间的一体化。

3. 交通

作为城市运作的命脉,城市交通体系影响着城市运作的机能和效率。城市交通的引入会导致公共空间性质的转变和城市公共空间的组成单元之间关系的变化。

从城市交通体系的构成要素来看,它包括交通流线和交通节点。交通流线是城市中物质和人流动的线路;节点主要是指城市交通起止点和交通转换点,如公交枢纽、地铁车站、汽车站、出租车站等。从城市交通网络内部运行的元素来看,主要包括车和人两部分。

城市交通的体系化是城市设计中交通体系研究的重点,主要包括以下内容。

(1) 某种城市交通方式内部的体系化研究,即完善某种城市交通方式内部的运作体系。如公共汽车交通体系布线与站点设置的体系化研究，城市轨道交通布线与站点设置的体系化研究，自行车线路的合理布局，步行流线与人流集散的体系化等。城市规划和城市交通学在这方面已有很丰富的研究成果可以借鉴。

(2) 不同交通方式之间体系化研究。这是城市设计交通体系化研究的重点。世界各国城市交通建设和发展的大量实践经验表明，必须建立各种城市交通方式之间良好的接驳与换乘关系，只有把城市交通的各种方式，如轨道交通、公共汽车、小汽车、自行车、步行等有序地组织在一起，才有可能使城市交通体系体现出“1＋1＞2”的系统特征。

此外，城市交通体系还包括步行交通研究。

城市交通综合体是以城市交通节点为核心形成的重要的“环节建筑”，它作为其所处的城市环境区段中的一个开放性环节，除了完成自身特定的功能外，还综合了其他城市职能。城市交通综合体作为一种环节建筑，在城市整体交通结构的层面上，协调解决交通集散的问题。在当前城市建设实践中常出现的航空港、火车站、公交始末站等都带有城市交通综合体的特征。它们不但承担本身的交通职能，而且融合了各种城市功能空间，如餐饮、娱乐、住宿等。在这些建筑的内部和周边地带，铁路、公共汽车、航空运输、出租车、步行交通等各种交通方式之间紧密衔接，对于建立完善的城市交通体系、保证城市交通系统的高效运作具有十分重要的意义。

4. 城市景观

一般认为，城市景观体系的构成要素主要是指城市中的实质景观要素，包括：①城市自然景观要素，如城市的地形地貌、城市水体、城市绿化等；②城市人工景观要素，如建筑形式与体量、城市环境设施与小品等。

也有学者认为，城市景观构成要素还应包括“活动景观”要素，主要是指基于各种城市公共活动而形成的城市活动景象，如休闲活动、节庆活动、交通活动、商业活动、观光活动等。“活动景观”的概念对于全面认识城市空间环境的塑造和构成具有一定借鉴意义，它把城市行为的研究与城市空间体系的研究结合起来。而在城市景观体系的研究中则注重三维视觉形态方面，这更符合对城市设计要素(即研究对象)的整体分类，也使得对城市景观的研究处于一个界定相对明确的研究视野中。

城市设计景观体系的研究着重于一系列的城市景观构成要素的系统构成关系以及对塑造城市总体意象形态的作用。根据城市景观要素的不同系统构成关系，形成了城市总体轮廓、城市天际线、城市地标、城市视觉轴线、城市绿化体系等子系统。

3.5　居住区规划

3.5.1　居住区规划的概念

1. 居住区的分级、规模与特点

为了确保城市居民基本的居住生活环境，经济、合理、有效地使用城市土地和空间,提高居住区的规划设计水准,我国在《城市居住区规划设计标准》(GB 50180—2018)中将居住区分为三级,并通过步行距离和人口规模来界定,具体见表 3-1。

表 3-1 城市居住区分级控制规模

距离与规模	十五分钟生活圈居住区	十分钟生活圈居住区	五分钟生活圈居住区	居住街坊
步行距离/m	800～1000	500	300	—
居住人口/人	50000～100000	15000～25000	5000～12000	1000～3000
住宅数量/套	17000～32000	5000～8000	1500～4000	300～1000

城市居住区,一般简称居住区,指城市中住宅建筑相对集中布局的地区,是配建有一整套较完善的、能满足该区居民物质与文化生活所需的公共服务设施的居住生活聚居地。

(1) 十五分钟生活圈居住区。

以居民步行十五分钟可满足其物质与生活文化需求为原则划分的居住区范围;一般是由城市干路或用地边界线围合,居住人口规模为 50000～100000 人(17000～32000 套住宅),配套设施完善的地区。

(2) 十分钟生活圈居住区。

以居民步行十分钟可满足其基本物质与文化需求为原则划分的居住区范围;一般是由城市干路、支路或用地边界线围合,居住人口规模为 15000～25000 人(5000～8000 套住宅),配套设施齐全的地区。

(3) 五分钟生活圈居住区。

以居民步行五分钟可满足其基本生活需求为原则划分的居住区范围;一般是由支路及以上级城市道路或用地边界线围合,居住人口规模为 5000～12000 人(1500～4000 套住宅),配建社区服务设施的地区。

(4) 居住街坊。

由支路等城市道路或用地边界线围合的住宅用地,是住宅建筑组合形成的居住基本单元;居住人口规模为 1000～3000 人(300～1000 套住宅,用地面积 2～4 hm^2),并配建有便民服务设施。

2. 居住区的用地与建筑

我国《城市居住区规划设计标准》(GB 50180—2018)中提出了十五分钟生活圈居住区、十分钟生活圈居住区、五分钟生活圈居住区的用地配置参考数据(表 3-2～表 3-4),从中可以看出不同尺度的生活圈各用地之间的比例关系。

表 3-2　十五分钟生活圈居住区用地控制指标

建筑气候区划	住宅建筑平均层数类别	人均居住区用地面积/(m^2/人)	居住区用地容积率	居住区用地构成/(%)				
				住宅用地	配套设施用地	公共绿地	城市道路用地	合计
Ⅰ、Ⅶ	多层Ⅰ类(4～6层)	40～54	0.8～1.0	58～61	12～16	7～11	15～20	100
Ⅱ、Ⅵ		38～51	0.8～1.0					
Ⅲ、Ⅳ、Ⅴ		37～48	0.9～1.1					
Ⅰ、Ⅶ	多层Ⅱ类(7～9层)	35～42	1.0～1.1	52～58	13～20	9～13	15～20	100
Ⅱ、Ⅵ		33～41	1.0～1.2					
Ⅲ、Ⅳ、Ⅴ		31～39	1.1～1.3					
Ⅰ、Ⅶ	高层Ⅰ类(10～18层)	28～38	1.1～1.4	48～52	16～23	11～16	15～20	100
Ⅱ、Ⅵ		27～36	1.2～1.4					
Ⅲ、Ⅳ、Ⅴ		26～34	1.2～1.5					

表 3-3　十分钟生活圈居住区用地控制指标

建筑气候区划	住宅建筑平均层数类别	人均居住区用地面积/(m^2/人)	居住区用地容积率	居住区用地构成/(%)				
				住宅用地	配套设施用地	公共绿地	城市道路用地	合计
Ⅰ、Ⅶ	低层(1～3层)	49～51	0.8～0.9	71～73	5～8	4～5	15～20	100
Ⅱ、Ⅵ		45～51	0.8～0.9					
Ⅲ、Ⅳ、Ⅴ		42～51	0.8～0.9					
Ⅰ、Ⅶ	多层Ⅰ类(4～6层)	35～47	0.8～1.1	68～70	8～9	4～6	15～20	100
Ⅱ、Ⅵ		33～44	0.9～1.1					
Ⅲ、Ⅳ、Ⅴ		32～41	0.9～1.2					
Ⅰ、Ⅶ	多层Ⅱ类(7～9层)	30～35	1.1～1.2	64～67	9～12	6～8	15～20	100
Ⅱ、Ⅵ		28～33	1.2～1.3					
Ⅲ、Ⅳ、Ⅴ		26～32	1.2～1.4					
Ⅰ、Ⅶ	高层Ⅰ类(10～18层)	23～31	1.2～1.6	60～64	7～10	11～16	15～20	100
Ⅱ、Ⅵ		22～28	1.3～1.7					
Ⅲ、Ⅳ、Ⅴ		21～27	1.4～1.8					

表 3-4 五分钟生活圈居住区用地控制指标

建筑气候区划	住宅建筑平均层数类别	人均居住区用地面积/(m^2/人)	居住区用地容积率	居住区用地构成/(%)				
				住宅用地	配套设施用地	公共绿地	城市道路用地	合计
Ⅰ、Ⅶ		46～47	0.7～0.8					
Ⅱ、Ⅵ	低层(1～3层)	43～47	0.8～0.9	76～77	3～4	2～3	15～20	100
Ⅲ、Ⅳ、Ⅴ		39～47	0.8～0.9					
Ⅰ、Ⅶ		32～43	0.8～1.1					
Ⅱ、Ⅵ	多层Ⅰ类(4～6层)	31～40	0.9～1.2	74～76	4～5	2～3	15～20	100
Ⅲ、Ⅳ、Ⅴ		29～37	1.0～1.2					
Ⅰ、Ⅶ		28～31	1.2～1.3					
Ⅱ、Ⅵ	多层Ⅱ类(7～9层)	25～29	1.2～1.4	72～74	5～6	3～4	15～20	100
Ⅲ、Ⅳ、Ⅴ		23～28	1.3～1.6					
Ⅰ、Ⅶ		20～27	1.4～1.8					
Ⅱ、Ⅵ	高层Ⅰ类(10～18层)	19～25	1.5～1.9	69～72	6～8	4～5	15～20	100
Ⅲ、Ⅳ、Ⅴ		18～23	1.6～2.0					

3.5.2 居住区规划空间层次

居住区的空间可分为户内空间和户外空间两大部分。居住区规划设计,主要是对户外空间形态与层次的构筑与布局进行规划。

在居住区户外空间塑造中,若不考虑尺度的影响(居住建筑尺度具有一定的同质性和确定性),至少应有四个层次的限定。

第一层次的限定:指街巷空间的组织与塑造。新的规划设计标准对城市居住区路网系统有明确的规定,要求应采用"小街区、密路网"的交通组织方式,因此街巷空间的环境塑造显得非常重要。为了强化街道空间和营造街区生活,通过临街商店、带底层商店的低层住宅、多层住宅沿街布置来形成连续的街道界面,再辅以绿化与街道家具等设施的配置,塑造一个充满活力和符合人的尺度、多功能混合的街道空间。

第二层次的限定:指街坊空间的形式或类型,可抽象为实体对空间的限定或围合方式。其形式通常有平行的行列式、半周边围合式、周边围合式、点条结合式等。第二层次的限定也可称为"外围的空间",是居住区外部空间中处于宏观层面的要素。

第三层次的限定:指街坊空间的界面特征,特别指上述第二层次限定中,某一种空间形式的内部界面特征,如建筑的材质、色彩、细部构造、体量穿插、光影变化等。

该层次空间限定的介入，极大地丰富了空间的内涵，形成了特定的空间氛围，使空间成为具有某种精神和意义的场所。由于其与空间中人的活动密切相关，对人空间感受的影响十分强烈。在这种情况下第一层次的空间限定被大大弱化。

第四层次的限定：指植物、小品、铺装、灯具等环境要素。一般而言，它们是最接近人的空间元素。人们对其可触、可闻、可观、可感，因而它们所形成的空间感受也更加强烈。相对于更大范围的空间环境，人们往往更关注自己身边的事情。例如大家对自家门前的一盏灯、一丛花草、一片铺装都十分在意。人们直接感受到的是与自身紧密相关的身边的小环境，并以此形成的空间体验，构成了对该空间性质的基本判断，而更大尺度的外围空间则往往被忽略。

3.6　城市环境设计

3.6.1　城市环境设计目的与内容

城市环境设计要适合于所设计环境的功能并满足人在该环境中的活动需求，使所设计的环境舒适、美观、安全、卫生、方便、愉悦，有助于提高人们工作或休息的效率，并有利于引导人们的善行和抑制不良行为，以创造对人类更积极而有意义的环境，从而改善空间质量，提高人的生活质量。通俗地讲，城市环境设计就是设计一个使人们向往的、积极的、令人愉快的城市空间环境。

城市环境设计是指城市中被限定的建筑室外三维空间的规划与设计。城市环境设计主要包括以下几个方面的内容：①建筑周围的空间；②建筑与建筑之间的空间；③城市各类交往与集散广场；④城市道路旁、海边小型或连续景观与休憩环境；⑤各类可自由出入的小型公园、街头绿地。

从以上内容可以看出，城市环境设计与建筑、城市规划和行为科学有着紧密的联系。它不是孤立存在的，而是建筑单体空间向整个城市大空间的过渡，是城市日常生活交往的场所，也是城市重要的形象展示空间。

3.6.2　城市环境设计主要类型

1. 城市广场设计

在我国城市建设高速发展的今天，迅速增多的城市广场引起人们的关注。城市广场正在成为城市居民生活的一部分，它被越来越多的人接受，为我们的生活空间提供了更多的物质条件。城市广场作为一种城市环境建设类型，它既承袭传统和历史，也传递着美的韵律和节奏。它是一种公共艺术形态，也是一种城市空间构成的重要元素。

在有关城市广场的评论中，有一种意见较为突出，即认为我国的城市广场正陷入雷同的误区。有人将这种现象称作“广场八股”现象，还有人这样概括当今的广场:“低头是铺装(加草坪),平视见喷泉,仰脸看雕塑,台阶加旗杆,中轴对称式,终点是机关。”虽然是简单的几句话,却透露出了部分城市广场设计中存在的问题:

①城市广场设计背离了广场的本质,与居民产生了距离;

②城市广场设计背弃了城市历史、文化的背景,丧失了独特的风格——大城市追西方,中小城市追大城市,互相模仿攀比,使一个个广场大同小异;

③城市广场设计脱离所处的周围环境,在整体的空间尺度上比例失调;

④城市广场设计交通组织不协调,导致广场功能降低。

2. 道路环境设计

道路环境设计是城市环境中不可缺少的一个重要组成部分,道路环境设计的好坏直接影响着整个城市的形象。道路景观环境由景观建筑、景观植物、景观灯光、景观街具等系统组成。从物质属性上来说,道路环境是城市总体环境的“骨架”和“脉络”;从精神属性上来说,道路环境是影响人们对城市印象做出评判的第一要素。

城市道路景观环境包括自然景观与人文景观两部分。城市道路是人们认识城市的主要视觉场所和感受城市景观环境的重要通道,对于景观,不同的人群有着不同的要求,机动车辆、非机动车辆及行人因速度的不同,对景观的关注点也不同。道路环境设计的基本原则包括以下几点。

(1) 功能与景观的统一。

城市道路是为城市客货运提供便捷的、安全的交通运输通道。城市道路的主要功能是满足各种交通的需要,所有景观因素均要在道路功能正常的前提下,即交通顺畅的前提下才有意义。城市道路景观环境首先要求交通顺畅。人的生活离不开交通,人们都希望有一个优美、舒适的交通环境。因此要做到使城市道路在具有很好的交通功能前提下,同时具有一定的环境功能要求。此时,道路环境功能设计十分重要,景观环境则成为在满足交通功能的前提下的延伸和发展。城市道路作为组成城市的骨架和城市公共空间,已从单一的交通功能进化为兼具景观、交通、休憩功能的多元化载体。

(2) 根据不同道路性质确定环境景观设计。

城市道路由不同性质的道路组成。道路性质的不同决定了道路中交通流的组成不同,其交通功能要求、位置及宽度亦不同,所形成的道路景观环境特点也应不一样。①城市快速路中的交通流属于连续流,道路上的交通流的速度普遍较快。道路使用者的视野是连续的、动态的,景观设计应是大手笔的,应体现景观序列的节奏感和韵律感。②城市主干道的交通流基本属于间断流,中央分隔带、侧分带中的景观设计应以中速车流考虑,体现节奏感。③城市次干道及城市支路的交通组成主要为非机动车和行人,交通流基本属于连续流,同时又是慢速交通流,景观设计应更细腻,体现区域环境的特点。④居住区内道路应与地形、地物相适应,不拘泥于一定的几何形式,景观设计应富于变化,营造优美舒适的居住氛围。⑤商业步行街一般实行交通管制,人们可以自由漫步,有充足的时间来品味道路的景观,景观的表现手法应是精致的。商业步行街与街心广场、绿地花坛、水池喷泉、小品雕塑相结合，并设置供人们休憩用的座椅等服务设施，可增添生活情趣和环境的舒适、亲切感。

(3) 与城市环境的协调。

城市道路的景观设计不仅应与城市整体规划相适应，还要使各个景观元素组成的街景统一协调，与城市自然景色、历史文物以及周边建筑有机地联系在一起，把道路与城市环境作为一个环境整体加以考虑。道路的环境氛围应符合区域城市空间属性，道路环境色彩应与周边建筑色彩相协调，道路附属设置应满足周边城市功能需求。

3. 街头绿地设计

由于我国城市化进程快速发展，城市建筑日趋密集，在建成区内开辟大面积、多功能的公园可能性较小。而街头绿地能充分利用城市零星空地"见缝插绿"，其占地少、投资小、见效快、实施可行性大，因而成为城市环境中重要且便捷的交流场所，也是城市形象的重要表现之处。

街头绿地的设计原则有以下几个方面。

(1) 因地制宜、形成特色：街头绿地的设计要充分利用当地的自然条件，做到与周围环境相互协调、相互依托、互为借用，构成整体和谐美。

(2) 不同位置，注重不同的侧重功能：街头绿地的主要功能应结合区域城市功能，如在居住区应满足居民日常生活休憩、健身活动需求；在商业区则应在景观营造、展示城市形象上有突出表现。

(3) 以绿为主、四季有景：街头绿地主要依靠植物造景，用分层布局和混合种植的方法创造出四季景观。

(4) 注重观景效果与生态效果相协调：街头绿地植物配置在注重景观的同时，也要注重绿地的生态效果，改善区域小环境。

【思考题】

1. 我国主要都市圈有哪些？
2. 我国城市空间形态的主要类型有哪些？
3. 控制性详细规划中需要控制的内容是什么？
4. 城市设计的空间层次包括哪些？其主要设计内容有何差别？
5. 描述我国住宅、居住区与城市的空间关系。

【参考文献】

[1] 夏南凯，田宝江. 控制性详细规划[M]. 上海：同济大学出版社，2005.

[2] 中共中央　国务院印发《粤港澳大湾区发展规划纲要》. 新华网[引用日期2019-11-12]

第4章 城 市 化

4.1 城市化的基础知识

4.1.1 城市化的定义

城市化(urbanization)又称城镇化,是指人口向城市聚集、城市规模扩大以及由此引起一系列经济社会变化的过程,也就是由农业为主的传统乡村社会向以工业和服务业为主的现代城市社会逐渐转变的历史过程。

我国《城市规划基本术语标准》将城市化定义为:人类生产和生活方式由乡村型向城市型转化的历史过程,表现为乡村人口向城市人口转化以及城市不断发展和完善的过程。

《国家新型城镇化规划(2014－2020年)》指出,城镇化是伴随工业化发展,非农产业在城镇集聚、农村人口向城镇集中的自然历史过程,是人类社会发展的客观趋势,是国家现代化的重要标志。

与“城市化”相比较,“城镇化”一词较能够凸显我国在城市发展初期偏重小城镇发展的城市化模式。另外,随着城市化进程的深入,“城镇化”一词还强调了人口与经济社会活动在地理空间上的均衡分布。但在一般情况下,两者仍被等同使用,本书主要使用“城市化”这一表述。

城市化是一个存在争议的概念。对于城市化是过程还是结果,以及城市化始于何时等很多问题,在学术界都有争论。此外,各个学科对城市化的理解也有所不同。

社会学家认为,城市化是现代社会生活方式变迁的过程。在现代化进程中,人们不断被吸收到城市中,被纳入城市的社会组织中,随着城市的发展和扩张,城市生活方式也不断得到强化和演变。

人口学家认为,城市化是乡村人口向城市转化和集中的过程。这种过程可能有两种方式:一是人口集中场所(即城市地区)数量的增加,二是每个城市地区人口规模的不断扩大。

从经济学的角度来看,城市化被看成是由于产业结构调整和技术的进步,人们离开农业经济向非农业经济转移并产生空间集聚的过程。

从地理学的角度来看,城市化是人口和经济活动的空间转移过程。这一过程包括在农业区甚至未来开发区形成新的城市,以及已有城市向外围的扩展。

上述对城市化的不同理解,不是相互抵触,而是相互补充的关系。总的来看,城市化的含义是十分丰富的，城市化意味着经济结构、社会结构和空间结构多方面的变迁。从经济结构变迁看，城市化过程是农业活动逐步向非农业活动转化和产业结构升级的过程；从社会结构变迁看，城市化是农村人口逐步转变为城镇人口以及城镇文化与生活方式和价值观念向农村扩散的过程；从空间结构变迁看，城市化是各种生产要素和产业活动向城镇地区聚集以及聚集后的再分散过程。一些学者认为，城市化还包括原有市区的结构重组、基础设施的现代化、传统文化的继承和更新、环境的改善等。

4.1.2 城市化的意义

城市化的意义主要表现在以下方面。①城市是区域的中心，城市化过程能够促进区域社会经济的发展，有利于改善地区产业结构。②城市化与工业化是相互影响的。离开了城市化，工业生产的效率就会降低；离开了工业化，城市化就会失去经济发展的动力。③科技进步和信息化使得现代化大城市成为主要的科技创新基地和信息交流中心。④在城市化过程中，城市能够大量吸收乡村的剩余人口，创造比较多的就业机会。⑤城市化过程能够广泛带动乡村的发展，随着城市文化不断地向乡村扩散和渗透，乡村的生产生活方式都会受到影响并发生改变。⑥城市化有利于调整利益格局，理顺社会、政府与市场的关系，城市化引起的社会结构变化是社会保障得以推行的重要原因。总之，城市化过程有助于城市与乡村的相互促进，缩小城乡发展差距；而区域整体社会、经济、文化水平的提高，反过来又会推动城市的发展。

因此，城市化既是一种历史现象，也是区域经济与社会发展的战略手段。推进城市化是实施现代化建设第三步战略部署的需要；推进城市化是更好地推进工业化的需要；推进城市化是全球化背景下提高国际竞争力的需要；推进城市化将为经济持续增长提供不竭动力；推进城市化有利于地区协调发展。

城市化是现代化的必由之路，就我国目前的发展阶段来说，推进城市化是解决农业、农村、农民问题的重要措施，是推动区域协调发展的有力支撑，是扩大内需、调整产业结构、促进产业升级的重要依托。

4.1.3 城市化水平

1. 量度指标

城市化水平反映城市化的发展程度。学者对城市化水平提出过不同的量度方法。当前衡量城市化水平的指标主要如下。

(1) 人口变动指标。

人口变动指标指城市化引起的人口自然、社会、机械三种形态变化。主要包括城市人口占总人口比例、城市非农业人口比例、城市非农劳动力占总劳动力的比例等。

(2) 经济变动指标。

经济变动指标主要包括国内生产总值、城市人均国内生产总值、城市产业结构、城市 GDP 占全国 GDP 的比例、经济集聚度、城市辐射能力、城市基础设施等。

(3) 社会变动指标。

社会变动指标主要包括城市居民人均可支配收入、城市人均居住面积、住房成套率、人均公共绿地面积、城市适龄青年大学入学率、城市公共教育经费占 GDP 的比例、科研和开发占 GDP 的比例、城市每千人拥有医生数、恩格尔系数、社会保障覆盖率、城市文明程度和城市生态环境指标等。

2. 城市规划学科中的定义和量度

《城市规划基本术语标准》将城市化水平定义为"衡量城市化发展程度的数量指标",一般用一定地域内城市人口占总人口的比例来表示。

城市化水平的衡量对城市规划的制订有直接的影响。城市化水平与经济、社会发展阶段相对应,如果城市化水平不能正确地反映城市发展的实际情况,城市规划也难以合理制订正确引导城市化进程的政策。

城市化水平也称为城市化率。相应的计算公式为:

$$\mathrm{PU}=U/P$$

式中,PU——城市化水平;

U——城市人口;

P——总人口。

城市人口的统计结果对城市化水平的计算十分重要。我国对城市人口的统计有不同的方式,大致分为按居住地常住人口原则进行统计以及按照户籍原则进行统计两种方式。不同的方式统计出的城市人口不同。按照居住地常住人口统计出的市镇人口通常会高于按照户籍原则统计的非农业人口。因此,采用的方式不同,城市化水平的量度结果也会不同。

4.1.4 城市化进程

美国学者弗里德曼(J. Friedmann)将城市化进程区分为城市化Ⅰ和城市化Ⅱ。前者包括人口和非农业活动在规模不同的城市环境中的地域集中过程、非城市型景观转化为城市型景观的地域推进过程;后者包括城市文化、城市生活方式和价值观在农村的地域扩散过程。因此,城市化Ⅰ是可见的、物化了的或实体性的过程,而城市化Ⅱ则是抽象的、精神上的过程。

各学科对城市化进程关注的内容不同。人口学关注人口向城市转移的过程;社会学关注人们的社会生活方式变迁;经济学关注产业发展、产业转化与城市化的关系;地理学家关注城市化过程中经济和文化要素的空间分布变迁。

城市规划学科则关注因城市化进程带来的各种城市问题,并且研究如何利用城市规划手段对城市问题进行管制、引导和疏解。

4.1.5　诺瑟姆曲线

诺瑟姆曲线是 1979 年由美国城市地理学家诺瑟姆(R. M. Northam)根据发达国家城市化进程规律,首先发现并提出的(图 4-1)。

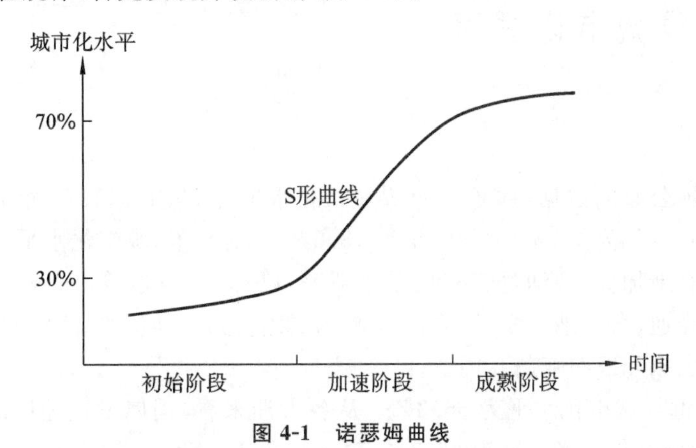

图 4-1　诺瑟姆曲线

(资料来源:《世界城市化前景》2018 年修订本,联合国秘书处经济与社会事务部)

该 S 形曲线表明发达国家的城市化大体上都经历了类似正弦波曲线上升的过程。这个过程包括两个拐点:当城市化水平在 30%以下时,代表经济发展势头较为缓慢的城市化初始阶段,在此阶段,这个国家尚处于农业社会;当城市化水平超过 30%时,第一个拐点出现,代表经济发展势头极为迅猛的城市化加速发展阶段,此时,这个国家进入工业社会;城市化水平继续提高到 70%以上,出现第二个拐点,进入经济发展势头再次趋于平缓的城市化成熟阶段,此时,这个国家通常实现了现代化,进入后工业社会。

诺瑟姆曲线并不表明所有国家的城市化进程都遵循这一规律,事实上,许多国家的城镇化和现代化进程并不如该曲线那样顺畅。

4.1.6　城市化动力

大多数学者认为,城市化现象背后最核心的推动力与产业结构的转化,尤其是工业化的过程密切相关。世界各国的城市化实践表明,城市化是随着生产力的发展及工业化的出现而发展的,工业化是城市化的“发动机”,是城市化的根本动力。据发达国家工业化过程中产业结构来看,第二产业在国民经济中的比重通常在上升到 40%后趋于停滞或缓步下降。第三产业的崛起成为城市化持续发展的后续动力。

人口学中,人口迁移的重要理论——推拉理论,比较简明地解释了城市化的动力机制。推拉理论把城市化过程看作经济结构转变的过程和人口迁移的过程。从城市与乡村的两极来看,这个过程由两种力量决定,即城市的引力和乡村的推力。城市的引力来自城市工业的发展扩张对劳动力的巨大需求,以及城市文化教育条件和医疗卫生条件较好、社会福利保障程度较高、体育休闲设施较齐全等。乡村的推力来自乡村人口增长快、农业生产率提高产生的大量剩余劳动力，以及人均耕地面积减少、收入降低、社会服务短缺、产业受自然灾害影响大等。由此，引力和推力共同形成了城市化的内在动力。

4.2 世界城市化进程

4.2.1 概览

据联合国公布的数据，1950 年世界城市化水平为 29.1%，1970 年为 36%，1990 年为 43%，2000 年为 46.6%，2005 年为 48.6%。2005 年，城市化水平达到 100%的国家和地区有新加坡、摩纳哥、瑙鲁、瓜德罗普、巴林、卡塔尔等；而城市化水平不到 20%的有布隆迪、布基纳法索、厄立特里亚、埃塞俄比亚、马拉维、卢旺达、乌干达、莱索托等非洲国家和巴布亚新几内亚。

2018 年世界城市化水平为 55.3%。从各大洲来看，同属发达地区的北美洲、欧洲、大洋洲的城市化水平分别为 82.2%、74.5%和 68.2%，亚洲为 49.9%，非洲的城市化水平最低，为 42.5%。拉丁美洲和加勒比地区，城市化水平与发达国家相似，为 80.7%。预计到 2030 年，世界城市化水平将达到 60.4%；到 2050 年，世界城市化水平将达到 68.4%。(图 4-2、表 4-1)

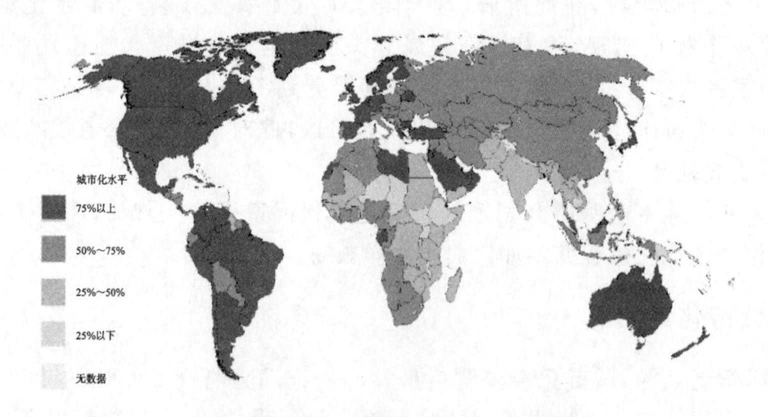

图 4-2　2018 年世界城市化水平分布

(资料来源:《世界城市化前景》2018 年修订本，联合国秘书处经济与社会事务部)

表 4-1　世界不同时期不同地区城市化水平

地区	城市化水平/(%)					
	1950 年	1970 年	1990 年	2018 年	2030 年	2050 年
世界	29.6	36.6	43.0	55.3	60.4	68.4
非洲	14.3	22.6	31.5	42.5	48.4	58.9

续表

地区	城市化水平/(%)					
	1950年	1970年	1990年	2018年	2030年	2050年
亚洲	17.5	23.7	32.3	49.9	56.7	66.2
欧洲	51.7	63.1	69.9	74.5	77.5	83.7
拉丁美洲和加勒比地区	41.3	57.3	70.7	80.7	83.6	87.8
北美洲	63.9	73.8	75.4	82.2	84.7	89.0
大洋洲	62.5	70.2	70.3	68.2	68.9	72.1

(资料来源:《世界城市化前景》2018年修订本,联合国秘书处经济与社会事务部)

4.2.2 主要发达国家的城市化历程

根据联合国的划分,发达国家和地区包括欧洲、美国和日本等。1950年,发达国家和地区的城市化水平已经达到52.5%,形成了城市人口占主导地位的局面。

1. 欧洲

直到公元1500年左右,欧洲的城市化水平仍以地中海沿岸地区为最高,为16.7%,西欧地区次之。东欧和北欧的城市化水平最低,且较前两个地区差距很大。

在1500—1700年的200年间,西欧地区新兴的资本主义城市、航运港口、工业城镇以及早期的休闲胜地都开始发展,松散的城市网络开始出现。这一时期城市化的推动与航海、殖民和商业行为密不可分。比如,荷兰的城市化水平从20%左右发展到40%,这与荷兰在16世纪末独立后,成为当时最大的航海和商业国家有着密切关系。然而,荷兰以商业发展推动城市化进程的案例未能续写。在数次战争失利之后,荷兰的航海和商业地位被英国取代,其城市化进程也相应出现了倒退。

工业化带动城市化的加速发展,是欧洲近代城市化的重要特点。产业革命之前,英国海上霸主的地位逐渐确立,积累了大量的资本。18世纪中叶,英国的产业革命开始,改变了城市化进程缓慢发展的历史格局。工业革命以机器大生产替代了手工业生产,工业区和工人住宅区出现。资本、技术、劳动力的集聚,城市规模迅速扩大;蒸汽机的发明,铁路机车和蒸汽轮船的出现,加快城市化的进程。

1801年,英国城市化水平为33%;而到1851年,英国城市人口占总人口的54%,成为第一个城市化人口占主导地位的国家。而当时世界人口中,城市人口只占总人口的6.4%。在这一历史过程中,英国城市数量和城市规模激增的现象,最早反映了真正意义上的城市化进程。

从19世纪起,法国、德国、荷兰、比利时等国也相继开始工业革命,各国城市化特点也呈现出不同特点。比如法国的城市化进程较慢,一直到第二次世界大战后才进入城市化发展的高速时期,且以大巴黎地区的城市化最为显著;而德国的城市化起步虽晚,但发展进程很快,1910 年左右就基本上完成了城市化的快速发展,其特点是出现了大中小城市协调发展的城镇体系。2020 年,英国的城市化水平已达到 83.9%。

2. 美国

美国波士顿、纽约、费城等五个 17 世纪建立的殖民城市,代表了早期殖民地建设以城市为导向的状况。在 1690 年大约就有 10%的殖民人口居住在城市当中,从人口角度看,这些地区比当时英格兰的城市化水平还高。但 1690—1790 年,由于殖民国家征服印第安人以及开拓内陆,北美洲人口呈分散迁移状况,直到 1830 年才恢复到 17 世纪的水平。

人口基数不足是美国拓荒地城市化进程的重要问题。在美国城市化的预备阶段,这一问题得到很好的解决。欧洲移民的快速增长是美国人口增长、城市发展最主要的因素,1820—1940 年间迁移到美国的人口约有 3260 万人,他们主要定居在城市。1860 年,全美最大的 50 个城市人口的 40%为外国出生的移民。在 1860—1920 年,人口增长的 40%是移民引起的,大多数移民前往纽约等大城市。另一个重要原因是该时期的高出生率,在 1790—1860 年,美国人口的自然增长率大约为 5.5%,平均每一个已婚妇女拥有接近 8 个孩子,每 23 年,人口就翻倍。

此外,在美国城市化的初期阶段,铁路、运河等交通设施的建设,以及商业贸易的繁荣,为之后的工业化带动城市化进程提供了很好的基础条件。

1860—1950 年是美国城市化进程在工业化带动下高速发展的时期。工业区影响了美国城市增长与发展的模式。1870 年,由波士顿、纽约、费城、巴尔的摩、匹兹堡、克利夫兰、底特律、芝加哥等城市组成的制造业带已初具规模;到 1920 年,这个制造业带成为全国的经济中心地带,大城市成为中心,小城市成为高度专业化、高利润制造业的工业区,形成城乡交错、融合的局面,美国的城市人口比例首次超过 50%。之后的 30 年,美国人口增长速度减缓,人口迁移更多地表现为城市之间的迁移,在这一时期,城市地区逐渐形成了大都市区(metropolitan area)。2020 年,美国的城市化水平已达到 82.7%。

3. 日本

明治维新(1868 年)以前,日本是一个农业国。1868—1977 年,在短短的 110 年间,日本完成了整个工业化进程,并在 20 世纪 70 年代后期开始进入后工业社会。

在 1920 年以前的城市化预备阶段,日本通过税收政策将农业生产的积累作为资本,又通过一系列的土地制度和技术变革,为工业化提供了农村剩余劳动力和剩余农产品。1920 年之后,工业化开始带动城市化。即使是 1923 年的关东大地震,也没有阻碍城市化的步伐。1940 年,日本城市化水平已经达到 37.9%。之后,由于受到战争的影响,日本的城市化水平直到 1950 年,都没有超过 38%。

1950 年朝鲜战争爆发,日本进入战后高速发展阶段。1950—1977 年,日本城市化水平从 37%上升到 76%,年均增长 1.5%。其中,1956—1973 年是日本工业发展的黄金时期,这 18 年间工业生产率增长 8.6 倍,平均每年增长 13.6%。这一时期,工业化和城市化呈现同步增长关系，日本的快速城市化进程至此结束。2020年，日本的城市化水平已达到91.8%。

4.2.3 发展中国家的城市化进程

由于多数发展中国家都曾为殖民地，18世纪60年代的产业革命对其影响很小。第二次世界大战前，多数发展中国家城市化发展较为缓慢。有资料表明，在1800—1930年，发展中国家的城市人口只由3000万人增加到1.35亿，而农村人口却由6.7亿增加到11.67亿。20世纪中叶以后，殖民地国家纷纷独立，城市化进程才开始起步。和发达国家相比，发展中国家起步晚、历史短，各国城市化水平及进程的差异很大。

南美的阿根廷、智利、乌拉圭3国是欧洲移民在南美洲的主要定居国，20世纪初城市化水平就达到很高程度，居住在城市中的人口超过了在乡村的人口。20世纪50年代以来，阿根廷、墨西哥、巴西成为拉丁美洲的新兴工业化国家，城市化水平有了进一步提高。巴西是世界上城市化进程最快的国家之一，1960—1980年间巴西城市化水平增加了22.6%，墨西哥也增加了15.6%。2020年，巴西的城市化水平达到87.1%，墨西哥的城市化水平达到80.7%。

在亚洲，和发达国家一样，发展中国家的城市化进程也显现出很大的地区差异。据世界银行《2019年世界发展指标》表示，印度的城市人口是34%，越南是37%，菲律宾是47%，马来西亚是77%，土耳其是76%。西亚也是城市化进程很快的地区，主要原因是石油开采带来经济增长。东亚地区一些新兴工业化国家和地区仍然表现了较快的城市化进程。如韩国1960年的城市化水平为27.7%，1980年已上升为56.9%，2020年达到81.4%；中国1953年的城市化率是12.8%，2000年已上升为35.4%，2020年达到63.89%。

在发展中国家中，城市化水平最低的是撒哈拉以南的非洲地区和南亚。前者长期受天灾人祸的影响，经济发展水平很低。后者人口稠密、拥有众多的传统农业区，在迈向现代化的进程中又受到各种干扰，从而降低了城市化的速度。

4.2.4 当代世界城市化特征

2020年，世界城市化水平超过56%，当今世界已经可以称为城市化的世界。总的来看，当代世界城市化有如下特征。

1. 发展中国家的城市化加速发展

当前的世界城市化以若干发展中国家的乡村城市化进程最为猛烈。

发达国家已经进入了城市化水平缓慢增长的阶段。但一些发展中国家，尤其是南亚地区、中国和非洲的一些地区，人口众多，人口增长率高，经济增长速度较快，乡村人口向城市聚集正处于加速阶段。

2. 郊区城市化、逆城市化和再城市化

一些发达国家的城市化出现了郊区城市化、逆城市化和再城市化特征。

20世纪50年代后,由于特大城市人口激增,市区地价不断上涨,加上生活水平改善,人们开始追求低密度的独立住宅,汽车的广泛使用,交通网络设施的现代化等,郊区城市化进程加速。以住宅郊区化为先导,引发了市区各类职能部门纷纷郊区化的连锁反应。20世纪70年代以来,在一些大都市区,不仅中心市区人口继续外迁,郊区人口也向外迁移,整个大都市区出现了人口负增长。国外学者将这一过程称为逆城市化。面对经济结构老化、人口减少的情况,美国东北部一些城市在20世纪80年代积极调整产业结构,发展高科技产业和第三产业,积极开发市中心衰落区,以吸引年轻的专业人员回城居住,加上国内外移民的影响,1980—1984年,纽约、波士顿、费城、芝加哥等7个城市在市域内实现人口增长,出现了所谓的再城市化。与此类似,英国大伦敦的人口在连续30多年下降后,于1985年起开始微弱增长,也出现了再城市化现象。根据发达国家一些城市人口增长的周期变动,一些学者由此提出了城市化进程的空间周期理论,即城市化、郊区城市化、逆城市化、再城市化四个连续的变质阶段构成大都市区的生命周期。

3. 大都市带的形成

城市化高度发达地区出现了大都市带的现象,伴随城市化的进程,大都市带地域还将继续扩展。

有许多都市区连成一体,在经济、社会、文化等各方面活动存在密切交互作用的巨大的城市地域称为大都市带。这一概念是法国地理学家戈特曼(Jean Gottmann)在研究了美国东北部大西洋沿岸的城市群以后,于1957年首先提出来的。他认为,一个大都市带,至少应有2500万的城市人口居住,人们过着现代生活方式。在20世纪70年代,世界上有6个大都市带,是:①从波士顿经纽约、费城、巴尔的摩到华盛顿的美国东北部大都市带,简称波士华(Boswash);②从芝加哥向东经底特律、克利夫兰到匹兹堡的大湖沿岸都市带,简称芝匹兹(Chippits);③从东京、横滨经名古屋、大阪到神户的日本太平洋沿岸大都市带;④从伦敦经伯明翰到曼彻斯特、利物浦的英格兰大都市带;⑤从阿姆斯特丹到鲁尔和法国北部工业聚集体的西北欧大都市带;⑥以上海为中心的中国长江三角洲城市密集地区。

4. 城市化动力的结构性变化

随着信息技术与互联网的发展以及全球化的影响,世界范围内不同国家地区的社会转型、经济的结构性变化、交易革命与生产体系的变革、新的区域性城市空间的发展(巨型城市与网络城市的出现),从生产向消费的转变,都逐渐成为全球城市化发展新的动力。

4.3 中国的城市化进程

4.3.1 近代中国城市化

鸦片战争之前,我国是一个封闭的农业和人口大国。19世纪初,世界50万人口以上的城市，中国就有6个(北京、南京、扬州、苏州、杭州、广州)。全国城市的发展很不平衡，除了北京这样的全国政治中心外，大城市集中在东南沿海商品经济比较发达的地区，尤其是江浙两省。

鸦片战争以后，沿江沿海城市开放，资本主义列强入侵。这些地区又形成一批新的近代工商业城市，如上海、青岛、重庆等，其经济地位和城市规模逐渐超过传统的地区性政治或经济中心城市，如苏州、济南、成都等。

1895—1925年，在中国实业家张謇的推动下，南通为了发展近代工业和航运，开辟了新工业区和港区，建立了多核心的城镇体系，旧城内辟商场、兴学校、建博物馆、修道路，进行了近代市政建设。因此，南通被誉为“中国近代第一城”。

东北地区移民禁令取消后，由于其丰富的资源环境，资源城市、工矿城市在东北和华北地区迅速发展。

1949年，中国的城市化水平刚刚超过10%，但长江三角洲和珠江三角洲等地已形成了相对密集的城市区域，以及巨大的地区中心城市，如上海人口已达到500万，广州人口达到130万，华北地区北京、天津两大城市人口在200万左右，东北地区的沈阳人口达到100万以上。

4.3.2　新中国成立后的城市化进程

1. 改革开放之前

从新中国成立后到改革开放以前，中国的城市化呈现出以下几个特点：①政府是城市化动力机制的主体；②城市化对非农劳动力的吸纳能力很低；③城市化的区域发展受高度集中的计划体制的制约；④劳动力的职业转换优先于地域转换；⑤城市运行机制具有非商品经济的特征。

新中国成立之后，国家对于城市化曾明确指示“城市太大了不好”“要多搞小城镇”。中国走出了一条“积极推进工业化，相对抑制城市化的道路”，造成了在社会结构上的深刻二元化。从新中国成立到1978年“三中全会”以前，中国内地的城市化相当缓慢，1950—1980年，全世界城市人口的比例由28.4%上升到41.3%，其中发展中国家由16.2%上升到30.5%，但是中国内地仅由11.2%上升到19.4%。

许多学者赞同在上述时期，中国城市化呈现出显著的波动现象，大致还可细分为“一五”计划时期(1953—1957年)、国民经济恢复时期(1958—1965年)，以及“文革”时期(1966—1976年)来进行分析。各个阶段都出现了对城市化发展不利的影响因素。

有学者认为，该阶段中国城市化水平滞后的现象，与改革开放前中国所选择的经济发展战略是分不开的。因为这种城市化的缓慢发展并不是建立在工业发展停滞或缓慢的基础上。相关数据指出，改革开放前的29年，中国的工业和国民经济增长速度并不算慢，1978年工业总产值比1949年增长了38.18倍，工业总产值在工农业总产值中的比例由1949年的30%提高到1978年的72.2%。非农产业在国民收入构成中的比例也由1949年的31.6%上升到1978年的64.6%。因此,这是城市化滞后于工业化发展的独特现象。实际上,重工业对劳动力的吸收能力较小,带动城市化同步增长的能力较差。

总的来讲,这段时期,各种具体制度造成了城乡之间的巨大差异,构成了城乡之间的壁垒,阻止了农村人口向城市的自由流动,形成了城乡之间相互隔离和相互封闭的“二元社会”,城市化进程明显迟滞。

2. 改革开放后

改革开放以来,我国城镇发展的动力机制发生了巨大变化,城市化模式由计划经济体制下的“自上而下型”,逐步演变为社会主义市场经济体制下多元并行的发展格局。城镇的数量迅速增加、规模不断扩大,城镇建设量大面广,传统的城乡二元结构发生重大变化。城市化进程在中央宏观政策的逐步调整和地方改革实验和探索中前进。

改革开放初期,农村经济体制改革,“上山下乡”的知识青年和下放干部返城并就业,高考恢复也使得一批农村学生进入城市;城乡集市贸易开放,农民向城镇流动并暂住;乡镇企业开始崛起,促进了小城镇的发展。区域经济发展出现了著名的“温州模式”、“苏南模式”和“珠江模式”。在1980年,国务院批转的《全国城市规划工作会议纪要》强调:“控制大城市规模,合理发展中等城市,积极发展小城市”,这反映了政府在这一时期对人口流入大城市所带来的各种问题的担忧。

20世纪80年代城市经济蓬勃增长,乡镇企业和城市改革共同推动城市化发展。在沿海地区,出现了大量新兴的小城镇。20世纪80年代末期,中国经济已经高度对外开放,大规模的农村务工人口出现。为控制人口流动给大城市建设带来的压力,20世纪90年代开始施行的《城市规划法》强调:“严格控制大城市规模,合理发展中等城市和小城市。”

随着经济全球化的浪潮出现,对发达国家城市化经验的借鉴,以多年来国民经济和国家财力的积累,国家把城市化当作重要的发展战略提出。2000年10月,中央关于国家“十五”计划的建议中,明确了将“积极稳妥地推进城镇化”作为必须着重研究和解决的重大政策性问题。近年来,中国城市化的方针又发生了重大调整。2002年11月,十六大报告明确提出:“坚持大中小城市和小城镇协调发展,走中国特色的城镇化道路。”2005年,中央提出“大中小城市和小城镇协调发展”的思路,逐步取代了“严格控制大城市规模、合理发展中等城市和小城市”的方针。

改革开放以来,城市化已成为推动我国经济增长、社会进步的重要手段。我国城市化水平从1978年的20%提高到2008年的44.9%,设市城市从193个发展到655个,建制镇从2173个发展到19369个,城镇人口达到5.9亿。我国初步形成了10大城市密集区,其中长三角、珠三角和京津地区三大城市密集区发展相对成熟。辽中南地区、关中地区、山东半岛地区、闽东南地区、江汉地区、中原地区、成都地区、重庆地区等的产业聚集和人口聚集加速,形成了较为完善的城镇体系,成为正在走向成熟的城市密集区。

2007年是中国城市化进程中重要的一年。面对人口、资源、环境之间的种种矛盾，我国在这一年相继颁布《城乡规划法》《物权法》，建立健全了经济适用房制度，为我国城市化发展提供了法律保证。同时随着《节约能源法》的修订出台以及对节能、减排、水污染治理工作的开展和发展城市公交措施的推出，中国城市化进程进入了倡导法制、人文、环保的新发展模式。

2013年6月，由发改委牵头、多部委参与编制完成了《城镇化发展规划纲要(2012—2020)》并报国务院发布实施。规划共涉及全国20多个城市群、180多个地级以上城市和1万多个城镇的建设。国家提出要走集约、智能、绿色、低碳的新型城镇化道路，强调人口与经济社会活动在地理空间上的均衡分布，严格控制大城市的规模，合理发展中等城市和小城市，促进人口和生产力的合理布局。在地理空间上，新型城镇化已不再局限于人口从农村向城市(镇)的转移，更注重城市与城镇之间的均衡与再分配。

根据国家统计局公布的第七次全国人口普查数据结果，2020年居住在城镇的人口为90199万人，意味着城镇人口占63.89%；居住在乡村的人口为50979万人，占36.11%。与2010年相比，城镇人口增加了23642万人，乡村人口减少了16436万人，城镇人口比重上升了14.21%。

随着我国新型工业化、信息化和农业现代化的深入发展和农业转移人口市民化政策落实，10年来我国新型城镇化进程稳步推进，城镇化建设取得了历史性成就。

4.4 城市化的相关问题

4.4.1 城市化与“城市病”

“城市病”是对城市运行过程中暴露出来的问题的生动形容。城市化在让人类享受物质文明的同时，也使人类受到“城市病”的困扰，全球城市化的迅猛发展更加重了“城市病”的流行。世界观察研究所的一项调查报告表明，虽然城市面积只占陆地面积的2%，但是生活在城市里的人进行活动所排放出的二氧化碳却占总排放量的78%。城市人口消耗了工业木材总量的76%、生活用水总量的60%。世界城市人口的三分之二以上居住在发展中国家，其中贫困人口约有15亿，至少有6亿人没有足够的住房，11亿人呼吸不到新鲜空气，仅饮水不洁每年就造成1000万人死亡。此外，日益恶化的基础设施及交通拥挤、污染严重、资源浪费、疾病、失业、犯罪、城市治理资金匮乏和管理者决策水平低下等问题，不仅威胁着城市的经济发展潜力，而且威胁着社会凝聚力和政治稳定。

4.4.2 各种类型城市化的主要问题

按照经济、社会发展的特征，目前世界各国城市化主要有三种类型，其问题也各有不同。

第一种是以非正规的和过度的增长为特征的城市,这类城市主要集中于非洲西撒哈拉以南、印度次大陆等地区,其特点是人口增长迅速、极其依赖非正规行业的经济、极度的贫困、贫民窟成片、存在根本性的环境和卫生问题等。这种城市化现象通常被称为“过度城市化”。

第二种是以经济高度增长为特征的城市,这类城市主要集中于东亚、拉美、中东等中等收入的发展中国家,其特点是人口增长率在下降,有些城市已经面临老龄化的问题,富裕的生活带来了环境问题等。

第三种是以人口老龄化为特征的、成熟的城市。这类城市主要在发达国家,其特点是人口稳定或者下降、人口老龄化、小家庭的比例增加、经济发展缓慢、社会两极分化等。不过这类城市拥有解决环境问题所需要的足够资源,它们具有向郊区转移的倾向,并在郊区再形成新的中心。

4.4.3 当前中国城市化进程中的问题

《2007 中国城市发展报告》指出,当前我国中国城市化进程存在以下问题:城乡建设中存在经济增长的资源环境代价过大,城乡、区域、经济社会发展不平衡等矛盾,灾害暴露出各地在交通、供水、供电、供气、供热和应对突发事件能力等方面存在薄弱环节。不少城市的资源承载力捉襟见肘。其中,淡水资源承载力普遍不足,全国有 400 多个城市供水不足,110 个城市严重缺水,占全国城市的 1/6;土地资源承载力堪忧,东部沿海地区城市为土地承载力矛盾集中的区域。研究表明,我国适宜人类居住地区仅占国土面积的 19%;交通承载力问题凸显,我国 600 多个城市的道路总长不足 20 万千米,却容纳着全国 50%的机动车,支撑着 70%的社会经济运行。同时,生态文明建设、就业等问题,也正在成为中国城市未来发展的新课题。

随着城市化发展到一定阶段,我国城镇化质量不高的问题越来越突出。2014 年《国家新型城镇化规划(2014—2020 年)》描述了问题的几个主要方面。

(1) 大量农业转移人口难以融入城市社会,市民化进程滞后。被纳入城镇人口统计的 2 亿多农民工及其随迁家属,未能在教育、就业、医疗、养老、保障性住房等方面平等享受城镇居民的基本公共服务,城镇内部出现新的二元结构矛盾,制约了城镇化对扩大内需和结构升级的推动作用,也存在着社会风险隐患。

(2) 土地城镇化快于人口城镇化,城镇用地粗放低效。一些城市“摊大饼”式扩张,脱离实际建设宽马路、大广场,新城新区、开发区和工业园区占地过多,建成区人口密度偏低,耕地减少过多、过快。这不仅浪费了大量土地资源,也威胁到国家粮食安全。

(3) 城镇空间分布与资源环境承载能力不匹配,城镇规模结构不合理。东部一些城镇密集地区资源环境约束加剧,中西部资源环境承载能力较强地区的城镇化潜力有待挖掘。城市群布局不尽合理,城市群内部分工协作不够、集群效率不高;部分特大城市主城区人口压力偏大,与综合承载能力之间的矛盾加剧;中小城市集聚产业和人口功能不足,潜力没有得到充分发挥;小城镇数量多、规模小、服务功能弱。城镇空间分布和规模结构不合理,增加了经济社会和生态环境成本。

(4)"城市病"问题日益突出,城市服务管理水平不高。一些城市空间无序开发、人口过度集聚,重经济发展、轻环境保护,重城市建设、轻管理服务,交通拥堵问题严重,食品药品等公共安全事件频发,大气、水、土壤污染等环境污染加剧,城市管理运行效率不高,公共服务供给能力不足,城中村和城乡接合部等外来人口聚集区人居环境较差。

(5)体制机制不健全,阻碍了城镇化健康发展。现行户籍管理、土地管理、社会保障、财税金融、行政管理等制度,在一定程度上固化了已经形成的城乡利益失衡格局,制约了农业转移人口市民化和城乡发展一体化。

4.4.4 城市规划关注的城市化热点问题

1. 城市规模问题

集聚是城市发展的本性。快速城市化进程的阶段,个别大城市的某些要素过度集聚,容易导致引发"城市病",或者出现区域发展极不均衡等问题。

城市人口的集聚状况能够直观地说明问题。世界上许多政府都对本国的城市人口分布表示关切,尤其担心人口向大城市过度集聚,造成城市规模过大,从而引发各种相关问题。据联合国人居署的资料显示,2007年,85%的政府对本国的人口空间分布表示了关切。56%的发展中国家都希望本国的人口空间分布有大的改变。改变这些空间分布的常见政策就是采用各种不同的手段,阻止人口向大城市流动。1976—2007年,采用上述政策的发展中国家从44%增至74%。78%的非洲国家、71%的亚洲国家和68%的加勒比地区国家都是如此。55%的发达国家在1975年采用上述政策,1996年,这一数据降至26%,但2007年又回弹至39%。以上数据表明,许多政府在城市化进程中普遍担忧人口过度集聚问题,不希望形成某个城市独大或某些城市过大的局面。因此,如何控制某个城市规模的过度扩张,是各个国家热切关注的问题。

2. 住房问题

城市化的快速进程中,城市人口迅猛增长,住房建设跟不上城市人口的增长,或者城市居民的收入无法负担住房支出,就会出现城市住房问题。

如果城市居民存在高失业、低收入,或者政府、商界对可支付住房投入不足,住房问题会进一步演变为严峻的贫民窟问题。贫民窟问题包括相伴生的城市景观、城市卫生以及城市犯罪问题。近年贫民窟数目因第三世界城市人口膨胀而大幅增加,目前全球25%～30%的人口居住在设施不完备的房屋里或缺少自来水的街道。根据联合国人居署于2006年发表的报告,英联邦国家的贫民窟住有3.27亿人,约占当地人口的1/6。在1/4英联邦国家之中(11个非洲国家,2个亚洲国家,1个大洋洲国家),超过2/3的市区人口居住在贫民窟。撒哈拉以南非洲地区是全球城市化进程最快的地区之一,而当地贫民窟的发展速度也最为惊人。以肯尼亚为例,这个东非国家现有城镇居民中60%~80%的人住在贫民窟。预计至2030年,全球约有20亿人口住在贫民窟。

3. 资源环境问题

资源与环境关系到城市化的可持续发展,没有资源与环境的支撑,城市化将无以为继。

城市化造成的资源问题主要表现在城市地区扩张,带来的土地资源、水资源的供给不足;城市建设将有肥力的土地硬化;耕地减少导致现有耕地的负担加重,肥力降低;污染物的排放导致土壤的污染;城市建设与耕地争夺土地资源的矛盾显著。此外,城市化的发展导致城市工业的发展,城市人口的增加,城市生活方式的改变;城市附近农田和蔬菜灌溉用水的增加,导致城市对水资源需求的日益增加。同时,水体污染、用水浪费和盲目开采,以及城市和工业区的集中发展与淡水资源分布不均的矛盾,也使许多国家和地区水资源极其缺乏。

城市化对环境影响则表现在城市化引发的物理环境效应(包括由于城市的生产生活活动所引发的声、光、热、辐射等因素对城市和区域造成的环境污染和破坏);污染效应(城市人口集中和消费水平提高导致大量废物的产生,工业化引发的污染排放增加和废物集中排放的环境消化能力降低等);生物效应(包括植被破坏与逆向自然演替)。从区域环境与景观的角度来看,环境的生态状况日益恶化,美学品质下降,且难以恢复。

4. 交通问题

交通问题始终是区域和城市发展的一个普遍难题,也是人们普遍关注的一大热点问题。

发达国家城市交通问题主要表现为交通拥堵问题,以及由此带来的能源消耗和环境污染问题。2015年,美国人花在交通上的时间达到了惊人的80亿小时。上班族平均每人每年耽搁在路上的时间为42小时。有关资料记载,美国交通运输部门的石油消耗量占整个国家石油消耗总量的比例为34.8%,英国、法国、日本分别为30.6%、28.2%和26.9%,并且每年都在上升。在环境污染方面,汽车尾气不可避免地导致空气污染,同时也是温室气体的重要组成。1990—2006年,美国的全部温室气体排放中大约有28%来自交通运输行业。交通运输排放的增长速度比其他领域要快,其增长几乎达到美国温室气体排放总体增长的一半。此外,大量的停车场则是水污染的重要来源。

发展中国家的交通问题通常表现在交通基础设施投入不足,以及交通管理水平低等方面。公共交通体系的建设通常是发展中国家最为关注的环节。

4.4.5 对城市化相关问题的引导

健康的城市化需要正确的引导,这就要求包括城市规划在内的相关城市管理部门发挥应有的作用。

城市体系的形成需要引导。城市与城市之间存在合作与竞争的关系，缺乏对城市化进程的宏观调控，较容易导致城市之间无序竞争，不利于城市之间协作发展，因此，对城市体系的宏观调控十分必要。

城市化发展的区位选择需要引导。区位研究者认为区位对于城市化和产业发展十分重要。城市化需要产业发展来带动，才能够健康持续地增长。因此，在什么样的位置，产业和人口能够持续地聚集，城市化能够更好地持续进行，是重要的问题。从城市化的历史也不难看出，交通、商业以及资源环境是城市兴衰的重要原因。因此，城市选址和城市产业布局的区位选择值得推敲。

城市发展与区域可持续发展的关系需要引导。城市化可以成为区域可持续发展的途径。伴随城市化进程的推进，城市地域空间的扩大与区域自然环境的保护，城市与乡村的统筹协调发展，城市持续发展的资源与能源保障，城市生态环境的维持，是需要进行引导的主要方面。

城市公共设施的建设需要引导。城市化是城市要素集聚导致城市空间膨胀的过程。在这个过程中，资金通常追逐高利润的部门，因此，对非盈利和低盈利的部门的投入往往不足，这就会导致出现城市卫生、交通、教育等公共设施和基础设施不能满足需求的问题。这些问题往往也是“城市病”的显性因素。对城市中的公共设施的建设引导，代表了公众利益的要求，十分重要。

城市化的引导需要城市管理技术的提升。城市逐渐生长，城市发展日趋精细，对城市管理技术的提高也提出了更高的要求。除了上述问题之外，对城市化进程的预测和相关资源的配给，城市交通的组织，城市空间景观的塑造，以及土地征收、房屋拆迁等具体发展，也都深刻地影响着城市问题，值得关注和研究。

【思考题】

1. 城市化已成为当今世界发展的显著特征，你认为城市化进程有何利与弊？
2. 根据世界城市化历程，你认为城市化的进程受到哪些因素的影响？
3. 当代世界城市化发展的特征有哪些？

【参考文献】

[1] 许学强，周一星，宁敏越. 城市地理学[M]. 2版. 北京：高等教育出版社，1997.

[2] PALEN J J. The urban world [M]. NewYork: Oxford University Press，2014.

[3] CLARK P. European cities and towns: 400-2000 [J]. NewYork: Oxford University Press，2009.

[4] 郝寿义，王家庭，张换兆. 日本工业化、城市化与农地制度演进的历史考察

[J]. 日本学刊,2007(1):12.

[5] 李善同,侯永志. 对城市化若干问题的再认识[J]. 城乡建设,2003(2):33-35.

[6] 中国市长协会. 2007 中国城市发展报告[M]. 北京:中国城市出版社,2008.

第5章　乡村振兴与乡村规划

5.1　背景

5.1.1　乡村振兴战略的概念、目标及基本原则

实施乡村振兴战略，是党的十九大作出的重大决策部署，是决胜全面建成小康社会、全面建设社会主义现代化国家的重大历史任务，是新时代“三农”工作的总抓手。2004年至2021年我国连续十八年发布以“三农”(农业、农村、农民)为主题的中央一号文件，强调了“三农”问题在中国社会主义现代化时期“重中之重”的地位。从中央一号文件的名称变化可以看出我国“三农”问题工作思路的演进，从早期关注农民收入增加，到中期大力进行基础设施建设，再到最后努力实现“农业强、农村美、农民富”的乡村全面振兴战略，走过了很长一段道路。

按照“产业兴旺、生态宜居、乡风文明、治理有效、生活富裕”的20字总要求，全面贯彻党的十九大精神，紧紧围绕统筹推进“经济建设、政治建设、文化建设、社会建设和生态文明建设”总体布局，积极推动农业农村优先发展，努力健全城乡融合发展体制机制，加快提升乡村治理水平，推进农业农村现代化，坚持农业的基础地位不动摇。与传统观念不同，农民在未来将成为更有吸引力的职业，只有取得职业资格的人才可以下乡务农，让农村成为城乡居民共同向往的美丽家园。

实施乡村振兴战略的目标任务要分三步进行。

第一步，乡村振兴取得重要进展，制度框架和政策体系基本形成。我国幅员辽阔、民族众多，乡村地区较城市而言，具有更独特的地域特征。要实现乡村振兴，首先就要认识乡村，了解乡村。制度框架的建立和政策体系的形成，有赖于抓共性、放个性。从共性层面，要使农业综合生产能力稳步提升，农业供给体系质量有所提高，农村一二三产业融合发展进一步加强；这一切都是为了增加农民收入，缩小城乡居民的差距。从个性层面，应针对不同人居环境进行生态环境改善和风貌整治，适应不同的风俗习惯，尊重当地乡村治理体系的特点，提供符合当地发展水平的农村基础设施。

第二步，到2035年乡村振兴取得决定性进展，农业农村现代化基本实现。届时，农业结构须得到根本性改善，一二三产业已深度融合，现代农业已成为主要产业贡献力。农民就业质量显著提高，贫困进一步缓解，在全国大部分地区实现共同富裕和城乡基本公共服务均等化，城乡融合发展体制机制更加完善；乡风文明能够在村

规村约中体现,并内化成为每个人的行为准则,乡村治理体系更加完善;农村生态环境根本好转,实现美丽宜居乡村。

第三步,到2050年乡村全面振兴,农业强、农村美、农民富全面实现。

经过以上三步走的战略规划,实现我国城乡统筹发展、共同富裕的目标,也能在21世纪中叶达到乡村全面振兴的美好愿景。

乡村振兴战略的基本原则应包括以下几个方面。

(1) 应坚持农民的主体地位。乡村振兴,不论是从参与主体角度还是从受益角度,都应充分尊重农民的意愿,发挥农民的主观能动性,调动亿万农民的积极性、主动性、创造性。振兴战略要以促进农民整体收入增长为目标,考虑民生问题。

(2) 坚持农业农村优先发展。在认识上统一、步调一致,把农业农村优先发展作为整体社会的共识,资源配给倾向于农村地区,尤其是基础设施的供给和人才干部的配备方面。挖掘乡村地区的多种功能和价值,提升乡村地区人民整体的获得感。

(3) 坚持城乡融合发展。促进市场在资源配置中的决定性作用,推动城乡之间的要素流动,在平等交换的基础上推进城乡一二三产业融合发展。城市可以为乡村提供更多的基础设施服务,乡村也可以为城市提供更多的空间资源,在严守生态保护红线的基础上实现绿色发展,从协同发展的视角进行相关政策的制订和规划的编制。

5.1.2 推动乡村绿色发展

乡村振兴,生态宜居是关键,青山绿水是农村最大优势和宝贵财富。在充分认识自然的基础上,顺应地形地貌开展生产、生态、生活等必要活动,推动乡村自然资源的合理利用,从而做到乡村绿色发展,具体有以下几种路径。

(1) 统筹山水林田湖草系统治理。对自然系统和生态资源,必须统筹起来算大账,而非割裂开来看。生态资源具有综合性和系统性,要全方位、全地域、全过程开展生态文明建设。把山、水、林、田、湖、草作为一个生命共同体,进行统一保护和修复,才可以达到绿色发展的目标。有了统筹治理的理念,才可以落实在各项治理工作当中,比如划定生态环保红线、优化国土空间开发格局等;避免出现各地方政府按照行政边界进行保护和开发,不顾及与区域内其他村镇的生态纽带关系,以邻为壑,互相拖后腿的现象。由山川、林草、湖泊等组成的自然生态系统,有着千丝万缕的关联,牵一发而动全身。每个部门应意识到自己处在一个大的生态系统当中,树立大局观。

(2) 加强农村突出环境问题综合治理。农村地区的生态环境脆弱,基础设施建设薄弱,环境保护意识不强,很容易出现突出的环境问题。在农业投入方面,要注重生产清洁化、废弃物资源化,避免污染土地和水源。缺水地区(如华北平原)地下水超采区要注意综合治理,推进重金属污染耕地的防治工作,开展土壤污染治理和修复技术的试点,严禁工业和城镇污染向农村转移。目前,中央已形成完善的督察机制，加强农村环境监测，落实县乡两级政府对农村环境保护的主体责任，并进一步从农民教育入手，保护健康绿色家园。

(3) 建立市场化多元化生态补偿机制。落实主体功能区制度，并加大处在生态功能区内村镇的转移支付力度，让生态保护的成效与当地农民的收入挂钩，完善激励约束机制。在一些重点生态区推行商品林的赎买制度，健全流域上下游之间的横向生态保护补偿机制，如长江中下游地区应对上游的生态保护成效进行市场化补偿，处在下游的城镇也应对上游农村地区的生态产品进行购买。积极探索建立森林碳汇市场，让生态保护真正成为可被支付的市场活动，推进生态保护建设以工代赈的做法，提供更多的生态相关公益岗位。

(4) 增加农业生态产品和服务供给。农村有其先天的绿色发展优势和生态产品的供给，提供更多更好的绿色生态产品能够促进其经济良性循环。乡村旅游成为乡村一二三产业融合发展的一种主要产业，与之相关的还有森林草原旅游、河流湿地科普、野生动物驯养观赏等，配合当地农村的土特产和独特的生境，创建一批有生态特色的旅游示范村和精品线路，做到把“绿水青山”变成“金山银山”。

5.1.3　改善乡村人居环境

从整个乡村的大环境来看，尤其是村域尺度来看，乡村人居环境的资源基础是较好的。乡村一般具有广袤的田园和自然山水环境，人口密度较小，有一定的自净能力。但是，从村庄尺度或居民点尺度来看，乡村的人居环境一般都比城镇差，主要表现在垃圾乱堆乱放，污水排水系统不完善，村容村貌较为破败，农民住房不成套等方面。因此，稳步有序推进农村人居环境改善，具有十分重要的意义。

农村人居环境整治具体工作包括：坚持不懈推进农村的“厕所革命”，让农民居住环境里有配套的卫生间，并根据农村当地的特殊需求同步实施粪污治理，运用到农业生产中去；实现农村无害化卫生间的全覆盖，有利于补齐影响农民生活的短板；在一些地区的农村推进煤改气、煤改电，有利于区域整体空气污染源的控制，促进新能源利用。

基础设施规划是乡村生产和生活的支撑系统，是改善乡村人居环境的重要内容。在交通设施方面，要注重通村公路的修建，设置合理的公交站点和校车接送点，与城市和小城镇共建共享；在供水设施方面，按照常住人口数确定供水规模，满足农民及游客的基本需求，主动融入城乡供水干网，从区域层面选择合适水源，不局限于行政单位；在电力、电信方面应确定指标，对于有特殊需求的乡村，应在规划当中预留弹性容量；在排水设施方面，应统筹考虑生活污水、生产污水和雨水，确定排水方向和污水处理设施的位置，确定各类管线、沟渠的走线，遵循生态优先的原则；在环卫设施方面，垃圾收集站的服务半径不应超过 0.8 km，并将垃圾分类收集以便循环利用，做到就地减量的要求。

与人居环境最密切相关的就是住宅用地布局。住宅用地的总体布局主要是确定农房的空间位置和范围,根据不同的地形条件和生活习惯,将建筑群有机地布局在建设用地范围内。很多乡村都是依山傍水自然形成的,随着人口不断地聚集和迁徙演化成如今看到的街巷布局形式,后期的规划主要是让人居环境更舒适、方便、卫生和优美。在一些历史传统村落,民居本身就是村庄的吸引点,保护传统建筑形式和古树名木,对传承发展农村优秀的文化起到重要作用。在住宅用地合理布局的基础上,进一步对民居建筑单体和公共空间组合进行设计,从细节上改善乡村人居环境。

5.2 乡村发展认知

5.2.1 乡村的概念

乡村是以自然环境、居民点为基础的社会、文化、经济的共同体,具有一定自组织发展的特点。乡村是包括村庄和集镇等不同尺度的社会区域的总称,主要是从事与农业相关的产业,因此又被称为农村。随着城乡二元结构的打破,乡村地区的产业类型也从单纯的第一产业转向一二三产业融合的发展模式,以“务农”来判断一个区域是否是乡村的标准已不再适用。

在最早的《村庄和集镇规划建设管理条例》中把村庄定义为农村村民居住和从事各种生产的聚居点。相关概念有行政村、基层村、中心村、自然村等。行政村与自然村相对,是指在同一个行政管辖范围内的村庄,而非自然形成的村落。中心村与基层村相对,是指在一个镇域范围内重点发展或承载主要产业人口的村庄,其配套基础设施优于基层村。一般来说,乡村具有人口规模相对较小、第一产业所占比重较高、公共设施与组织职能相对较低等特点。

《中华人民共和国城乡规划法》中明确了乡村规划包括乡规划和村庄规划,其中“乡规划空间区域为乡域(包括集镇),村庄规划空间区域为村域(包括村庄)”。我们一般所指的乡村规划多为村庄规划,包含村域和居民点规划两个部分,具有村域范围内的经济、社会、生态、文化等诸多方面特征,是一个复杂的巨系统,虽然在规模和尺度上与城市相去甚远,但乡村规划的内容包罗万象,与城市总体规划在工作方法上有一定的相似性。在《辞海》中,农村(乡村)统称为村,因此很多时候我们将农村的概念等同于乡村的概念。

从不同的学科视角对乡村下的定义也不同。

从人类生态学视角来看,中国的乡村是由家庭、村落和集镇构成的农业文化区域。这里面的几个关键词都是围绕着乡村的基本单元展开的;与城市相比,乡村的家庭单元跟宗祠和血缘纽带关系更强,同一姓氏的村民往往代表生产和生活的共同体;而村落又是各个家庭的集合,有着共同的风俗习惯和地缘特点;集镇作为城乡之间物质交流的主要场所,又为各村落的家庭提供了生活服务和更广阔的社交网络。

但这些基本单元都是在农业文化的主导下集结成一个有机体的。

从社会学角度来看，乡村以家庭、血缘、宗族为中心，个人在乡村的社会环境中是以各种关系来定位的。费孝通先生曾把中国乡村的社会关系网络比喻成“圈层”结构，每一个都是一个圈层的中心，向外逐渐扩展，人与人之间是有远近亲疏的。而个人就存在于各种家庭关系或乡村社会网络关系当中，并不凸显个人意志。从一般意义上来说，家庭成员之间的亲疏是根据血缘亲疏来判定的，而宗族变成了集体意志的代言人，很多事都由宗族里德高望重的人商量决定。因此，乡村社会区域文化的差异就很大，风俗和道德约束力比人口不断流动的城市强，精神文化受宗族影响大。

从地理学角度来看，乡村是作为非城镇化区域内以农业经济活动为典型空间集聚特征的农业人口聚居地。首先，在地理区位上，乡村一定是处在城市外围的，与城市有一段空间上的距离；其次，乡村聚集的人口是以从事农业相关生产活动为主的，其主要产业收入来源于或至少依托于农业；最后，乡村也是具有集聚特征的，其人口以村组的形式依托自然地理环境形成聚落，互相联系，具有很强的人文组织与活动特征。

综上所述，不同的学科对乡村的概念有不同的理解。从城乡规划学科出发，应从其空间特征角度入手进行理解，并研究其不同空间类型上的社会、经济、人口等多方面的分布规律，梳理城镇体系，从而全面认知乡村的概念。

5.2.2 乡村的类型

根据不同的认知和研究需要，以及为实现不同的目的，乡村的类型也可以是多层面、多视角的。有时候会按照行政范畴区分，有时候会按照村庄等级区分，但不论怎么区分乡村的类型，都是为了方便对乡村的梳理和认知的。

乡村按行政范畴可分为行政村和自然村。行政村是指行政建制上的村庄，主要侧重于村“两委”的管辖红线范围；自然村是指一定区域范围内聚集而成的自然村落，主要侧重于空间聚落。

乡村按村庄体系可分为中心村和基层村。如前文所述，中心村是指在区域空间上能服务于周围地区，且有较大规模的工业生产、农业生产、家庭副业的乡村聚集点；基层村等级相对于中心村较低，它具有小规模的公共服务设施、农民聚居点、农业生产点等。但是，不论是中心村还是基层村，两者都属于行政村的范畴。

基于乡村性的强弱特征，可以将我国东部沿海地区的乡村划分为农业主导型、工业主导型、商旅服务型、均衡发展型，并认为传统农业社会向现代工业、城市社会转型，传统计划经济向现代市场经济转轨，以及沿海地区农村工业化和城镇化进程加快、人口快速增长及市场经济的发展，引起农村产业结构、就业结构和土地利用格局的快速转变。

基于城乡相互作用的原理，提出经济要素、城乡联系、地域空间是乡村演变的重要驱动因素,也是乡村振兴的切入点和重要抓手。在此基础上,总结出乡村建设的四种类型模式,即资源置换型、经济依赖型、中间通道型、城乡融合型。

(1) 资源置换型是指通过与城市之间的资源置换来实现乡村的经济社会发展,主要包括农业资源置换型和工业资源置换型。农业资源置换型主要通过为城市提供农产品、原材料等农业资源,来置换乡村发展所需的资金、技术、工业产品等资源;工业资源置换型是通过提供初级工业产品来置换乡村发展所需的生产、生活资料。

(2) 经济依赖型是指乡村经济发展对城市具有较强的依赖性,自我循环供给的能力较弱,需要通过发展乡村新兴服务业或文化创意产业,来满足城市消费市场的需求,进而促进自身的发展。我国大多数以乡村旅游作为主要产业的乡村都属于这种类型。

(3) 中间通道型是指某些乡村位于城乡联系通道的中间节点上,并对其经济社会发展产生决定性影响,主要包括行政通道型和交通通道型。行政通道型主要指那些位于重要城镇干道上行政等级相对较高的中心村,其本身具有一定的辐射或服务能力;交通通道型则是区位条件优越、位于主要交通干道上的村庄。

(4) 城乡融合型是指城乡之间存在密切的空间或功能联系,乡村的产业发展、资源配置、功能定位通常以其周边规模较大的城镇为市场导向。一部分村庄在空间上与城镇联系紧密,位于城镇边缘或待开发的城中村;另一部分是在功能上密切关联,为城镇提供某些特定产品或服务。

5.2.3 中国乡村建设的发展历程

我国是一个农业大国,乡村作为一种社会组织形态由来已久。全面了解乡村建设的发展历程,对把握乡村概念和类型具有重要作用。最早的乡村都是沿重要水源而生,随着人类居住从移动到固定,逐渐沿黄河、长江形成了原始的村庄。我国乡村建设的发展历程大体经历了自然经济时期、商品经济发展时期、农业集体化时期、市场经济大发展时期和城乡经济融合发展时期。

1. 自然经济时期

自然经济时期主要是指清末以前我国乡村生产力整体水平较为低下的时期。这个时期的乡村产业以传统农业和家庭手工业为主,农户保持着自给自足的状态,商品交换较少,占总体经济成分比例较低。自然村落是乡村主要的居住形式,而且统治阶级对乡村的管理非常薄弱,有“皇权不下县,县下皆自治”的说法。这些乡村多以血缘为纽带,宗族为组织,祠堂一般成为乡村的中心,其他功能围绕祠堂展开。由于交通不便利,乡村与外界联系较少,十分封闭。

2. 商品经济发展时期

鸦片战争后,外国资本主义的入侵导致我国长期存在的小农经济模式解体。由于通商口岸的打开,商业贸易的频繁,以集镇为中心的基层市场开始逐渐出现。乡村的农产品和家庭手工业产品交换逐渐开始向更广阔的范围发展,甚至一些地理条件有优势的乡村居民点逐渐形成了该片区交易的中心场所，逐步发展起来。基层市场的拓展使得乡村在物质和人员的交流上都更为频繁，开放性增强，商品经济开始发展。

3. 农业集体化时期

从新中国成立至改革开放前夕，农村进行了一系列的土地改革、农业合作化、人民公社等社会运动。土地所有制的改革，让广大农民耕者有其田，在农村建立了人民公社，以生产队作为单元开展集体劳动，所有的乡村资源统一调配，所得劳动成果统一分配。传统的以血缘和宗祠为基础的乡村社会进一步瓦解，社会空间表现出很强的行政特征，结构上也是自上而下的隶属关系，村与村之间的横向联系很少。

4. 市场经济大发展时期

20世纪70年代末改革开放以来，农村逐渐从人民公社制度转向了家庭联产承包责任制度。这个时期，从农村向城市自下而上开展了改革开放的实验。市场经济地位初步确立，农民的劳动积极性大大提高，农民生产经营的自主权也逐渐恢复，乡村居民不再以务农作为最主要的产业发展路径，而是拓展为农业、手工业、服务业多种形式并举的模式。受工业化大发展的影响，开始出现大量农民进城打工的现象，一部分农民率先富了起来，并逐渐在城市安家落户，完成了初期的城镇化。

5. 城乡经济融合发展时期

2008年我国颁布了《中华人民共和国城乡规划法》，原来的城乡二元法律体系被打破，城市规划学科也改名为城乡规划学，城乡经济融合发展步入了新时代。乡村规划被列入国土空间规划体系，是“五级三类”规划体系中重要的一环。“五级”是从纵向看，对应我国的行政管理体系，分五个层级，包括国家级、省级、市级、县级、乡镇级。“三类”是指规划的类型，分为总体规划、详细规划、相关的专项规划。国家分阶段提出了建设“社会主义新农村”“美丽乡村”“乡村振兴”等一系列的法规、政策，在城镇开发边界外，将乡村规划作为详细规划，进一步规范了乡村规划的内容。

5.3 乡村规划与设计

5.3.1 乡村调查与分析

乡村调查与分析是乡村规划与设计的基础，只有进行详尽到位的调查，才能在规划中做到符合乡村发展的实际情况。乡村是一个复杂巨系统，一般来讲涵盖了社会、经济、文化、自然环境、建成环境、景观(乡村意象)六个子系统。这些子系统偏重不同，同一要素在不同的系统之下，调研的重点也不同，比如农田在经济子系统中被认定为第一产业要素，但在景观子系统中又被认定成农田景观要素。

乡村调查的方法一般包括踏勘调研、资料查询、访谈、问卷四种，以获取乡村全面信息，进而使用因子分析法进行乡村系统整体分析，获取文字、表格、图片与专题图等分析结论，最终指导村域规划和村庄规划成果的编制，保证各层面编制成果的科学性与可实施性。

调研方法主要包括现场踏勘、问卷调查、访谈和资料查询等，具体如下。

现场踏勘指通过乡村实地调研了解乡村各系统发展及建设状况。在踏勘调研之前，我们一般准备村域的地形图和遥感图，用以记录调查的内容，在图纸上标注重点的公共服务设施、建筑层数、市政基础设施、道路宽度或等级、公共空间、闲置地、土地利用以及公交站点等。这些内容对初步了解村庄概况具有十分重要的作用。在调查过程中要善用照片、手绘等记录方法，尤其是要对村庄的街巷空间绘制必要的剖面图，以便记录村庄的整体风貌。

问卷调查一般包括三个层次：第一层次是针对镇政府及其相关部门，了解村庄概况和村镇体系相关内容，了解整体发展困境；第二层次是针对村领导班子，可以详细记录人口、产业、用地等关键信息，尤其是对近年来的发展动向进行记录；第三层次是针对村民，了解村民日常生活中遇到的问题和困难，利用自填式问卷和代填式问卷相结合的方法进行调查记录，多向村民解释问卷意图，以期获得真实、有效的问卷结果。

访谈调研对象包括村“两委”干部、不同年龄层次的村民、一般游客、企业负责人、乡镇政府干部代表等。访谈内容根据访谈对象做出调整，应就村民关心的重要问题进行深入访谈，围绕产业发展、生活愿景、村规村约等具体内容展开，避免空谈。访谈可采用座谈会、单独访谈、小组访谈等形式。

5.3.2 村域规划

村域规划是村庄规划编制的重要内容，作为“五级三类”中的乡镇级详细规划，它是衔接镇村体系规划和村庄建设规划的重要环节，也是乡村全要素统筹和多规融合的关键对象。村域规划的主要内容是对村域的土地利用提出引导控制要求，满足上位规划中与本村相关的生态保护和历史文化资源保护的相关内容，保护基本农田不受侵占，并对村庄的居民点或村组布点及规模提出总体要求，配套必要的基础设施和公共服务设施，满足村域内的产业需求和村民的生活需要，最终实现村域的“一张图”管控。

村域规划的主要任务是在村庄现状资源本底充分挖掘的基础上，提出村庄发展目标和定位，提出村庄发展策略，确定本村的重点发展产业。围绕发展目标和定位综合部署生态、生产、生活空间，并在此基础上提出村域土地利用规划的思路与内容，统筹安排村域各项用地，尤其是非建设用地的相关规划要求。

5.3.3 村庄规划

村庄规划主要针对“村庄建设用地”进行功能布局，以期达到结构梳理强化、用地合理组织、设施配套完善的目标。一方面，村庄规划必须承接村域规划制订的目标定位、空间管制、产业布局、人口用地规模、村域总体布局等内容，并在村庄建设用地范围内进行深化或具体化；另一方面，村庄规划也为下一阶段的村庄建设提供具体指引，直接指导村庄的各项建设活动。

村庄规划更关注现有村落内存在的问题以及村民发展建设的诉求，尤其是住房建设需求和整体风貌整治提升需求。①要与村域规划衔接，核定建设用地范围；②村庄规划必须分析和确定居民点的空间形态布局模式，以及影响该空间形态的相关要素；③研究各类建设用地的边界和用地性质，提出调整的原则和方案；④完善居民点的总体布局，尊重农民意见，保障农民权益。

在居民点空间形态引导方面，村庄规划主要分为集中团块型，分散组团型，带状线型。影响居民点空间形态的因素主要有自然因素（地形地貌等）、经济因素（生产方式等）、社会因素（土地权属等）和公共政策（行政区划等）方面。根据村庄的特点，应该以“面”的形态明确空间边界，以“点”的形态构建发展核心，以“线”的形态组织空间的方向。在完成居民点空间形态规划之后，还应重新核定是否符合人均建设用地指标以及土地利用规划的相关规定。

【思考题】

1. 在乡村振兴战略的指导下，三步走的目标任务是什么？
2. 试谈改善乡村人居环境应从哪几个方面入手。
3. 如何从不同学科理解乡村的概念？
4. 乡村调查与分析应从哪几个子系统入手？
5. 村域规划和村庄规划的目标任务有什么不同？

【参考文献】

[1] 中共中央 国务院. 乡村振兴战略规划（2018—2022年）[N]. 人民日报，2018-09-27(1).

[2] 熊英伟，刘弘涛，杨剑. 乡村规划与设计[M]. 南京：东南大学出版社，2017.

[3] 陈前虎. 乡村规划与设计[M]. 北京：中国建筑工业出版社，2018.

[4] 顾朝林. 新时代乡村规划[M]. 北京：科学出版社，2018.

[5] 盖伦特，云蒂，基德. 乡村规划导论[M]. 闫琳，译. 北京：中国建筑工业出版社，2015.

[6] 索尔贝克. 乡村设计：一门新兴的设计学科[M]. 奚雪松，黄世伟，汤敏，译. 北京：电子工业出版社，2018.

[7] 龙花楼，刘彦随，邹健. 中国东部沿海地区乡村发展类型及其乡村性评价[J]. 地理学报，2009，64(4)：426-434.

[8] 李智，范琳芸，张小林. 基于村域的乡村多功能类型划分及评价研究——以江苏省金坛市为例[J]. 长江流域资源与环境，2017，26(3)：359-367.

第6章　城市生态环境保护

6.1　城市化的生态环境效应

随着中国城市化进程的加快以及城市人均消费水平的提高，城市人口持续增加，城市用地规模持续扩大，对城市地区的生态环境带来前所未有的冲击与影响，主要表现在以下几个方面。

(1) 城市区域的建设活动中，缺少与自然地貌相适应的规划设计理念与方法，建设中大填大挖，破坏了自然地貌的平衡与稳定，加速地面侵蚀，水土流失、滑坡、泥石流、崩塌等地貌灾害在某些地区频繁发生。

(2) 城市建设改变了地表水文循环过程，加剧了对地表物质的冲刷、剥蚀、迁移，加速河湖淤积，同时由于地表水文过程的改变，形成洪流时间缩短，加大了洪涝灾害的危害性。

(3) 城市建设改变了气候形成的地表因子，以及影响气候与人类健康的有害气体的大量排放，城市产生了热岛、干岛、湿岛、雨岛、浑浊岛等效应，形成热岛环流影响区域气候和气候变异，使各种洪涝、干旱、暴雨等气象灾害频繁发生。

(4) 城市改变了自然条件，原来的自然生态网络系统被分割，破碎化，绿色空间被挤压、缩小，生物发展受到限制，生物物种发生变异，动物的迁徙廊道受阻，物种减少，生物多样性消失，使自然环境的缓冲能力减弱，造成生态环境的脆弱性，影响生态系统的稳定性。

(5) 城市本身由于人类活动强度过大，非持续的生产模式过度强化，土地资源被大量占用，使人-地矛盾进一步突出，资源承载力负荷过重，人工生态环境抵御外界干扰的能力大大减弱，使城市在实现可持续发展战略时面临极大的困难。

(6) 许多高速发展的城市和地区，由于人口和工业的高度集中，出现了重复建设、无序竞争的现象，资源消耗巨大，浪费严重，对环境造成了很大的压力，致使城市生态系统失衡，产生诸如大气污染、土壤污染、水体污染、噪声污染、固体废弃物和电磁辐射污染等后果，促使各种灾害和疾病的频繁发生。

城市生态环境是以城市人群为主体的城市生命有机体与自然环境和社会环境之间的相互作用、制约和依赖构成的统一体，是一个庞大复杂的社会、经济、环境复合生态系统。

城市生态环境保护的目的就是缓解城市化对环境产生的负面影响，协调城市社会、经济发展和城市生态环境之间的矛盾，为市民创造一个健康、安全、卫生的城市环境，实现城市的可持续发展。

6.2 城市生态环境保护对策

城市生态环境保护涉及城市规划建设的许多方面。城市空间结构与形态、城市土地使用选择、城市建设强度、城市自然景观格局保存、绿地系统建设、城市物理环境控制等必须考虑生态环境保护。

6.2.1 城市空间结构与生态环境保护

所有城市都是在一定的自然、地理环境的基础上形成与发展起来的。特定的地理区位、气候特征、山脉、河流、地形地貌、森林植被等自然生态条件，是形成城市空间结构的外部条件。城市的各功能要素组织，城市的产业结构，市场、信息、文化、教育、交通网络、能源等基础设施，以及城市的现状与历史特征等社会、经济要素构成了城市空间结构与形态的内部条件。城市结构与形态是城市的外部条件与内部条件相互作用的结果。城市社会、城市经济和城市的一切活动，都必须以维护赖以生存的城市自然生态环境为前提。城市结构和形态与城市自然生态环境须建立在一种适应协调的关系上。

例如城市的布局结构、发展规模与道路骨架网络就不能脱离该城市所处的地理区位、气候条件、地形地貌、河湖水系与土地的环境容量等基本条件。如果二者不适应，或人工建造超过了容量，或城市的路网不能与当地的自然条件相结合，城市就会出现诸如人口密度过高、交通拥挤、城市建设与运营费用提高、城市景观风貌受到破坏、特色消退、环境污染加重、卫生条件下降、环境恶化等“城市病”，就不是健康的、舒适的可持续发展的城市。

城市是有生命、有秩序的体形物质环境，而城市空间结构与形态，是构成不同城市环境的骨架，城市的空间结构与形态离不开自然生态条件和社会经济条件，城市的环境是人工建造与自然环境有机结合、相互作用的结果。规划中首先要从总体上寻求城市结构与形态的合理性，城市空间结构、路网结构与自然条件、地形地貌有机结合，使城市空间结构与自然生态和谐发展，从根本上保护城市生态环境。

例如重庆云阳县城的总体规划从一开始就非常注重生态环境保护，重庆市云阳县城地理环境分析如图 6-1 所示。该地的总体规划从分析所处的自然地理环境出发，形成适应自然环境基础的空间结构与布局，如图 6-2 所示。

6.2.2 城市土地使用选择与生态环境保护

城市土地使用选择中要将城市的各类用地发展引导到与环境协调的正确方向，使城市各项功能要素都能达到协调发展的效果。不同类型的城市、城市的不同土地使用类型，要根据各个城市所处的自然环境特点和经济、社会特点来安排在城市不同的区域，使工作与居住、生产与生活、人口发展与资源环境在特定的地域上得到协

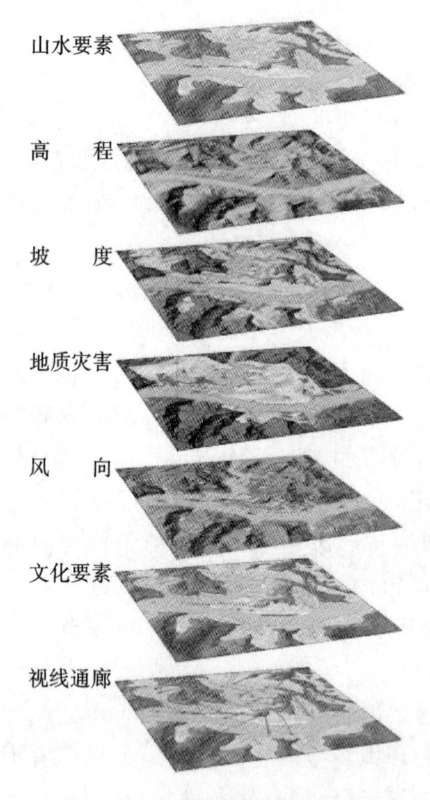

图 6-1　重庆云阳县城地理环境分析

调发展。

城市的工业布局,不仅对城市的经济结构与经济发展起着重要的作用,而且对城市的总体布局,人流、物流的运转,道路交通的组织与环境的保护等产生直接的影响。要优化、净化城市生态环境就有必要对城市不合理的工业布局进行必要的调整。工业布局的调整,首先应对城市工业布局的现状进行生态环境影响的调查分析与评估,根据调查分析与评估的结果提出调整建议。工业布局的调整应有利于城市经济与生态环境的协调发展。工业布局的调整要有利于主业的转型与生态化发展的要求,按照产业生态学和循环经济的要求,调整工业内部的生产流程和不同工业之间的协调关系,降低对能源的消耗和环境的污染。城市未来工业用地的选择避开城市的上风、上水方向,要选择环境容量大的区域进行布局。

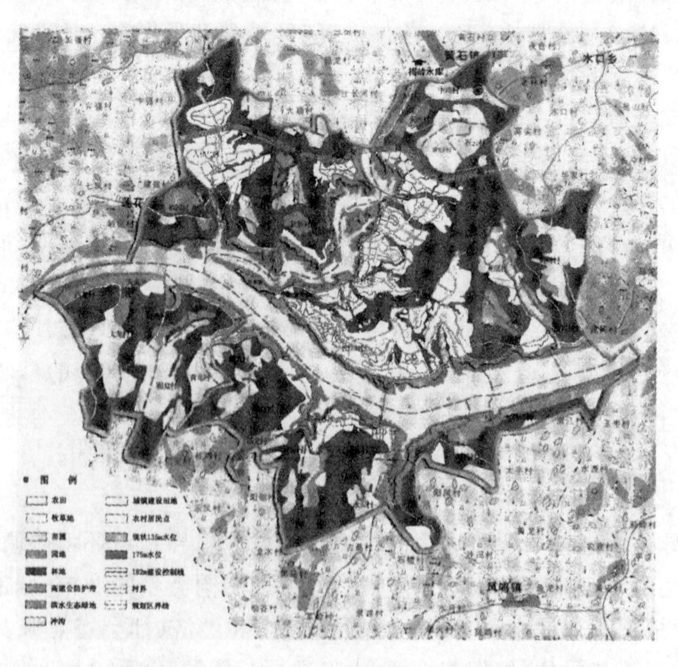

图 6-2　适应自然环境基础的空间结构与布局(重庆云阳县城)

生活居住区是一个城市的重要组成部分。生活居住区的生态环境不仅影响居民的日常生活，还会对居民心理和生理健康产生直接的影响。生活居住区的规划设计，不仅要满足住户的基本生活需求，而且要着力创造优美、舒适的空间环境，为居民提供日常交往、休息、散步、健身等户外活动的场所。因此，在生活居住区中，仅做好住宅、公共建筑本身的设计还远远不够，还必须充分重视户外环境的优化设计，对宅旁绿地、小游园、公园等开放空间的布点，儿童、青少年和老年人、残疾人等活动场所都要进行精心组织，对路面和场地铺装、建筑、雕塑、小品、植物配置等要进行精心设计。场地绿化和路面铺装等要考虑生态发展的要求，尽可能使地面水渗透到地下，为居民创造高质量的生活居住空间环境和生态环境。

例如：广西岑溪县城规划布局(图 6-3)结合自然生态特点，保留了河流两侧集水区的农耕地、自然山林和水系，城市向两侧高台地上平行发展，避免洪水淹没的危险。城东为农业居民区，西北下风侧为工业发展用地，城市公共活动中心为“一主”(旧城)、“一副”(新区)分列东西两翼，适应地形，形成融山、水、田、林、城为一体的山水城镇景观格局，体现了土地使用与生态环境的关系。

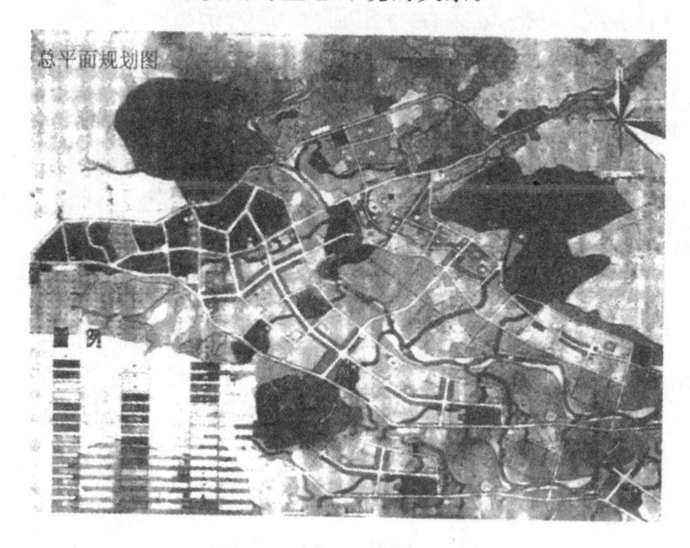

图 6-3 广西岑溪县城布局

6.2.3 城市建设强度与生态环境保护

一个城市或一个小区必须有一个合理的开发强度。其建筑密度与建设总量必须在其容许的环境容量范围之内，如果密度过大，就会出现生态的失衡与破坏。许多城市不顾本地自然景观特色，不考虑地点、场合，盲目建造大型、高层建筑，把高层建筑看成现代化的标志，无视自然山川风貌的存在，大有与山比高低的气势，与原有的自然环境不协调，导致自然景观资源的破坏或生物多样性、景观多样性的消失。

从景观生态环境的角度来审视高层建筑的建设，主要取决于：①是否利于城市交通的合理布局与城市交通流的合理分布与组织;②是否有利于城市的景观环境与风貌特征;③是否有利于保护城市的自然特征与历史文化特征,是否与周围环境协调。

同时从生态环境的角度看,需要在全面分析评价城市用地功能结构及其与周边关系的基础上,根据城市用地使用性质与总体环境艺术需求,确定合理的高度分区(如低层区、高层区、混层区等),以求达到人工建造与城市自然总体环境的协调、城市总体面貌的多样统一与社会、经济与环境效益的统一协调。

根据高度分区控制对某些地区与建筑提出限高控制要求,如航空、微波通信等净空限制要求,河道两侧与街道两侧的建筑高度控制,城市重要景观、文化地段周围的建筑限高控制要求等。

根据不同类型城市的特征和改善热环境要求,制订景观视廊和风廊控制线,防止人为建造遮挡视线走廊、堵塞通风廊道,以形成不同空间层次开敞的视线廊道与通风廊道。

6.2.4 城市自然景观格局保存与生态环境保护

人类在改造自然、建设城市的活动中,对山地自然景观格局产生了深刻的影响。根据人类对自然景观格局影响的程度,可分为干扰、改造和重建三种形式。干扰是指人类活动对自然景观特征的改变,使自然景观破碎化,从而影响自然景观格局的变化。如人类的城市开发建设活动,破坏自然地形地貌和森林植被;道路的开辟,切断了生物迁徙的廊道;大量的人工建筑和市政设施,改变了城市地区的局地气候等。改造是指人类为了达到生存发展的目的,有意识地增加或减少自然景观要素,使自然景观发生一定程度的改变,如山体的开挖、水库的建设,人工湖面、人工湿地的形成或防护林的建设等。重建是对原来的自然景观格局与结构进行重新构建。如由于大型水库修建而淹没的城镇与乡村人居环境的重建,起伏变化、连绵曲折的自然山体、森林景观变成了层层梯田的农耕景观等。

城市的景观生态系统是人工和自然相结合的景观生态系统。人工建设使自然景观生态系统受到了严重的干扰和破坏。城市景观生态系统的强化就是要加强对自然景观生态系统稳定性的保护,以尽可能发挥其生态系统的服务功能。在城市发展过程中保持和建设必要数量、特定布局、一定质量的生态用地斑块,发挥其生态功能,是优化城市环境、提高城市生态安全、促进城市可持续发展的必由之路,如荷兰国土生态网络系统是在核心部位形成自然区域,通过生态走廊、缓冲地带等重要生态要素,形成有层次的构造网络,最大限度地保护与保存自然景观生态系统稳定性与生态服务功能。

再如成都非常重视通过自然景观格局的保存来保护生态环境。以市域范围内空间领域相对完整、生态服务功能较强的自然或半自然生态功能单元为基础,自然水系、城市风廊和绿廊为依托,按照“斑块—廊道—基质”基本模式建构网络状空间结构格局。宏观尺度上，由龙门山系、龙泉山系、都江堰水系、冲积平原四大自然生态要素作用下形成了“一源两点、水网交织、七星拱月”的总体生态空间构架。盆地西部边缘的龙门山一邛崃山脉、东南部龙泉山系，以及青白江区、龙泉驿区和双流区东部的岗地和丘陵，为成都冲积平原提供了重要的生态屏障。自都江堰分流而下的岷江水系所形成的自西北向东南、不断分散的纵横交织水网，形成了整个成都地区的基本生态脉络，都市区西部的都江堰灌区及其自然环境是构成成都整体生态格局的基础，在区域发展与城乡建设中给予特别的重视，保护成都城乡发展的自然生态基础。成都城市生态格局结构示意图如图6-4所示。成都市域非建设用地空间分布图如图6-5所示。

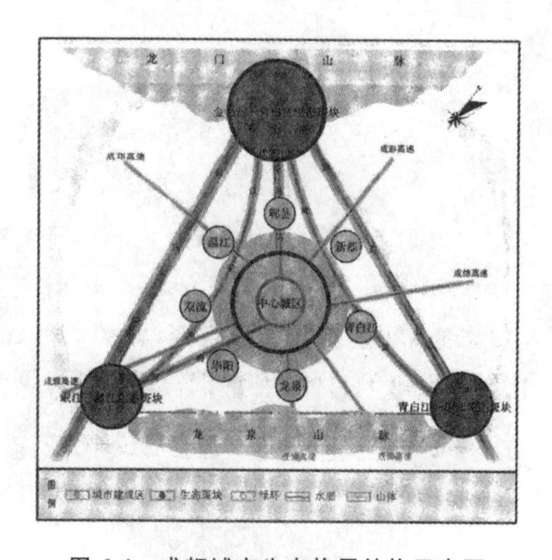

图6-4　成都城市生态格局结构示意图

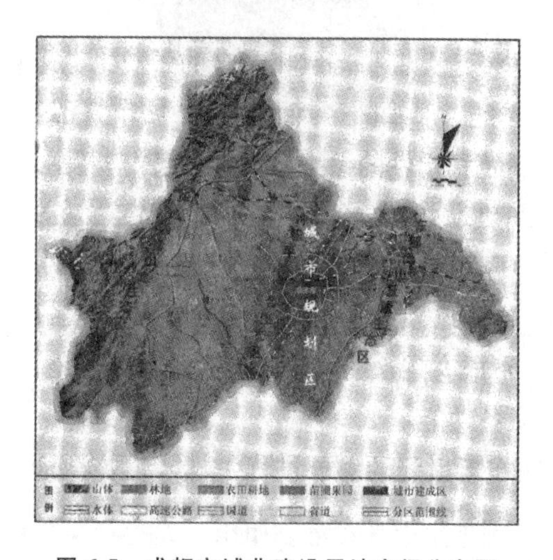

图6-5　成都市域非建设用地空间分布图

在中观尺度上，保持“斑块—廊道”景观生态格局。绕城高速公路以内，非建设用地“斑块”尽可能“均匀”布局，斑块与斑块之间要有连接的廊道系统，斑块与斑块之间廊道不太宽的情况下，保持 3～5 km 的距离，共同构成“斑块—廊道”空间结构体系。自然保护功能的区域、带有自然原始特征的林地、生物多样性较高的湿地以及一些历史文化遗迹区域呈“斑块”状散布在城市区域，与地表水有密切关系的区域、与城市通风有密切关系的区域，呈“廊道”状态贯穿成都市区，保护都江堰至成都市地段免受污染，同时增强水源的自身净化能力。在城市的主导风向上有意识地开辟几条风廊，改善城市环境的同时降低城市热岛效应。成都市区非建设用地布局与功能组织如图 6-6 所示。

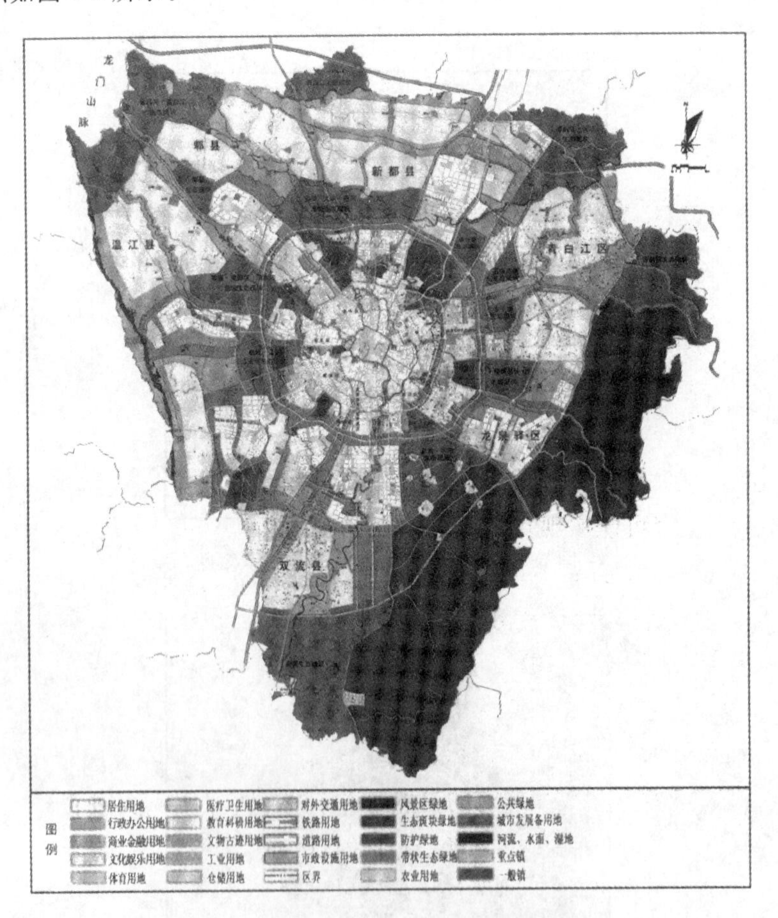

图 6-6　成都市区非建设用地布局与功能组织

6.2.5　绿地系统建设与生态环境保护

绿化环境在城市生态系统中具有重要作用。人类对绿色植物有本能的喜爱，绿色植物不仅有使用功能、观赏价值，更具有生理功能。绿色植物在改善生态环境、调节气候、降低气温、缓解岛效应、降低噪声、吸收有害气体和尘埃、保护和增加生物多样性、发挥生物降解功能和防灾功能、丰富居民精神文化生活、协调人与自然的关系等方面起着重要的作用。因此，植物与绿化环境建设不仅直接关系到城乡生态环境质量和居民生活质量，而且也是一个城市和地区经济发展的必要条件，是实现城乡可持续发展的基本保障。

从城市生态系统的要求考虑，环境绿化问题，特别应该注意建构区域层面，即大环境圈的生态绿化系统。结合区域（市域）的山脉、江河水系、农田水利工程、城市水源保护地等，通过植树造林，保持水土，保护植被，规划建设各种类型与功能的生态系统。如大、中、小城市，特别是有条件的城市，可以根据各个城市自身的地形地貌构成的特点，建设森林公园，与市域环境绿化规划相结合，实现大地园林化，形成城乡一体的网络化生态绿地系统。同时还要做好城市层面、居住区层面和家庭、住宅等各个层面的绿化，构成优美、洁净的绿化环境。

加强绿化方式的模式是提升城市环境质量的根本办法。用绿化改善城市环境的不同发展模式如下：①把自然引入城市——局部改良的办法；②把城市引向自然——通过空间结构的有机分散办法，增加城市与自然的接触面；③城市与自然融为一体——利用自然山脉、河湖水系等自然条件，城市生态环境才有可能实现山中有城，城中有山，山、水、田、林、城景交融的诗画境界。

如陕西安康的绿地系统（图 6-7）规划结合安康市“两山夹一川”的地形地貌，考虑南北两山的生物多样性，规划确认大面积的丘陵、山地、乔木林，加之农田、经济林地、菜地等，形成城市的边缘绿色环。利用香溪洞、瀛湖景区、龙王山林区、牛山、牛蹄岭等周围山体、森林、旅游区及水源保护林等，建设城市外围大面积的生态绿化保育圈，作为安康市外围生态屏障。利用现有的自然河道系统，结合河岸绿地建设，特别是汉江洪水记录，建立起完善的生态河网系统；汉江的城区外围区段保持自然状态，保护与营造近自然的河岸林地，城区区段视为城市的有机组成部分，结合城市景观建设，实现生态化、景观化。结合防洪、环境治理，以汉江、月河、黄洋河、付家河为重点，结合南北向的沟壑、城市隔离绿带进行绿化。经常被水淹没的城东洼地建设湿地公园，形成东西连接、南北互通的绿化构架。该绿地系统骨架包含了高生态价值区域、高景观价值区域、发展高风险区域，适应了这些土地的自然属性，组成绿地系统的宏观“线、块”体。

陕西安康城市绿地系统规划布局（图 6-8）可概括为“一心、二廊、三河、多带，公园棋布，森林围城；东西互通、南北相连、组团隔离、绿环相扣”，绿地系统规划布局模式以城市区域环境和各单位普遍绿化为基础“面”，城市公园、开放游园等为集中“点”，通过水系绿地、林荫大道、防护隔离林带和城市结构性绿地等为骨架“带”，与郊野的农业园地、风景林地、山林地和生态绿地“环”等相融合，构成一个点、线、面、环有机结合的山、水、城、林、园交融的“绿在城中、城在绿中”的城市。

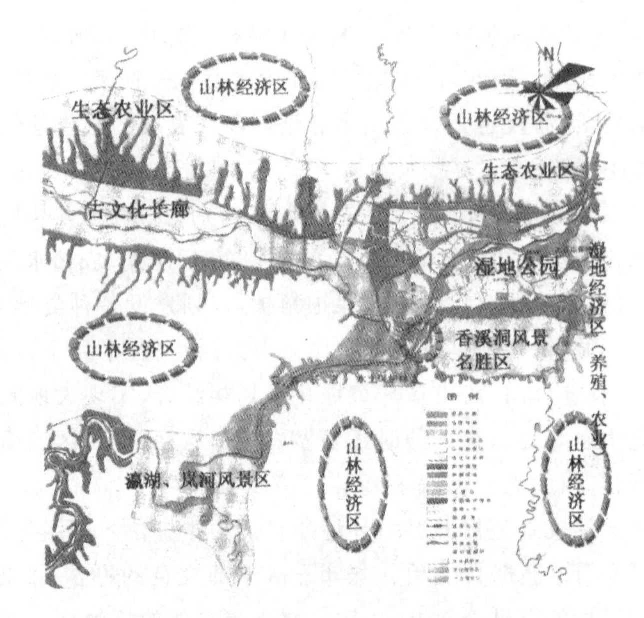

图 6-7 陕西安康绿地系统区域构架图

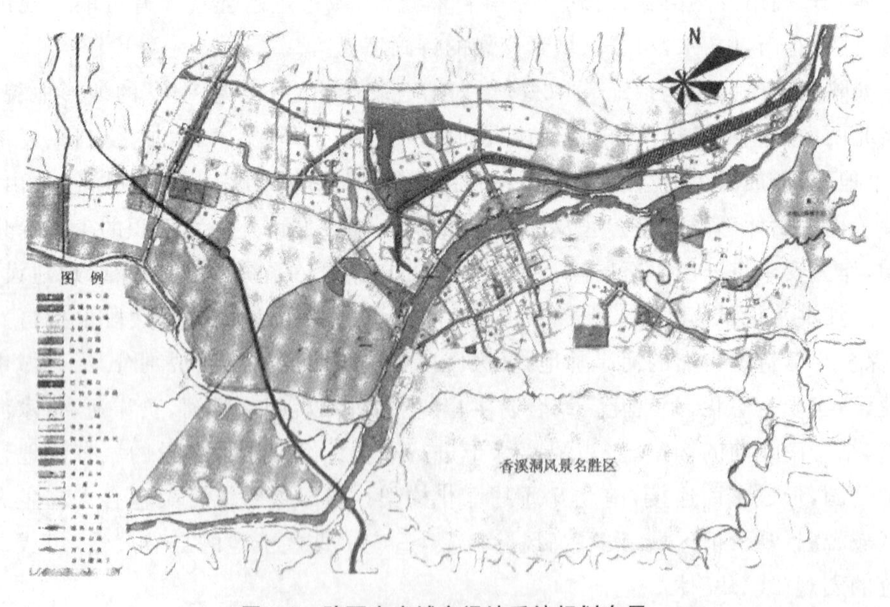

图 6-8 陕西安康城市绿地系统规划布局

6.2.6 城市物理环境的控制与生态环境保护

城市物理环境的控制和生态环境保护是结合城市社会经济的发展对未来环境变化与环境污染的发展趋势进行分析与预测，对空气质量、大气热环境、水体、噪声、土壤、固体废弃物等主要物理环境要素，提出防治措施，是生态环境保护中环境污染控制的重要内容。

1. 大气环境的控制

大气是人类生存不可缺少的基本物质。在城市中高密度的人口，高强度的活动，极大地改变了自然生态条件，影响了城市的小气候，使城市产生了“热岛效应”，城市的气温上升，大气中的有害成分大大增加，从而改变了大气的正常成分，产生大气污染，对工农业生产、人类的健康和动植物的生长构成危害，甚至导致癌症发生概率增加，引发遗传基因变异等严重问题。

城市大气污染的污染源主要有工业污染源、生活污染源、交通运输污染源三大类。在工业城市中，由于工业生产排放的废气污染量大、种类多、成分复杂，往往形成严重的大气污染源。生活污染源主要是厨房、餐厅排放的生活废气和烟尘。随着城市汽车拥有量的迅速增加，各种交通工具废气排放量急剧上升，对城乡大气环境造成严重污染。对人体健康造成危害的几种主要污染物有二氧化硫、一氧化碳、氮氧化物、碳氢化合物、铅、粉尘等。

控制大气污染、提高空气环境质量的主要措施是改变燃料结构，节约能耗，安装降尘、消烟环保设施，制订强制性减排标准，采用清洁能源，发展循环经济，增加森林绿地面积等；强化监控管理措施，严格执行国家大气环境质量的标准及有关环境保护的相关规定；在城乡规划与建设上要为缓减城乡大气环境的污染、减少温室气体的排放、减缓气候变化的进程发挥积极作用。

2. 水环境保护

水是人类赖以生存的基本物质保障。我国是一个缺水国家，节约用水和水环境的控制，在城市生态与环境规划中占有特别重要的地位，对实施城市的可持续发展具有十分重要的意义。规划要做到以下几个方面。①根据城市耗水量预测，分析水资源供需平衡情况，制订水资源综合开发、利用与保护计划。②根据各个城市的不同饮用水水源(如地表水、地下水水源等)制订不同水源利用与保护规划措施，积极探索节水型产业和水工业生态化发展的可能与途径。③对不同水源保护区，加强管理，防止污染。④在对地下水水源全面摸清蕴藏量的基础上，实现合理开采，严格控制开采量，实现计划开采。⑤对滨海城市海域水资源加强保护，根据岸线自然生态特点，制订岸线与水域保护规划，严格控制陆源污染物的排放。⑥制订水资源的合理分配方案和节约用水、回水利用的对策与措施。⑦完善城市给水与排水系统，探索雨水利用的新途径与新方法。

水体污染是因大量污染物质排入水体，污染物含量超过了水体的本底含量的自净能力，造成水质恶化，从而破坏了水体的正常功能。城市水污染是由于城市的生产、生活活动产生的污染物对水体造成的污染，包括工业污染、生活污染与农业污染等。工业污染是水体最重要的污染源，它具有量大、面广、成分复杂、毒性大、不易净化和处理难度大等特点；生活污染多为无毒的无机盐类、需氧有机盐类，用水量具有季节变化规律；农业污染包括牲畜粪便、农药、化肥等，有机物质、植物营养素、病原微生物及农药、化肥含量高。城市水污染综合整治主要措施如下:根据城市发展计划,预测城市污水排放量;正确确定城市排水系统与污水处理方案,发展生态处理方法,推广循环利用技术,减少污水处理量;严格控制城市土地开发计划,减少水土流失与污染源的产生;加强工业废水与生活污水等污染源的排放管制。

3. 噪声控制

噪声对城市居民的健康有很大影响,随着城市的发展与交通运输量的增加,城市噪声成为城市重要的污染源。城市噪声污染源主要有交通噪声、基本建设噪声、工厂生产噪声和活动噪声四个方面。其中交通噪声已经成为对城市与居民区影响最大、最普遍的污染源,有70%的城市环境噪声来自交通工具。

噪声控制与降噪声措施主要如下:调整城市结构布局,正确处理铁路进线、公路进线、机场选址及有噪声污染的工厂等与城市发展及与各功能区的相互关系;优化产业结构,调整工业布局,对扰民大的工厂采取治理措施或迁建,从根本上消除大的噪声源;对新开发的城市用地进行声环境影响与评估,根据国家城市区域环境噪声标准及其他功能要求进行合理规划与设计;合理组织城市交通网络,尽可能避免交通噪声对居民区的干扰;利用绿化处理,设置隔离带,降低噪声的影响;利用地形高低变化,阻止噪声的传播;对主要交通干线限制车流量或限制某些车辆进出特定区域。

4. 固体废弃物控制

固体废弃物包括居民区的生活垃圾、建筑垃圾、工厂的废弃物及商业垃圾等,是城市重要的污染源。我国生活垃圾产生量十分惊人,城市居民平均每人每年产生的垃圾约300 kg,并以每年10%的速度增长。

城市固体废弃物的控制与处理对于综合利用与回收、净化城市环境、提高环境质量、获取经济效益等有着重要的意义。固体废弃物的控制首先要从源头上尽可能减少固体废弃物的产生,如积极发展绿色产业,提倡绿色消费,尽量减少或不产生固体废弃物污染源,严格控制“白色污染”,发展可降解的商品;提高全民的环境意识和文明程度,养成良好的卫生习惯,自觉维护环境的清洁,提高固体废弃物回收与综合利用率,变废为宝,实现固体废弃物的资源化、商品化。

固体废弃物的处理是应用物理、化学、生物等不同处理方法,将废弃物进行最终处理,其处理方法一般有卫生填埋、生物技术堆肥、高效焚烧三种。不论采用何种方法,都需要有足够的场地面积。因此,合理选择固体废弃物的处理场地与处理方式是关键的环节。

固体废弃物的处理要按照不同的处理方式选择处理场地,下述三种不同的处理方法对场地选择都有不同要求:①处理场地的面积,不仅要考虑场地本身的容量与生产设施的占地要求,同时要考虑配套设施与发展的需要;②考虑运输距离的经济性与合理性;③考虑场地的生态环境状况,如场地的气候、土壤、地质、水文等自然条件及其对周围环境的影响。

6.3　城市生态环境保护的一个手段——环境影响评价

环境影响评价的目的是预防及减轻城市建设过程以及建成运营使用过程对生态环境所造成的负面影响和不良后果。目前除具体的建设项目需要开展环境影响评价以外，规划方案也需要开展环境影响评价，重点为土地使用、交通、设施三大类。主要评估开发行为是否位于生态环境敏感区位；开发行为是否位于生态环境容受能力之内，开发行为是否对景观风貌、水资源供应体承受污染能力等产生影响，有时也需要对社会经济影响及文化影响等进行分析。

例如，某县城总体规划的环境影响评价指标包括如下内容：城市性质与城市自然生态环境基础协调与否；产业方向是否环境友好；规模是否控制在环境容量、生态承载力的范围之内；城市总体布局方式是否建立在城市特有生态网络体系和山水格局基础上；规划是否对生态环境敏感地区进行了控制；开发是否对维护生态安全起到积极的作用；城市功能布局，特别是工业用地布局，是否考虑了环境保护的要求；城市绿化建设、景观建设是否优化了城市整体自然与文化景观；规划的排水工程、垃圾处理厂布局与模式是否会对环境产生不良影响。

规划方案开展环境影响评价，可以初步估算建设活动的生态环境后果，是值得探索的一种防患于未然的城市生态环境保护有效手段。

【思考题】

1. 城市化的生态环境效应主要有哪些？
2. 城市空间结构与形态规划如何适应城市环境基础？
3. 城市土地使用与环境保护的关系如何？
4. 城市自然景观格局保存的环境意义有哪些？
5. 城市绿地系统建设如何考虑生态保护？
6. 城市建设环境影响评价的目的是什么？主要内容有哪些？

【参考文献】

[1]　黄光宇. 山地城市学原理[M]. 北京：中国建筑工业出版社，2006.

[2]　黄光宇. 山地城市规划与设计：黄光宇作品集[M]. 重庆：重庆大学出版社，2003.

[3]　闫水玉. 城市生态规划理论、方法与实践[M]. 重庆：重庆出版社，2011.

第7章　城市风貌与历史文化保护

面对新时期规划转型、高质量发展，有序实施城市修补和有机更新、活化历史文化遗产、塑造城市风貌、恢复历史城区功能和活力是新时期的城市发展提出的纲领性要求，也是城市发展的必由之路。坚持以人民为中心的发展思想，坚持人民城市为人民，就要高度重视历史文化保护，注重文明传承、文化延续，让城市留下记忆，让人们记住乡愁。

“加强历史文化名城名镇名村、历史文化街区、名人故居保护和城市特色风貌管理，实施中国传统村落保护工程，做好传统民居、历史建筑、革命文化纪念地、农业遗产、工业遗产保护工作”是时代赋予当代的历史使命。

7.1　城市风貌与历史文化保护

7.1.1　城市风貌及其构成要素

城市风貌即城市的风采和面貌，风是“内涵”，貌是“外显”，二者相辅相成。从美学意义上讲，城市风貌是指人们在对城市进行的一系列审美活动中产生的审美意象。从城市特征上讲，城市风貌是城市自然环境、历史传统、民俗风情、精神文化、经济发展、建筑风格的综合表征，既反映了城市的空间景观、神韵气质，又蕴含着城市居民的精神与文明特质。

城市是一个开放复杂的巨系统，由无数个复杂或简单的子系统构成，城市风貌作为一个子系统存在于城市的巨系统之中，它和其他系统一起共同完成城市的复合功能。从狭义来讲，城市风貌系统所承担的独特功能在于通过物质形态的塑造创造美的城市景观和城市面貌，从而为体现一个城市的文化精神面貌和水准；从广义来讲，除通过物质形态塑造的城市物质景观和面貌外，城市风貌还应包含在城市中生活的居民及其活动；两者共同构成一个城市的风貌。

城市风貌构成要素可按其形态特征分为显质形态要素和潜质形态要素(图7-1)。按其空间分布特征分为城市风貌圈、城市风貌区、城市风貌带、城市风貌核、城市风貌符号五种基本形态。①城市风貌圈是城市内以某种环形物质形态要素为聚集对象，所形成相应的风貌区域，例如城市内部的高架环路、环形古城墙、护城河和环形绿地系统等。②城市风貌区是城市中以不同的物质与文化景观载体所构成的具有鲜明特色的风貌斑块，它是城市风貌形成的基本单元。③城市风貌带是城市风貌空间特色形成的不可或缺的形式。它是由城市中的道路、河流、林带、线形遗产等为依托，形成具有显著带型特征的风貌区域。④城市风貌核在空间形态上与城市风貌区的区别不大，但在尺度上往往要小得多，而“核”在一定程度上反映了构成该空间结构的风貌要素在构成上更加紧凑，在文化内涵的指代上具有更高的效率，是对城市风貌特征构成的一种浓缩后的集中体现，在城市空间中往往表现为城市广场或者是具有标志性的城市建筑物。⑤城市风貌符号是指在城市风貌载体中多次反复出现并且是城市风貌的重要组成部分的那些风貌构成要素。在传统风貌的城市中，历史城区中众多的传统建筑的屋顶在空间上的多次重复，构成了历史城区第五立面的壮丽景观，这些屋顶显然是历史城区重要的风貌符号图。

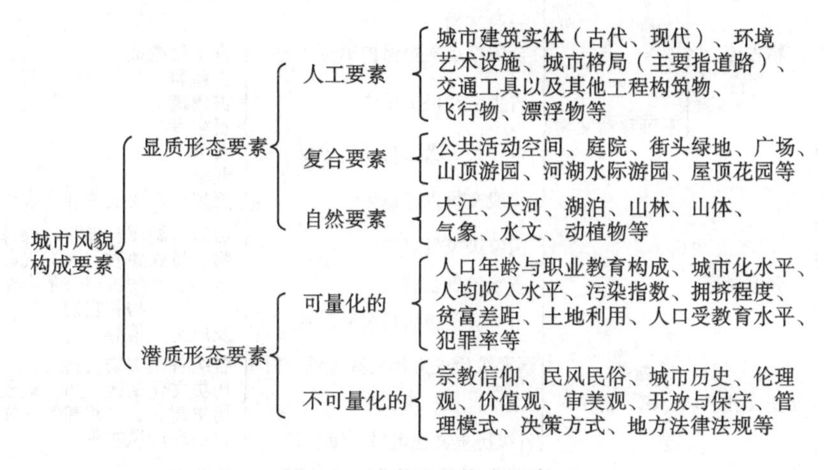

图7-1　城市风貌构成要素

城市风貌载体的形成依赖于多种风貌符号的存在与高度统一。这些城市风貌物质结构的主要形式不仅是支持城市风貌功能的主要物质载体，也是在规划塑造城市风貌中所需要牢牢把握不放的物质实体。

7.1.2　历史文化与城市历史文化遗产保护体系

人类在几千年的社会发展过程中，创造了丰富多彩的物质财富和精神财富，这些物质与精神财富的总和便是广义文化的概念。文化是一种社会现象，是人们长期创造形成的产物；同时又是一种历史现象，是社会历史的积淀物。人类创造了文化，文化的发展推动了人类自身的成长和发展，催生了作为人类文化集聚地——城市的产生。城市的产生和发展不仅是一个长期的物质环境的建设过程，同时也是一个长期的文化积淀过程。城市蕴藏着不同时代的文化特征和时代信息，记录着不同时代的历史真实性和历史实践，以及时代的更替与演变。在城市的不断演进与更替的过程中，城市文化遭受来自人类的各种破坏与来自自然的各种灾害吞噬，能保存至今的历史文化已是非常难得，保存下来的历史文化成为城市历史文化的精髓，即城市历史文化遗产。

到目前为止，我国已经建立了由传统风貌建筑保护、历史建筑保护、文物古迹保护、历史文化街区保护、历史地段保护、历史城区保护、历史文化名城保护、历史文化名村名镇保护以及历史环境要素和非物质文化遗产保护等为内容的多层级、多部门联动的文化遗产保护的体系,但必须指出城市文化遗产体系只是我国文化遗产体系的主要组成部分,而非全部文化遗产(图 7-2)。

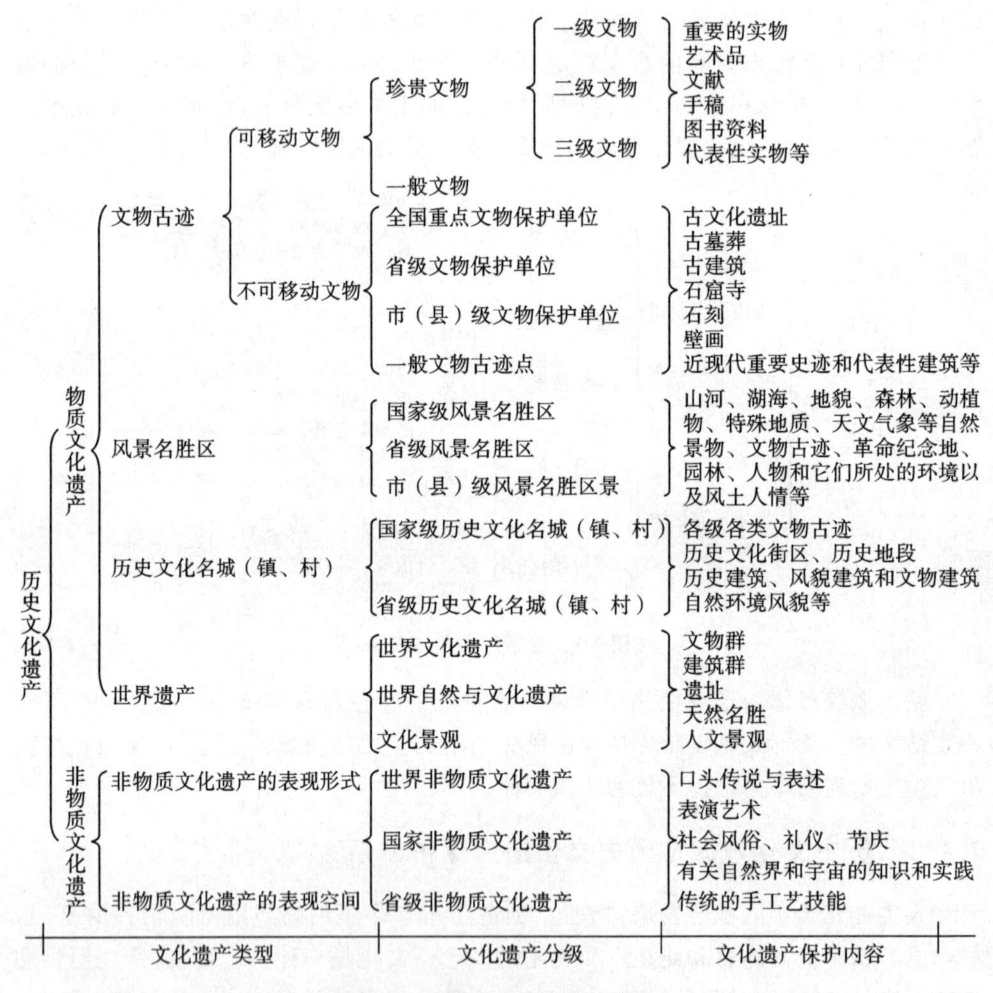

图 7-2 我国文化遗产保护体系

注:本图中的世界遗产中不包括自然遗产。

7.1.3 城市风貌与历史文化保护的关系

城市风貌由形而上的“风”(指风格、格调、品格、精神等)和形而下的“貌”(面貌、外观、景观、形态等)组成。因此,城市风貌包括潜在的城市文质形态和直接显性的城市物质形态。潜在的文质形态近似于“道”,显性的物质形态近似于“器”,“道”与“器”的统一呈现为城市风貌。“道”与“器”不相分离,它们在城市风貌中以各种方式展现出来,如“形与神”“气与色”“静与动”“风格与造型”“乡土感与民居民俗”等。由此可知，城市风貌不仅将物质形态作为自己的研究对象，同时还包含了以物质形态为载体的精神与情感的内涵，即城市风貌具有物质与精神的双重含义。城市历史文化作为历史演进中的产物，其反映了一个城市的民风民俗、价值追求和精神品质，并通过城市风貌体现出来，或显性，或隐性，城市风貌与历史文化保护的关系主要体现在以下几个方面。

1. 保护城市历史文化是塑造现代化城市风貌的重要内容

城市经济越发达，社会文明程度和现代化水平越高，保护城市历史文化就越显重要。因为城市是文化的产物，又是文明的生成地，城市科技的进步，经济的繁荣离不开人文创新的引导，离不开文化繁荣。现代城市是现代文明和现代经济的聚集地，它的本质即文化。一个没有文化的城市是一个没有品位的城市，不可能持久地生存和发展。文化是进步的动力，是历史的积淀。城市历史文化是通过漫长的历史时期逐步形成和遗留下来的宝贵财富，见证着城市发展的历史进程，是特定历史时期的活化石，代表着一种独特的艺术成就和独特的城市风貌。因此，保护城市历史文化就是保护城市发展的根脉，是展示城市文化自信的重要举措，是塑造现代城市风貌的重要内容之一。

2. 保护城市历史文化是建设现代和谐城市风貌特色的基础

城市的魅力在于特色，而特色的基础又在于文化。城市特色，是指一座城市的内涵和外在表现，是城市区别于其他城市的个性特征。城市的危机在于趋同化，失去个性。城市历史文化遗产是城市特色内涵的重要集中表现，可以表现独特的城市民俗风情、传统的文化和富有个性的城市特征。城市历史文化是超越国界和民族的人类共同财富，具有普遍的吸引力，也就成为建设和谐城市风貌特色的基础要素。

3. 和谐城市风貌塑造有利于弘扬城市历史文化

城市风貌保护不仅保护城市历史建筑、历史文化街区、历史地段、城市山水环境等物质形态要素，同时也要保护存在于这些物质空间中的传统民俗、宗教信仰、道德礼仪、生活习俗、民族审美等潜质形态要素。城市风貌中的物质形态保护为城市文化核心内容的潜质形态要素保护创造了良好的物质空间载体，有利于城市文化的保护与传承。只有积极、妥善地塑造和谐的城市风貌，才能为弘扬城市历史文化，为传承城市非物质文化提供展示空间，促进传统文化与现代文化的交融与和谐发展，促进城市形成以优秀传统文化和核心价值观为导向的积极向上的时代新文化，从而达到提升城市软实力的目的。

4. 和谐城市风貌塑造有利于弘扬和凝聚城市精神

城市精神对城市的生存与发展具有巨大的灵魂支柱作用、鲜明的旗帜导向作用与不竭的动力源泉作用。和谐城市风貌的塑造有利于一座城市的历史传统、精神积淀、社会风气、价值观念以及市民素质等诸多历史文化要素的系统整合。和谐的城市风貌可以物载文，以文载道、以文化人的教化思想，形神兼备、情景交融的美学追求，俭约自守、中和泰和的生活理念等，是城市人民思想观念、风俗习惯、生活方式、情感样式的集中表达,滋养了独特丰富的城市文学艺术、科学技术、人文学术,凝聚一座城市精神,从而表达出一座城市的精神风貌和文化自信。

7.2 城市风貌与历史文化保护面临的主要问题与保护意义

进入新时代以来,随着我国存量化建设和现代化建设的加速,存量规划和国体空间综合治理,不可避免地加剧了城市人口、土地、资源、环境和文化保护等方面的矛盾,给城市风貌与历史文化保护带来了极大冲击。不少城市和地区只顾经济开发,简单粗暴拆旧建新,而忽视了对城市风貌与历史文化、城市特色的保护。在新时期,城市风貌与历史文化保护面临的主要问题如下。

(1) 忽视城市风貌研究,城市更新方式亟须改进。一些注重拆旧建新、拆低建高、拆真建假,破坏城市风貌的现象时有发生,这些都是缺乏城市文化自信的集中表现。这种不合理的城市更新方式只能导致两种趋势:①加剧城市历史风貌破坏,割断了城市历史文化根脉,导致城市文化荒漠化;②加剧人口向城市中心城区集聚,使各类"城市病"、城市风貌及其环境保护状况日益恶化。

(2) 忽视城市历史文化保护,"千城一面"问题比较突出。随着存量化建设的到来和城市更新进程的加快,历史城区的文物古迹、历史建筑、风貌建筑逐渐被高楼大厦代替,城市的山水环境逐渐被夷为平地,城市的非物质文化传承的空间也逐渐丧失其存在的物质文化环境,城市风貌与历史文化逐渐被同质化的建筑替代,造成"千城一面、千街一面、千楼一面",使城市失去固有个性与文化。不仅如此,现在有些历史文化街区保护忽视对生活、生产等非物质文化遗产的传承,以商业营利为目的,只追求简单的餐饮文化,淡化历史生活文化氛围保护,"特色危机"成为城市建设中的共性问题。

(3) 追求经济利益最大化,城市风貌与历史文化建设性破坏严重。历史城区是城市中历史记忆保持完整的地区,同时也是房地产开发高价争夺的黄金地段。部分城市为了经济发展,把历史建筑和一些有历史意义的遗迹以及一些珍贵的历史街区荡为平地,破坏城市历史风貌。

(4) 缺乏对城市建筑文化的研究,建筑设计缺少文化内涵。近年来,一些建筑设计者过分强调个体的面孔与性格,追求形式上的独特和怪异,"争高潮、逐奇热"日益严重。其原因在于规划设计者既无深厚的传统文化素养,也未接受历史城区生活熏陶;既无对优秀传统建筑的研究实践,也无民族精神情怀;既未对城市历史文化内涵深入研究,也无建筑创作意境,其结果只能是建筑设计异想天开,成为自己炫技的设计符号,城市建筑缺乏历史文化根基,丧失传统和地方特色。

(5) 快捷的车行交通组织穿越历史城区道路格局,破坏了城市的风貌格局。一些历史城市为了满足高速、快捷的城市交通需要,投入大量资金拆房修路,拓宽传统街道，在历史城区建设交通干道和立体交叉道路系统，使“曲径变通途”，改变了历史城区空间形态及街巷肌理。这不仅破坏了传统道路的格局，而且严重破坏了城市历史文化风貌格局。

（6）错位开发使文化遗产遭到前所未有的破坏。一些文化遗产面临游客超载、错位开发的严重威胁。大量游人的涌入使文化遗产地不堪重负，给文物造成无法弥补的损害；文化遗产“商业化”“人工化”和“城镇化”，严重损害了文化遗产的原生环境和历史风貌。

城市是一个不断发展、更新的有机整体，城市的现代化建设是建立在城市历史发展基础之上的。我国是历史悠久的文明古国，许多城市拥有大量的、极其宝贵的自然遗产和文化遗产。它们一旦受到破坏，就不可能恢复。在新时代城市现代化建设中，必须高度重视和切实保护好自然遗产和文化遗产。

城市现代化建设与城市历史文化传统的继承和保护之间，不是相互割裂的，更不是相互对立的，而是有机关联、相得益彰的。继承和保护城市的自然遗产和文化遗产，本身就是城市现代化建设的重要内容，也是城市现代文明进步的重要标志。许多著名的城市在现代化建设中都采取严格措施保护历史文化遗产，从而使城市现代化建设与历史文化遗产保护相辅相成，既显示了现代文明的崭新风貌，又保留了历史文化的奇光异彩，受到了世人的普遍称道。保护好自然遗产和文化遗产，使之流传后世，永续利用，是我们义不容辞的历史责任。

7.3　文物古迹保护

7.3.1　保护对象与原则

文物古迹是指人类在历史上创造的、具有历史文化价值的、不可移动的实物遗存。文物古迹在城市风貌中具有风貌核、风貌区、风貌带或风貌圈的作用，其最终以何种形态呈现取决于文物古迹的形态要素的空间尺度、保存现状、形态特征等因素。如北京故宫及其相关区域为城市风貌区，西安明城墙为城市风貌圈，武汉黄鹤楼、西安大雁塔为风貌核。在城市规划和建设中，文物古迹保护是城市风貌与历史文化保护的基础和重要组成部分。城市中的文物古迹保护主要对象是分布于城市之中的古文化遗址、古墓葬、古建筑、石窟寺、石刻、壁画、近现代重要史迹和代表性建筑等。依据文物古迹的价值将文物古迹划分为全国重点文物保护单位、省（自治区）级和市（县）级三级文物保护单位，没有划分级别的文物古迹也应进行登记备案，并予以保护。

文物古迹保护必须坚持“保护为主、抢救第一、合理利用、加强管理”的文物保护工作方针，运用多学科理论，立足保护、重点展示，分步实施、逐步完善的指导思想，将文物古迹保护与城市历史文化保护相结合，文物古迹保护与文物古迹合理利用相结合,文物古迹保护与城市发展相结合,文物古迹保护与生态环境建设相结合,文物古迹保护与城市风貌建设相结合,文物古迹保护与考古和历史研究相结合,做好文物古迹的保护与管理工作。在文物古迹保护工作中必须坚持以下基本原则。

1. 原址保护原则

只有在发生不可抗拒的自然灾害或因国家重大建设工程的需要,使迁移保护成为唯一有效的手段时,文物古迹才可以原状迁移,易地保护。易地保护要依法报批,在获得批准后方可实施。

2. 最少干预原则

凡是近期没有重大危险的文物古迹,除日常保养以外不应进行更多的干预。必须干预时,附加的手段只用在最必要部分,并减少到最低限度。采用的保护措施,应以延续现状,缓解损伤为主要目标。

3. 日常保养原则

日常保养是最基本和最重要的保护手段。要制订日常保养制度,定期监测,并及时排除不安全因素和轻微的损伤。

4. 真实性原则

真实性,即保护文物古迹真实的面貌。保护项目和措施不得改变文物古迹原状,并且要与文物古迹周边历史环境风貌相协调。真实性是相对的,只要对文化遗产价值形成有贡献,就可认为其符合真实性原则。

5. 完整性原则

完整性就是要保护文物古迹拥有的全部内容与历史信息,也包括文物周围的环境。首先,必须保护文物古迹现有的各类遗存,保护文物古迹实物原状与历史信息;其次,保护文物古迹环境的完整性,尽量保持原有的环境面貌与环境氛围,处理好其与周边环境的关系。但是,我们必须注意真实性和完整性是相对的,必须与其价值相联系。和真实性原则一样,完整性也是一个相对概念。

6. 防灾减灾原则

防灾减灾原则是指应及时认识并消除可能引发灾害的危险因素,预防灾害的发生。要充分评估各类灾害对文物古迹和人员可能造成的危害,制订应对突发灾害的应急预案,把灾害发生后可能出现的损失减到最低程度。

7.3.2 保护区划

依据《全国重点文物保护单位保护规划编制要求》,“文物保护单位保护规划应根据确保文物保护单位安全性、完整性的要求划定或调整保护范围,根据保证相关环境的完整性、和谐性的要求划定或调整建设控制地带”的精神,文物古迹保护一般分为文物保护范围和建设控制地带(图 7-3)。保护区划还视保护对象的规模、价值和文物古迹区域城市建设现状的复杂程度,将文物保护范围和建设控制地带进一步细化分区,并制订相应的管理规定与保护措施。

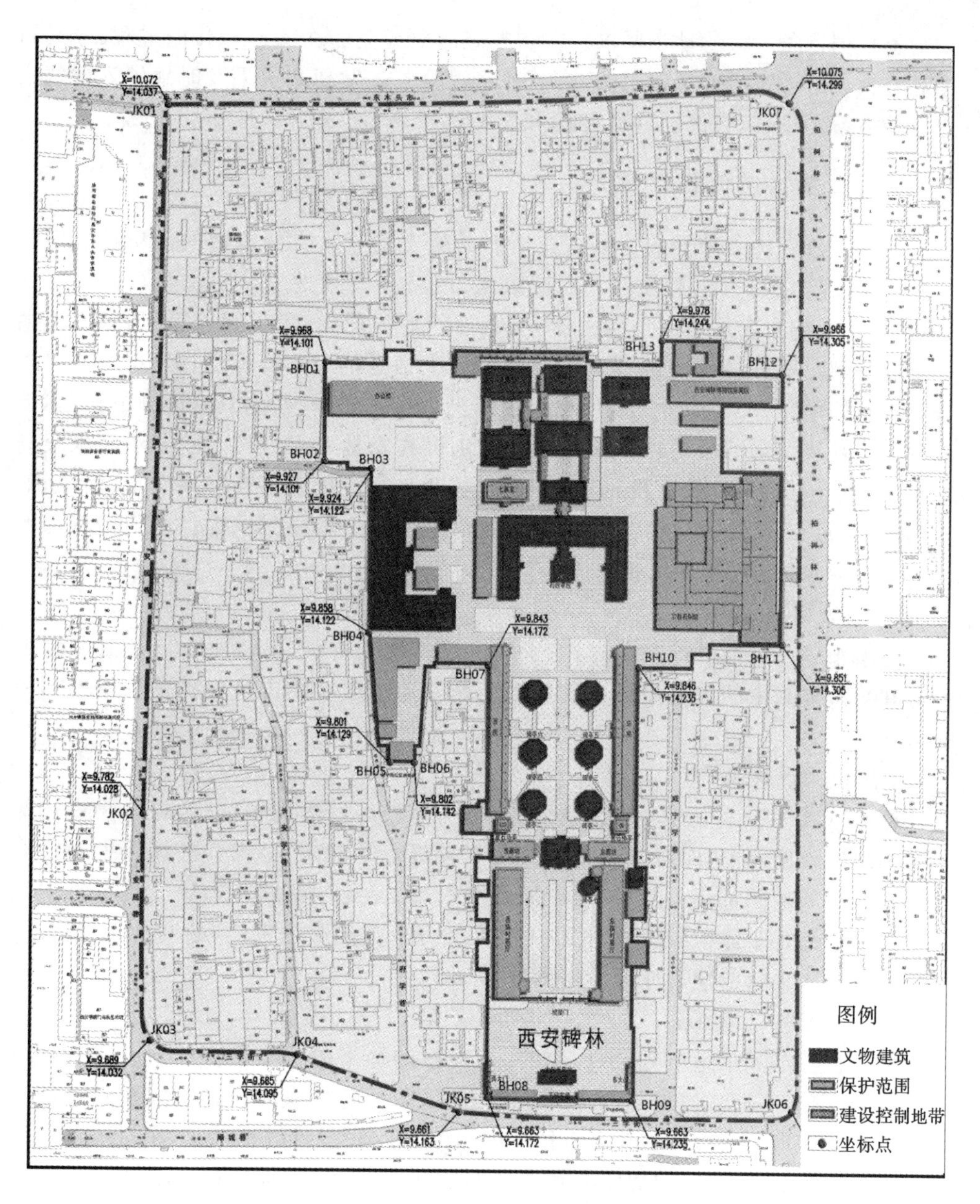

图 7-3　西安碑林保护区划

在确定文物保护单位的保护范围和建设控制地带时，应当坚持以下原则。①遵守有关法规规定精神。②符合文物古迹格局与历史文化内涵的要求。文物古迹的格局与历史文化内涵是文物古迹的主要内容，因此在保护空间区划中必须维护文物古迹空间格局的完整性和历史环境的延续性。③满足管理可操作性的要求。保护范围的界线应以地面建筑物、道路等不易发生变化的标识物为界，以利于管理的可操作性。保护范围和控制地带范围应尽可能包括文物古迹本体及其历史环境，为保护与管理创造条件。④动态要求。文物古迹的研究是一个不断深化的过程,今后可能还有大量的考古研究工作要做,为了将今后的考古发现和成果及时地纳入文物古迹保护体系之中,应对保护范围实施动态管理。

7.3.3 文物古迹保护

文物古迹保护必须保护文物古迹所有的历史信息。文物古迹的历史信息有三层含义。①信息具有全息性。人们应该全方位、多视角地去认识文物。同一个文物,不同专业的人会从不同角度去研究认识,仁者见仁,智者见智,从而为各专业研究奠定基础。所以,保护也应该是全息性的。②信息的内容有广泛性。不只文物本身有丰富的信息,文物的历史环境也包含历史信息,它们与文物具有同样的价值,要充分认识环境信息的重要性。③对信息的认识和发掘有无穷性。随着对文献资料的掌握越来越全面,科技手段越来越先进,对已有的信息会不断有新发现、新认识,对信息的认识和解译是无穷的。从信息的角度来认识文物、保护文物,我们对由此衍生出来的保护方法有更好的理解。

1. 遗址保护

对城市中的遗址进行保护时,除了应满足遗址保护的基本要求外,还必须结合遗址在城市风貌中的作用做好遗址保护工作。遗址类文物古迹保护可采取下列保护方式。

(1) 露天现状保护。

露天现状保护是指对文物遗迹采取栏杆、植被等隔离围护措施,将文物古迹与其他用地或设施隔离,即将文物古迹原封不动地保护起来,根据其破坏程度允许有必要的修缮和加固,但必须以不改变原貌为前提,必要的修缮和加固应具有可识别性。此方式适合于体积或面积较大、还没有充分研究的文物古迹,如城墙、大型古建筑遗址等。未央宫前殿遗址保护如图 7-4 所示。

(2) 覆盖保护与展示。

覆盖保护与展示是指对已经发掘或未发掘的地下遗址采用自然土或人工材料进行覆盖保护,将遗迹原封不动地埋在地下,以阻止各种人为和自然因素对遗址的破坏。在确保遗址安全的前提下,可在其上部进行合理的标识展示。在对地下遗址采取覆盖保护后,还可采取以下几种方式进行展示:①植被标识;②碎石标识;③复原标识。日本平城宫殿遗址保护如图 7-5 所示。

(3) 场馆保护。

对于考古研究价值高、观赏特性好的遗址,采取揭露和修建遗址博物馆展示的方式加以保护。该方法的优点在于展示遗址的真实性,缺点是遗址暴露在空气中,易因外界环境的变化,而遭到某种破坏,如干裂、微生物腐蚀、冻融破坏等。因此,这种保护展示必须加强遗址博物馆内的环境控制,确保遗址安全。兵马俑博物馆保护展示如图 7-6 所示。

图 7-4　未央宫前殿遗址保护

图 7-5　日本平城宫遗址保护

(4) 砌护保护。

砌护保护主要针对地面建筑遗址，其台基形制较完整，在遗址周边和顶部采用砖、石等块体材料进行保护。该方法能够将遗址完整地加以保护，有利以后的考古研究。由于遗址在保存状态、材料特征等方面存在较大的差异，砌护保护的方法也较多。大明宫含元殿遗址砌护保护如图 7-7 所示。

图 7-6　兵马俑博物馆保护展示

图 7-7　大明宫含元殿遗址砌护保护展示

2. 古建筑保护

对于文物古迹，应在对保存现状、价值、现有保护技术条件、施工工艺水平等进行系统评价和分析后，根据古建筑的实际情况具体确定。依据工程性质古建筑保护可分为五类：经常性保养维护工程，抢险加固工程，重点修缮工程，局部复原工程，保护性建筑物与构筑物工程。任何级别的文物保护单位古建筑的保存、修缮、修复都必须遵循法定程序进行。日本平城宫朱雀门复原图如图 7-8 所示。

3. 城市大遗址保护

大遗址由遗存本体与相关历史环境组成，具有遗存丰富、历史悠久、现存景观宏伟，以及年代久远、地域广阔、类型众多、结构复杂等特点。城市中的大遗址往往是城市历史文化的主要组成部分或城市历史文化的核心，如北京圆明园、安阳殷墟、成都金沙遗址、郑州商代遗址、西安汉长安城和唐大明宫遗址等，无一不是城市文化的主体和城市风貌的主要组成部分，其保护是区域性的历史文化和城市风貌保护，而不是单体遗址本体保护。由于大遗址保护涉及面广、影响范围大，必须处理好保护与利用关系。目前大遗址保护与利用主要有以下四种模式：①将整个遗址区建成遗址公园；②将遗址区与风景区结合，建成旅游景区；③将整个遗址区建成森林公园；

图 7-8 日本平城宫朱雀门复原图

④建成遗址文化产业园区。

（1）遗址公园。

遗址公园是指以重要考古遗址及其背景环境为主体，具有科研、教育、游憩等功能，在考古遗址保护和展示方面具有示范意义的特定公共空间。它是将遗址保护与展示结合在一起，并公开对社会开放的模式。它不同于传统的考古遗址博物馆，遗址公园将遗址本身及周围的自然环境妥善保存并有效展示。实际上，遗址公园既是对有效保护下来的文物及遗址进行系统性保护；同时，也是对文物及遗址的历史格局、文化内涵、环境背景的系统阐释。

遗址公园最为重要的是保存展示的观念与时俱进，是公众沉浸式、参与式体验历史文化的主要手段，即以遗址及周围的环境为保护展示内容，采用各种展示方法阐释遗址的文化内涵，使观众在身临其境时有所感、有所体验、有所领悟，达到重温历史、增长知识、荡涤心灵的目的。如大明宫遗址公园、元大都城垣遗址公园、圆明园遗址公园、隋唐洛阳城遗址公园等。

（2）旅游景区。

旅游景区是指具有吸引国内外游客前往游览的旅游资源，能够满足游览观光、娱乐、健身、求知探索等需求，具备相应的旅游服务设施并提供相应旅游服务的场所区域。城市大遗址以文化为核心，以景观环境提升与旅游服务设施配套等为建设手段，成为城市旅游景区，有的甚至成为城市与风景名胜区的有机结合体。这些旅游景区或风景名胜区就成为城市风貌不可或缺的组成部分。如位于广西壮族自治区桂林市独秀峰下靖江王府，是明代分封于桂林的靖江王的居所，由王城和王府两部分组成,是桂林市特色风貌区域。

(3) 森林公园。

森林公园是以森林自然环境为依托,具有优美的景色和科学教育、游览休息价值的一定规模的地域,经科学保护和适度建设,为人们提供旅游、观光、休闲和科学教育活动的特定场所。森林公园的建设主要集中在位于城市郊区的遗址区,尤其以墓葬和大型城址为主,将陵墓和城址的保护与城市森林公园的建设相结合,不仅防止了遗址区的水土流失,又改善了城市的生态环境。随着城市的扩张,这些以遗址为依托建设的森林公园必将成为城市新的风貌区。例如,西安将以杜陵为依托的万亩生态林建设成为集历史文化与森林公园建设为一体的新风貌区;临潼骊山既是风景名胜区,也是国家森林公园;邯郸的赵王陵森林公园是著名的风景区等。

(4) 遗址文化产业园区。

遗址文化园区是以大遗址为依托,在充分发挥大遗址文化功能的基础上,结合城市文化产业发展需求,建设集大遗址保护、文化旅游、城市园林、文化创意产业等于一体的遗址文化产业园区。如西安的曲江文化产业园区包括大雁塔、唐城墙遗址、秦二世墓等遗址。

7.4 历史文化街区保护

1986 年,国务院要求对文物古迹比较集中或能较完整地体现出某一历史时期的传统风貌和民族地方特色的街区、建筑群、小镇、村落等予以保护,并划定成为各级"历史文化保护区"。1994 年发布的《历史文化名城保护规划编制要求》正式提出"历史街区"概念。1997 年 8 月,建设部发文将历史文化保护区作为一个独立层次正式列入我国的历史文化遗产保护制度,标志着我国覆盖宏观、中观和微观三个层次的遗产保护体系初步形成。此后,我国城市遗产保护体系的重心由宏观(历史文化名城)、微观(文物建筑)逐步转向中观层次。2002 年,随着修订后的《中华人民共和国文物保护法》的颁布,"历史文化街区""历史文化村镇"等概念取代"历史文化保护区"成为我国遗产保护体系中观层面具有法律效力的概念。历史文化街区、历史地段作为城市历史风貌的基本单元,起着传承城市历史文化、彰显城市风貌特色的作用。

7.4.1 保护对象与基本条件

历史文化街区是"经省、自治区、直辖市人民政府核定公布的保存文物特别丰富、历史建筑集中成片、能够较完整和真实地体现传统格局和历史风貌,并且具有一定规模的历史地段"。其保护主要对象有文物保护单位、历史建筑、传统风貌建筑、历史环境要素及街巷肌理和格局。

按照现行标准,历史文化街区应具备下列基本条件:应有比较完整的历史风貌;构成历史风貌的历史建筑和历史环境要素应是历史存留的原物;历史文化街区核心保护范围面积不应小于10000 m^2；历史文化街区核心保护范围内的文物保护单位、历史建筑、传统风貌建筑的总用地面积不应小于核心保护范围内建筑总用地面积的60％。

在历史文化街区保护中应该运用可持续发展理论和人居环境理念进行保护，应当注重以下几个基本原则。

1. 整体性原则

整体性是历史文化保护区保护的客观要求，只有坚持整体性保护才能确保历史文化街区保护的历史环境和文物古迹历史的真实性、文化的完整性和生活的延续性。

2. 协调性原则

保护必须实现历史文化传承与社区社会、经济和环境的协调发展，协调性原则是历史文化保护发展的基本原则。

3. 可持续性原则

可持续性就是要求我们认识到历史文化保护街区保护的长期性和连续性。历史文化保护区是人类珍贵的文化遗产，是我国劳动人民智慧和艺术的结晶，历史文化街区保护不仅要保护其物质空间载体，而且还必须保护其生产和生活状态的延续性。可持续发展的核心是发展，强调在时间上的延续性，严禁割断历史的大拆大建和原居民的全部搬迁。

4. 公平性原则

保护要考虑到人的各方面需求及人们之间包括今后人们之间享受需求的公平性。要考虑历史街区原居民享有公平的发展权，又要兼顾社会享受历史文化街区历史、文化、科学和艺术价值欣赏权。公平性原则是历史保护区可持续发展的必要条件。

5. 以人为本的原则

保护的各项措施要进一步满足人的精神的和物质的需要，体现以人为本的客观要求。只有解决制约历史文化街区发展的基本公共服务设施和生活条件，满足居民基本需求，才能真正保护历史街区传统文化，使历史文化街区可持续发展。

6. 体现特色原则

该原则指研究分析历史文化街区的风貌特色，充分发掘和继承其历史文化内涵，保护必须充分体现历史文化街区固有的特色，促进历史文化保护区的城市精神文明和物质文明建设。

7.4.2　历史文化街区保护区划

城市中历史文化街区是城市整体机能的有机组成部分，它的保护要求及方法与文物保护不完全相同，其目的是要保持历史文化街区的风貌特征和城市生活，并提高居民的生活质量，即在保存其真实的历史遗存和历史风貌的同时维持并发展它的使用功能、保持它的活力、传承历史文化、促进城市繁荣，使该区域居民的生活条件满足现代生活的需求,并使该区域适应城市未来整体发展的需要。历史文化街区以内是建设行为受到严格限制的地区,也是风貌保护的重点地区,任何会使历史文化街区风貌丧失或失去其特色的改变都是不允许的。

1. 保护区划

历史文化街区保护区划应根据文物古迹、历史建筑、环境风貌等的文物古迹等级状况、历史文化价值、历史建筑特征、分布现状、环境风貌构成要素等内容,可分为核心保护区和建设控制区。

核心保护范围界线的划定和确切定位应符合下列规定:①应保持重要眺望点视线所及范围的建筑物外观界面及相应建筑物的用地边界完整;②应保持现状用地边界完整;③应保持构成历史风貌的自然景观边界完整。

建设控制地带界线的划定和确切定位应符合下列规定:①应以重要眺望点视线所及范围的建筑外观界面相应的建筑用地边界为界线;②应将构成历史风貌的自然景观纳入,并应保持视觉景观的完整性;③应将影响核心保护范围风貌的区域纳入,宜兼顾行政区划管理的边界。西安三学街历史街区保护规划图如图 7-9 所示。

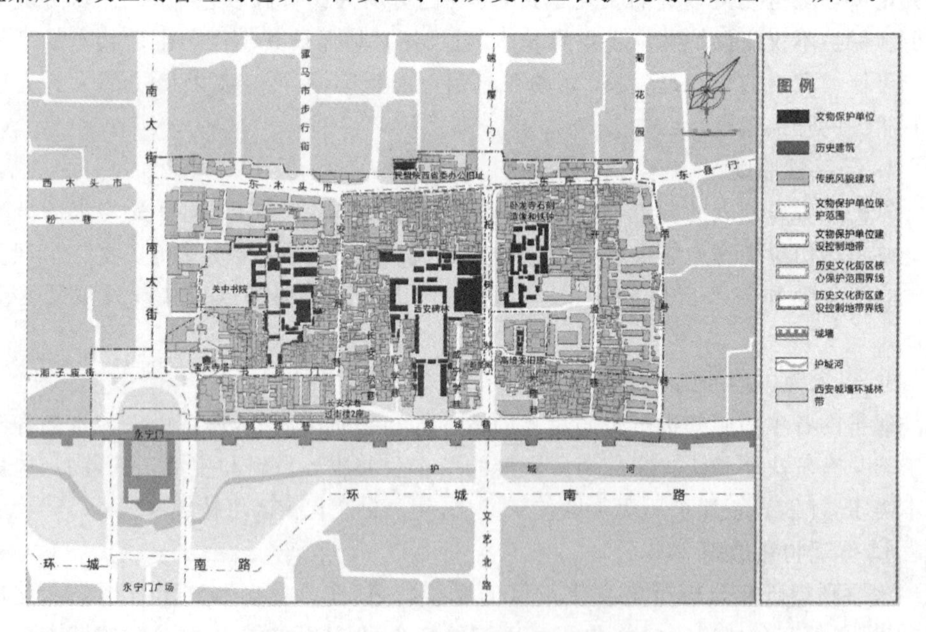

图 7-9 西安三学街历史街区保护规划图

2. 历史文化街区保护

(1) 历史建筑保护。

在历史文化街区中,有三类建筑需要保护:①必须保护的各级文物保护单位,它们应按文物保护单位的保护和利用要求进行保护;②经城市、县人民政府确定公布的具有一定保护价值、能够反映历史风貌和地方特色的建筑物、构筑物;③除文物保护单位、历史建筑外,具有一定建成历史,对历史地段整体风貌特征形成具有价值和意义的建筑物、构筑物。后两类保护建筑的数量在历史文化街区的保护建筑中占绝大多数，它们的保护应该结合居民生活的改善进行，以保证历史地段始终因生活活动的存在而充满内在活力。

应根据被保护建筑的现状以及在历史文化街区中的位置，在对其进行综合评估的基础上，依据总体目标，采取修缮、维修改善、保留和整治等不同保护方法。在实际规划过程中一般根据建筑历史价值、风貌类型、质量等级进行综合评定后，再确定其所采取的保护方法与措施。

（2）新建筑控制。

在历史文化街区中的新建建筑物应根据其在历史文化街区所处的位置与街区风貌要求实行分区控制。核心保护区内的新建（改建）建筑必须严格按照传统式样进行，这其中包括建筑体量、层数、层高、结构形式、外装修材料、外装饰色彩、屋顶形式与质感、门窗细部、建筑小品等。建设控制地带的建筑应与核心区的建筑尽量协调，层数以不影响整体环境风貌为准，建筑体量尽量化整为零，形成群体组合，建筑色彩应与核心区协调。

（3）街道格局。

历史文化街区的街道格局是构成城市肌理并体现该地段乃至整个城市个性的要素。在历史文化街区的保护过程中，街巷格局的保持和街巷系统的整理十分重要。

保持街道的格局应该考虑街道布局与形态、街道功能和街道空间及景观三个基本方面。街道的布局与形态主要包含街道网的平面布局特征、主次街道的相互连接关系、街道的分级体系和街道的空间层次关系。一般情况下，历史文化街区的街道布局与形态不应改变，同时历史文化街区街道的功能应该在原有的主体功能上予以扩展，历史文化街区街道的尺度、界面和空间标志物，应该给予保持和保留。由于现代交通需要而必须改造或新辟的规划道路，其尺度、走向、线形等空间要素，必须考虑与该地段乃至城市街道格局的关系。

（4）环境风貌综合整治。

历史文化街区的环境风貌是体现一个城市风貌特征的重要部分，也是组成城市纹理的要素，两者是相辅相成的。空间系统由城市各个层次的空间关系与形态、各种空间在城市空间系统及城市生活中的地位与作用以及其中的活动等要素构成。景观界面包括开放空间周围的界面、主要景观视线所及的建筑、自然界面以及街道界面。它不仅集中表现了一个城市的精华和特点，同时也展示着城市的文化。环境风貌的分析，不应仅仅局限于历史文化街区，还应扩展到整个城市范围。

在历史文化街区的保护规划中，确定需要保护的建筑的原则同样适用于确定需要保护的空间和景观界面。通常情况下，历史文化街区的空间系统应该予以保持，重要的开放空间和有特征的景观界面应该予以保护，其重点在于空间功能和形态、空间联系的结构关系和界面的景观特征的保持。因而，空间和景观界面的保护往往和建筑的保护结合在一起。

(5) 道路交通。

宜在历史文化街区以外更大的空间范围内统筹交通设施的布局,历史文化街区内不应设置高架道路、立交桥、高架轨道、客货运枢纽、大型停车场、大型广场、加油站等交通设施。地下轨道选线不应穿越历史文化街区;历史文化街区宜采用宁静化的交通设计,可结合保护的需要,划定机动车禁行区;历史文化街区应优化步行和自行车交通环境,提高公共交通出行的可达性;历史文化街区内的街道宜采用历史上的原有名称;历史文化街区内道路的宽度、断面、路缘石半径、消防通道的设置应符合历史风貌的保护要求,道路的整修宜采用传统的路面材料及铺砌方式。

(6) 市政工程。

历史文化街区内宜采用小型化、隐蔽型的市政设施,有条件的可采用地下、半地下或与建筑相结合的方式设置,其设施形式应与历史文化街区景观风貌相协调。

(7) 灾害和环境保护。

历史文化街区宜设置专职消防场站,并应配备小型、适用的消防设施和装备,建立社区消防机制。在不能满足消防通道及消防给水管径要求的街巷内,应设置水池、水缸、沙池、灭火器及消火栓箱等消防设施及装备;在历史文化街区外围宜设置消防通道。

环境设施应能够真实地反映一定历史时期传统风貌和民族、地方特色的地区。

7.5 历史文化名城保护

7.5.1 保护内容与原则

城市是有生命的有机体,城市历史文化需要传承、城市经济需要发展、城市设施需要改善、居民生活水平需要提高,历史文化名城应充分发挥它在城市经济、社会、文化等多方面的促进作用,使历史文化遗产保护与城市建设协调发展。

1. 保护内容

历史文化名城保护的内容可以分为两大类型,即物质性要素和非物质性要素。其中,物质性要素主要包括:①历史城区的传统格局、历史风貌、城址环境、与名城历史发展和文化传统形成有联系的风景名胜;②反映名城空间特征和传统风貌的历史文化街区和其他历史地段;③具有保护价值的各类建筑单体遗存(包括各级文物保护单位、历史建筑、传统风貌建筑等);④反映地域建成环境特征的历史环境要素(历史风貌的古井、围墙、石阶、铺地、驳岸、古树名木等历史环境要素)。非物质性要素包括已经列入的各级非物质文化遗产名录,以及未列入非物质文化遗产名录的各类优秀传统文化,如地方民俗、民间工艺、节庆活动、传统风俗等。

从历史文化名城保护构成层次来看,具体保护内容有:①城址环境及与之相互依存的山川形胜;②历史城区的传统格局与历史风貌;③历史文化街区和其他历史地段；④需要保护的建筑，包括文物保护单位、历史建筑、已登记尚未核定公布为文物保护单位的不可移动文物、传统风貌建筑等；⑤历史环境要素；⑥非物质文化遗产以及优秀传统文化。

历史文化名城保护作为保护和弘扬中华优秀传统文化，延续城市历史文脉，保留中华文化基因的主要载体，应全面深入调查历史文化名城的历史与现状，深入挖掘历史文化资源，研究分析其文化内涵、价值和特色，确定保护目标，坚持整体保护原则，建立历史文化名城保护体系。

历史文化名城保护应在有效保护历史文化遗产的基础上，改善城市环境，适应现代社会的物质和精神需求，提升城市文化特色与活力，增强人民群众的获得感，促进城市经济社会全面协调可持续发展。在坚持整体保护的理念下，针对历史文化名城应保护的物质性内容，保护规划应重点研究制订三个方面的保护内容：①名城传统格局和历史风貌的保护与延续；②名城内历史街区（地段）的保护与整治；③文物保护单位、历史建筑以及传统风貌建筑等的保护与修缮。

2. 保护原则

历史文化名城保护的总体原则就是既要使城市的文化遗产得以保护，又要促进城市经济社会的发展，不断改善居民的工作生活环境，可以遵循以下四条基本原则。

（1）真实性原则。

文化遗产是历史信息的物质载体，真实性是文化遗产价值的核心，不可再生，其历史、科学、艺术价值均附着于此，城市历史文明精华只有通过真实的遗产才能有效传承。文化遗产都有其相应的历史环境，一旦遭到破坏，就会影响对遗产及其历史信息的正确理解。城市更新与整治要坚持“整旧如故，以存其真”的原则，维修是使其“延年益寿”而不是“返老还童”。修补要用原材料、原工艺、原式原样以求还其本来面目。

（2）完整性保护原则。

要从城市全局和城市整体发展出发，不仅要保护城市中的文物古迹，而且还要保护近现代优秀建筑；不仅要保护历史文化载体，而且还要保护其存在的历史文化环境；不仅要保护城市物质文化遗产，而且还要保护物质文化遗产承载的非物质文化，只有这样才能体现出城市历史风貌的全部。也就是说必须建立保护历史文化名城、历史文化街区与文物保护单位三个体系。

（3）和谐发展原则。

历史文化名城保护必须兼顾城市历史文化遗产保护与城市社会进步、经济发展、人们生活质量的提高，协调保护与发展的关系，促进城市各项事业的和谐发展。同时，保护历史文化遗产是一项长期的事业，一旦确定了就应该一直保护下去。

（4）可读性原则。

历史文化名城留下了众多的历史印痕，我们可以直接读取它的“历史年轮”。可读性就是在历史遗存上应该读得出它的历史，就是要承认不同时期留下的痕迹，不要按现代人的想法去抹杀它，大片拆迁和大片重建就不符合可读性的原则。

(5) 统筹保护原则。

文化遗产是社会发展中的核心要素之一,是推动社会进步不可再生的宝贵资源和财富,对于促进民族团结、社会和谐、文化认同和文化自信具有不可替代的作用。当前,我国部分地区存在大量拆真遗产、建假古董的现象,短期内统一建设仿古建筑,迅速复建一座宏伟壮观却毫无历史文化内涵的"古城",以假乱真,混淆视听,对公众产生了严重的误导,对历史文化名城和文化遗产造成不可挽回的损失。有的地区对于文化遗产的保护仅注重保护其遗产本体,而忽视了周围的历史环境,对遗产历史文化价值造成了严重破坏。因此,要统筹城市的各个要素,在保护历史真实性的载体和历史环境的前提下,赋予历史文化名城合适的城市功能,切忌急功近利,以免对历史文化名城的永续传承和可持续发展造成无法挽回的破坏和损失。

7.5.2 历史文化名城风貌保护的几种规划模式

从城市整体角度采取综合性保护措施是历史文化名城保护的要旨。只有从全局角度寻求正确处理保护与发展关系的途径,才可以既满足城市发展建设的要求,又为保护城市历史文化创造条件。这些措施包括确定适合保护历史文化名城的社会经济发展战略,选择合理的城市布局和发展方向的保护模式;选择提升名城功能、保护历史城区空间形态的城市功能有机更新方式方法等。在历史文化名城的非历史传统地区(即城市新区),新的建设本不必受到诸多限制,但作为一个城市整体,应该尊重历史传统,延续历史传统,建设适合自身的城市文化与城市风貌,避免千城一面。

1. 保护历史城区,建设新城

保护历史城区,建设新城,就是尽可能地保护历史城区传统风貌,不在历史城区内大拆大建,应在历史城区外开辟新城,进行大规模的新城建设。这样既满足了现代建设的需要,又缓解了历史城区中人口过密、居住条件差、交通拥挤等矛盾。

20 世纪 50 年代初,著名建筑专家梁思成教授就曾建议首都北京采取这种模式,即在旧北京城西郊公主坟一带另建新区,但由于种种原因该建议未被采纳。而在 20 世纪 50 年代编制洛阳总体规划时,就采用了这种"保护旧城,另辟新区"的做法。将新兴的工业区放在远离历史城区的涧河以西地区,这样就保护了距今 700 多年的洛阳历史城区,历史城区内密集的文物古迹,精良的古建筑均未受到破坏,也保护了历史城区旁的地下遗存。在历史文化名城中采取这种模式的还有平遥、韩城、丽江、潮州等。

这种在历史城区之外另建新区的规划布局模式,适用于历史城区面积不是很大、历史文化遗迹较多的城市,既可对历史城区的历史风貌予以保护,又可使新的建设较为方便和顺利。

2. 保护城市历史格局,延续历史名城文脉

该模式是在保护历史城区的主要格局和主要文物古迹,并对历史城区进行改造和建设的前提下,以历史城区为核心向四周辐射,进行新的城市建设。西安的城市总体规划就是这一模式。

西安模式适用于历史城区面积较大、文物古迹多而分散、情况比较复杂的名城，采取分工、分片和点、线、面相结合的保护办法。像北京、南京、开封、杭州等也大体采用这种模式，有些城市成效不很理想，其原因不在于这种模式本身，主要是由于未能严格按规划办事，缺乏对历史名城的全面认识。

7.5.3　西安历史文化名城保护案例

2021年2月26日，西安市人民政府公布实施了经省政府批复同意的《西安历史文化名城保护规划（2020—2035年）》。该规划是依据《历史文化名城保护规划标准》，按照法定程序公布实施的国家级历史文化名城保护规划，具有典型性。

1. 西安历史文化名城概况

自公元前11世纪中期西周建都丰镐算起，西安已有3000多年的发展历史。周、秦、汉、唐等十三个王朝在此建都，西安作为古代中国首都的时间共计1100多年。古老悠久的历史赋予西安极为丰富的文化古迹，使西安成为中国历史发展的缩影，堪称天然的历史博物馆。根据文物普查资料，西安具有全国重点文物保护单位58处，省级文物保护单位106处，市县文物保护单位264处，各类不可移动文物3246处，其中秦始皇陵是首批列入“世界遗产名录”的中国文化遗产，汉长安城未央宫遗址、唐长安城大明宫遗址、大雁塔、小雁塔和兴教寺塔是“丝绸之路：长安—天山廊道路网”世界文化遗产的有机组成部分。1982年西安被国务院公布为首批国家级历史文化名城。西安市域历史文化遗产分布图如图7-10所示。

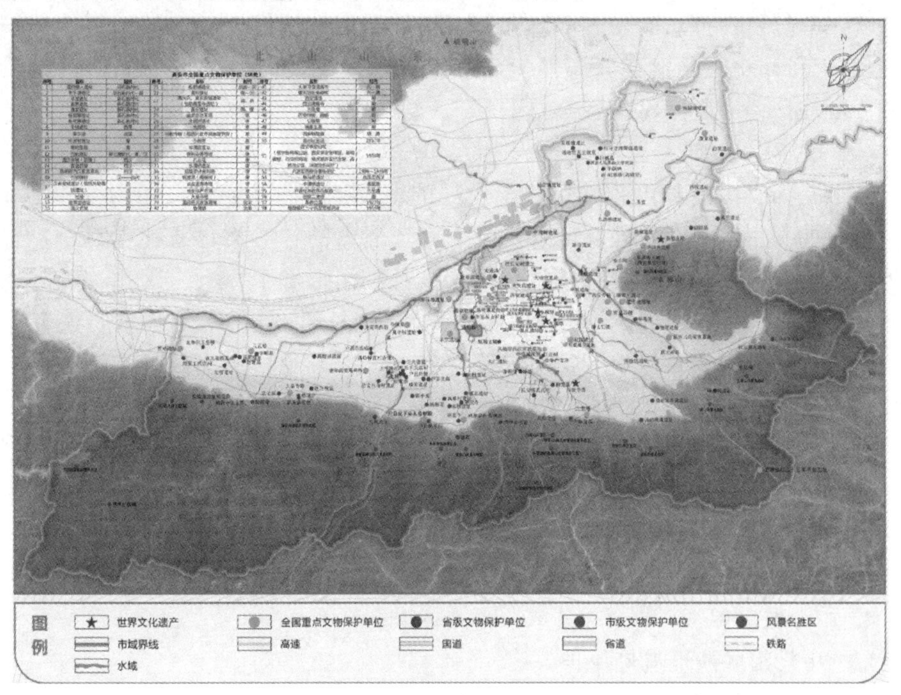

图7-10　西安市域历史文化遗产分布图

西安的地形地貌由山(秦岭、北山和骊山)、河(渭河、泾河、灞河等)、塬(乐游塬、龙首塬、凤栖塬、少陵塬、白鹿塬、铜人塬、洪庆塬、高阳塬、细柳塬、咸阳塬和毕塬)和关(潼关、子午关、斜谷关、临晋关、蓝田关、武关、大震关、大散关、萧关和函谷关)共同构成,形成独特的自然特征。

西安城市结构继承了传统的布局模式。秦代形成了“渭水贯都,以象天汉;横桥南渡,以法牵牛”的城市格局。汉长安城也形成了“建金城其万雉,近周池而成渊,披三条之广路,立十二之通门”的雄伟气魄。唐长安城形成了108个坊构成的规模宏大、气势雄伟、分区明确都城格局。明、清时期的西安城仍然采用传统的棋盘路网、轴线突出的城市格局。新中国成立以后,经过四次总体规划和70多年的建设,西安现已经形成了以历史文化为特色的城市空间格局。

2. 历史文化名城价值特色

西安的历史文化遗产浓缩了中华文明相当长一个时期的精华,体现古代东方的先进文化,见证了东西方文明相互交融和碰撞的历史。西安与开罗、雅典、罗马并称世界四大古都,是人类历史不可缺少的重要组成部分和人类共同的宝贵财富,并形成了以下价值特色:西安是中华民族的重要发现地,是中华文明的重要标识地,是闻名世界的东方古都,是丝绸之路的起点和东西方交流的中心。

3. 保护总体框架与保护内容

西安历史文化名城保护规划以“全面保护历史文化资源,传承优秀传统文化,发掘和用好文化资源,有效协调保护与发展的关系,让历史文化融入现代生活,改善人居环境,彰显城市特色,展现古都风采”为目标,以区域统筹、全域保护,整体保护、应保尽保,保护历史文化遗存真实性,合理利用、永续发展为保护规划原则,构建了市域和中心城区两个空间保护层次。

(1) 市域。

市域是西安历史文化名城保护与发展的重要区域。市域保护在协同保护山川形胜形成的关中“四塞”地理环境及历史空间环境内的各类文化遗存,加强与周边相关地区的协调合作,进行区域协同保护研究的同时,形成了“一心、两轴、两廊、三带”的整体保护结构,并重点保护自然山水格局、历史村镇、文化线路等重要遗存,并对研究范围内的相关遗存提出保护建议。

(2) 中心城区。

与西安市国土空间规划划定的中心城区范围一致。重点保护历代都城遗址遗迹、历史城区、历史地段等遗存。保护内容包括历史城区、历史地段、世界文化遗产、文物保护单位、历史建筑、自然山水格局、历代都城遗址遗迹、历史村镇、文化线路、古树名木和非物质文化遗产。

4. 中心城区保护

(1) 历代都城遗址遗迹保护。

历代都城遗址遗迹是西安历史文化名城的重要组成部分,也是西安历史文化名城有别于其他历史文化名城的显著特征，许多历史遗址是中华文明的主要标识。规划整体保护西安历代都城遗址，保护城址、格局、宫殿、园林、陵墓等历史文化要素及其依存的山水环境，完整展现不同历史时期形成的都城格局特色。重点保护西周、秦、西汉、隋、唐等重要历史时期的遗存，加强隋大兴唐长安城的要素挖掘、保护与展示。西安大遗址分布图如图 7-11 所示。

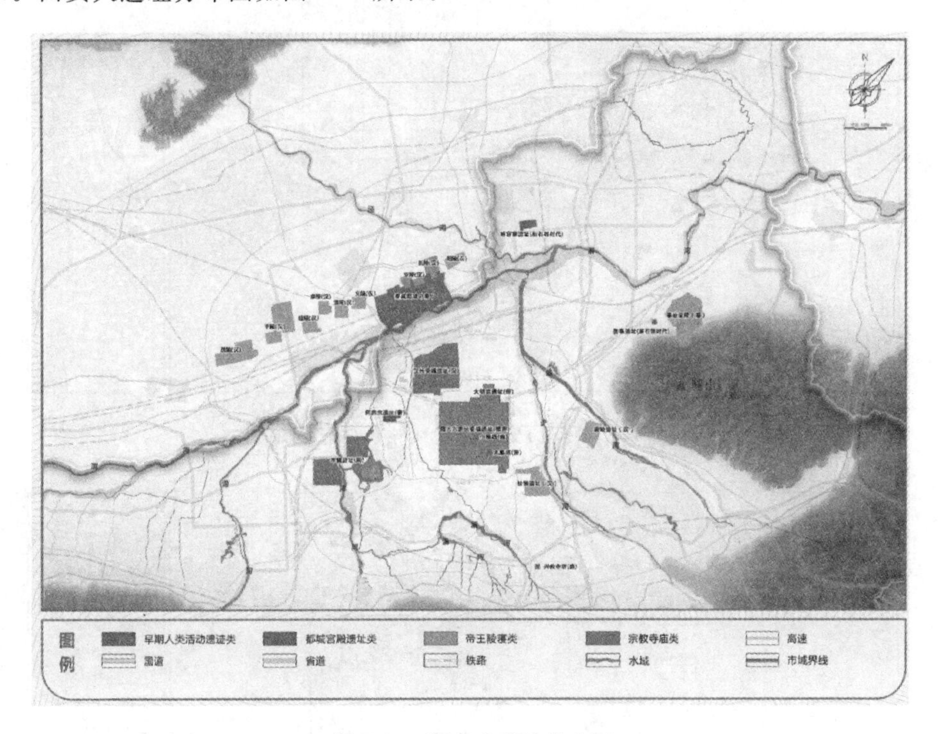

图 7-11　西安大遗址分布图

(2) 历史城区保护。

历史城区是历史文化名城保护的核心，规划以“加强历史城区的整体保护，重点保护传统格局和历史风貌，延续历史文脉，强化风貌管理，协调景观风貌，优化调整功能，促进人居环境高质量发展”为原则，以彰显西安历史文化名城集中体现区域、传统格局展示基地、多元文化融合区域历史价值特色为目标，保护“一环(城墙区域)、三轴(安远门—北大街—钟楼—南大街—永宁门、安定门—西大街—钟楼—东大街—长乐门、承天门—朱雀大街—朱雀门等历史轴线)、三片(北院门、三学街、七贤庄历史文化街区)、多地段(湘子庙、德福巷、竹笆市、正学街等多个历史地段)、多点(文化遗产点)”的传统格局形态。西安历史城区传统格局保护规划图如图 7-12 所示。

规划通过历史道路与历史街巷保护、通视走廊保护、建筑高度控制、历史风貌保护、功能优化提升建议等措施确保规划目标的实现。西安历史城区建筑高度控制及景观廊规划图如图 7-13 所示。

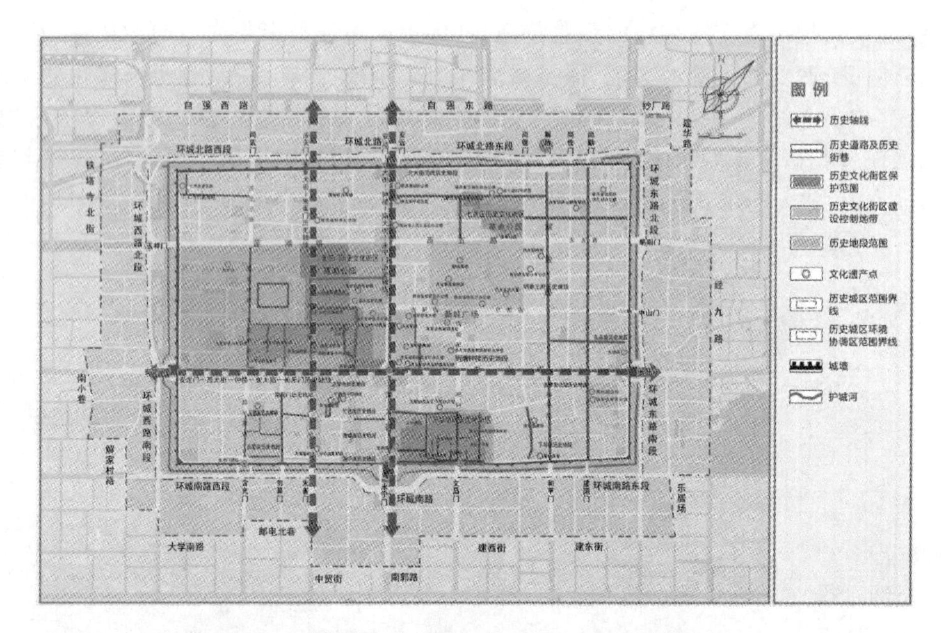

图 7-12　西安历史城区传统格局保护规划图

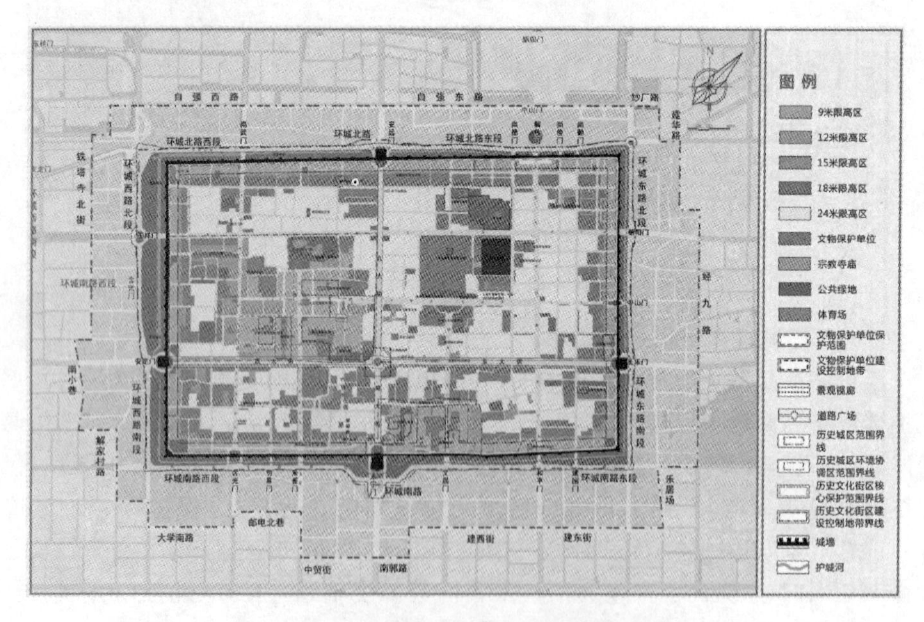

图 7-13　西安历史城区建筑高度控制及景观廊规划图

(3) 历史地段保护。

历史地段是指保留遗存较为丰富，能够比较完整、真实地反映一定历史时期传统风貌或民族、地方特色，存有较多文物古迹、近现代史迹和历史建筑，并具有一定规模的地区。西安作为历史古都和近现代文明主要集中体现地，有着许多富有特色的历史地段，保护这些历史地段就是延续城市历史文化、传承城市历史文明。

规划中的历史地段由两大部分构成。

（1）位于历史城区的保护文物古迹比较集中，并能较完整地体现西安不同历史时期城市传统风貌，如北院门历史文化街区、三学街历文化街区和七贤庄历史文化街区。

（2）保护薛家寨汉墓、清凉寺、兴庆宫、小雁塔、大雁塔、大唐西市、大唐东市、青龙寺、木塔寺、兴善寺、唐天坛、斡尔垛（元安西王府遗址）、明清钟楼、八仙宫、下马陵、五星街、竹笆市、德福巷、湘子庙街、正学街、广仁寺、东岳庙、南院门、明秦王府、幸福路西光厂、幸福路华山厂、幸福路老钢厂、大庆路林带、“156”工程庆安机械厂、“156”工程高压开关厂、“156”工程高压电瓷厂、西安仪表厂、“大华1935”项目、张学良公馆、北大街沿线、西安交通大学、纺织城、东方厂、西影厂等42处历史地段。

西安历史城区及部分历史地段保护规划图如图7-14所示。

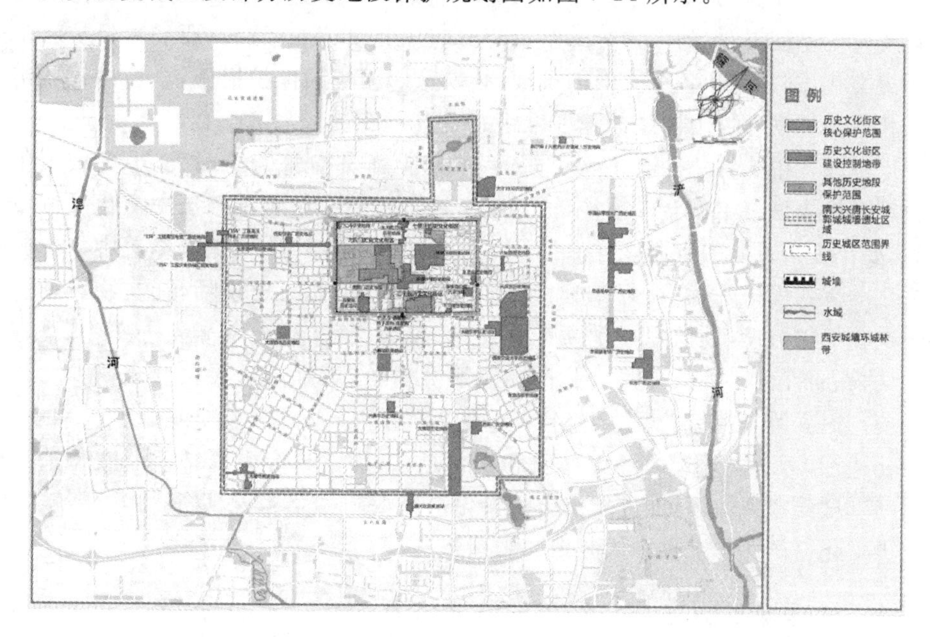

图7-14　西安历史城区及部分历史地段保护规划图

规划延续历史地段的整体格局、空间尺度和历史风貌，保护历史地段内各类文化遗存，保护历史真实性、风貌完整性、生活延续性，改善基础设施及人居环境，按照小规模、渐进式、微循环的保护方式进行保护整治，强调保护与利用相结合。规划还就历史建筑保护、不可移动文物保护、非物质文化遗产保护做了专项规划。

5. 历史文化遗产展示利用

规划为了充分对接“一带一路”倡议，强化西安作为丝绸之路起点的文化地位，实施整体保护与展示，将文化遗产融入现代生活，传承文化基因，展示城市精神，彰显古都西安的历史文化魅力。

规划以历史文化价值特色为导向,重点展示最具西安特色的历史文脉和空间载体,在市域层面采用“人文秦岭·诗意自然”“帝王陵寝·古风古韵”“汉唐盛世·丝路文脉”“革命基地·红色基因”四个文化展示主题线路,建立包括片区、线路、节点等要素构成的网络化展示利用体系。

在中心城区层面,对现存都城遗址和历史城区等重点区域的历史文化遗产采用不同的展示手段与方法进行展示。同时,充分利用现代科技手段与创新展示利用方法,完善文化遗产信息平台,使全社会共享文化和科技发展成果。

7.6 构建全面的城市风貌与历史文化保护体系

城市历史文化保护意识是一个民族文明程度的标尺,城市历史文化保护水平是一个政府治理能力的体现。城市化大规模开发建设已使我国城市历史文化及其赋存环境发生剧变,简单的保护方式已不能适应如此复杂的局面。要妥善保护城市中的历史文化,迎接来自各个方面的挑战,必须采取相应的保护措施,全面构建城市历史文化保护体系。这个体系的基本思路如下。

以新时代中国特色社会主义思想为指导,全面贯彻党的十九大、中央城镇化工作会议和中央城市工作会议精神,认真落实习近平总书记精神。历史文化是城市的灵魂,要像爱惜自己的生命一样保护好城市历史文化遗产。要把凝结着中华民族传统文化的文物保护好、管理好,同时加强研究和利用,让历史说话,让文物说话。要加大文物保护力度,弘扬中华优秀传统文化、革命文化、社会主义先进文化,培育社会主义核心价值观,加强公共文化产品和服务供给,更好满足人民群众精神文化生活需要。树立科学的保护理念,坚持正确的保护方法,坚定文化自信,切实保护好历史文化遗产,不断提升人居环境品质和文化魅力,探索具有中国特色的文化遗产保护道路。增强家国情怀,推进城市历史文化遗产保护体系构建,弘扬中华传统文化,为世界文化遗产保护提供中国方案和中国智慧。

7.6.1 构建城市历史文化保护的法律体系

建立完善、丰富、具体的法规体系是城市历史文化保护的基本前提。国外遗产保护先进国家(如英国、法国、日本)已建立起一套涉及立法、资金、管理等方面较为完整的保护制度。我国也初步形成了以《中华人民共和国文物保护法》《中华人民共和国城乡规划法》为核心,行政法规、部门规章和地方性法规相配套的保护法律框架。由于我国城市历史文化保护基础工作薄弱,公众法制观念淡薄,城市历史文化保护法律体系虽已初步建立,但良好的法治环境尚未形成。在新时代背景下,解决城市建设与城市历史文化保护的根本矛盾,最终只能依靠法律,所以法律保护应放在构建城市历史文化保护总体体系的首位。

尽快健全城市历史文化保护的法规系列,进一步细化、深化历史文化名城名镇名村、非物质文化遗产、世界遗产等方面国家级和地方的保护管理法规，制订有关城市历史文化保护规划、文物保护工程、考古发掘、博物馆等的专项保护管理规章。通过制订相关的法律来保障城市历史文化的生存发展，全面推进城市历史文化保护的法制化、制度化和规范化，建立起中国城市历史文化全方位保护的法规体系。

7.6.2　构建城市历史文化保护的公众参与体系

公众参与已成为文化遗产保护的重要特点，它渗透到保护制度的方方面面，使得自下而上的保护要求和自上而下的保护约束能在一个较为开放的空间中相互接触和交流，并经过多次反馈而达成共识。构建公众参与体系旨在使广大民众成为历史文化保护事业的主体，使热爱、珍视、保存、维护和抢救历史文化的理念深入人心。只有全社会都自觉地意识到民族存在的根基是文化，认识并承担起保护和创造文化的责任和义务，人类共同的城市历史文化才能得以延续，才能树立文化自信。构建城市历史文化保护的公众参与体系可采取多种形式，如利用"国际古迹遗址日""国际博物馆日""文化遗产日"等节日，对公众进行历史文化遗产保护宣传，提高公众对遗产的认知；将优秀文化遗产内容和文化遗产保护知识纳入教学计划，编入教材；积极展示考古发掘的发现和其他古代文明成果，使群众了解古代文化，热爱古代文化；学习发达国家成功的经验，吸纳社会资金投入文化遗产保护；组建多学科专家参与的咨询组织，作为政府的参谋；建立志愿者机制，鼓励捐赠等善举。

7.6.3　构建城市历史文化保护的标准体系

真实性和完整性是世界遗产两个非常重要的原则。真实性是遗产在设计、材料、工艺及技术方面须符合真实的原则。而完整性则强调尽可能保持自身关键要素、面积、生态系统、生境条件、物种、保护制度的完整以及城市历史文化与其所在环境的完整一体。这是国际上定义、评估和监控城市历史文化的两项基本因素，其概念及原则对促进中国文化遗产保护的理论和实践的发展有重要意义。

我国的城市化阶段要以真实性和完整性为标准，尽心竭力保护文物古迹，保护历史文化街区，保持城市风貌。

(1) 以《中国文物古迹保护准则》为行业规则，对文物古迹实行有效保护，遵守其中确定的十项保护原则。

(2) 通过点线面相结合，确保古迹背景环境的历史性和真实性。既要保护好城镇中已公布和未定级的文物古迹遗存等，又要保护好老街的格局旧貌、平面形状、方位、轴线以及与之相关联的道路骨架、河网水系等；还要切实保护城镇中的山水风景、古树名木等自然、地理、生态环境要素。

(3) 通过规划先行，确保城市整体空间环境的保护和延续。制订与城市建设相吻合的、切合实际的、城市历史文化保护规划；严格执行规划的审批制度，实行开发项目的公示和听证制度，严格按照规划进行各项城市建设；历史文化名城必须根本改变“以历史城区为中心”“大规模改造历史城区”的开发思路，削减历史城区内的开发建设强度，促进历史城区城市功能的合理调整疏散，扩大历史城区内历史文化保护区的面积，突出重点地段、重点建筑的保护措施以及允许更新改造的范围和要求；凡是具有环境要素的和群体规模的保护单位也必须编制保护总体规划。

7.6.4 构建城市历史文化保护的示范体系

开展重大城市历史文化遗产地综合保护示范工程，实施重大遗产地综合性保护示范行动，加强对城市历史文化资源的整体保护。将城市历史文化遗产地中规模特大、价值特别突出的大型考古遗址区、古建筑群、历史名城和名镇名村等文化遗产密集地区选作国家重大文化遗产地，列为我国遗产地保护规划研究和编制的突破重点。如北京、西安可作为具有重大价值的大型都市的代表，江苏苏州、云南丽江、山西平遥可作为中小型历史文化名城的代表。

7.6.5 构建城市历史文化保护的创新体系

应以文化遗产保护的重大需求为导向，以重点解决文化遗产保护中的热点、难点和瓶颈问题为核心，以重大历史文化保护科技计划为载体，以充分调动全社会一切可以利用的优秀科技资源为手段，加强文化保护科技的研究、运用、示范和推广工作，促进我国文化遗产保护科技水平的整体提高。内容包括：基本建立与文化保护科技发展要求相适应的政策规章体系；形成集国家级文化保护科研机构、行业重点科研基地以及文博单位和其他科研部门构成的三个层次的科技创新体系；建立文化保护科技基础条件平台；建设结构优化的、能基本满足文化科技保护发展需要的人才队伍；形成一批具有广泛推广价值的共性技术；基本建立文化保护的管理以及技术标准体系，完成一批急需的基础性、关键性标准的制订工作；逐步建立文化保护的有关技术、产品等的准入制度；提升科技投入与产出效益，初步建立科技示范，要在全国范围内建立科学规范的文化遗产调查评估登记体系；进行遗产资源科学调查，全面、系统掌握遗产资源的总体状况，为我国的文化遗产保护事业奠定科学有据的工作基础；实施监测及安全预警相关技术行动，提升文化遗产保护的安全防范能力；综合应用各种高新技术手段，实施历史建筑、古遗址、历史地区及其背景环境保护监督与管理，推广遥感(RS)、全球定位系统(GPS)、地理信息系统(GIS)及信息管理系统(MIS)在文化遗产保护领域的应用；加强现代科学技术在文化遗产辨伪中的应用研究；建立文化遗产管理信息网络，丰富和完善现有“文化遗产保护领域科技平台”和“文化遗产保护科技成果推广网”功能与内容，实现信息资源的共建和共享。

7.6.6 构建城市历史文化保护的监测体系

良好的保护必须建立在严格的管理之上。通过动态保护，建立完备的监测体系和制度，及时发现在城市建设中城市历史文化保护出现的各种问题，才能应对目前城市化的复杂局面。

(1) 要经常性地深入开展文化遗产普查。家底不清,损害情况和问题不明,保护就无从开展。

(2) 设立国家级巡回监测工作机构,对世界遗产实行巡回监测制度;参照世界遗产有关规则,建立"重大文化遗产保护状况年度报告"制度,对历史文化名城、全国重点文物保护单位每年进行考察评估,结果向社会公布,对濒危的遗产出示黄牌警告并要求限期整改。

(3) 建立文化遗产管理体系环境和社会评价机制,强制所有保护单位内的重大建设项目必须进行环境(包括视觉景观环境)影响评价和社会影响评价。

(4) 及时跟踪监督文物保护专项经费的到位和使用情况,并对工程项目实施情况和绩效进行年度审核。

以上体系涉及保护理念、保护原则、保护策略、保护手段、保障措施等各个层面,它们之间相互要求,兼容并进,共同搭建一个完整的、应对复杂局面的保护和防御网络。

【思考题】

1. 城市风貌及其构成要素是什么?
2. 什么是历史文化?我国历史文化遗产分类与体系是什么?
3. 城市风貌与城市历史文化保护的关系是什么?
4. 各类城市文化遗产保护的主要对象与原则是什么?
5. 历史文化街区、文物保护建筑保护区划的依据是什么?

【参考文献】

[1] 单霁翔.文化遗产保护与城市文化建设[M].北京:中国建筑工业出版社,2009.

[2] 王景慧,阮仪三,王林.历史文化名城保护理论与规划[M].上海:同济大学出版社,1999.

[3] 王瑞珠.国外历史环境的保护和规划[M].台北:淑馨出版社,1993.

[4] 权东计,朱海霞.大遗址保护与遗址文化产业发展:以汉杜陵(雁塔)区域发展为例[M].西安:陕西人民出版社,2007.

[5] 陈秉钊.当代城市规划导论[M].北京:中国建筑工业出版社,2003.

[6] 李德华.城市规划原理[M].3版.北京:中国建筑工业出版社,2001.

[7] 李其荣.城市规划与历史文化保护(第三辑)[M].南京:东南大学出版社,2003.

[8] 蔡晓丰.城市风貌解析与控制[D].上海:同济大学,2005.

[9] 侯正华.城市特色危机与城市建筑风貌的自组织机制研究[D].北京:清华大学,2003.

[10] 刘敏.青岛历史文化名城价值评价与文化生态保护更新[D].重庆:重庆大学,2003.

第8章　城市社会公共服务设施建设

8.1　概述

8.1.1　定义

《辞海》对公共服务的释义是:“中央或地方政府为满足公共需求,通过行使公共权力和公共资源,向全国或辖区内全体公民或某一类公民直接或间接平等提供的产品和服务。”社会公共服务是指在社会发展领域中,以满足公众基本需求为主要目的、以公益性为主要特征、以公共资源为主要支撑、以公共管理为主要手段的公共服务。

城市社会公共服务设施(简称公共设施)是城市中提供社会公共产品和服务的场所,其规划与建设是城市建设的重要组成部分。公共设施为市民提供了教育、医疗、文化、体育等活动的空间,是满足人们日益增长的物质文化生活的基本条件,也是实现未来美好生活的重要组成部分。设施的内容和规模在一定程度上反映出城市居民的生活质量和城市文明程度。

近年来,公共设施的建设与社会公共事业发展之间的关系越来越密切,民众和政府对城市公共服务水平的关注度也越来越高。2012年,国务院首次发布了《国家基本公共服务体系“十二五”规划》,该规划主要阐明了国家基本公共服务的制度安排、基本范围、标准和工作重点;2017年,发布《“十三五”推进基本公共服务均等化规划》,明确提出基本公共服务是由政府主导、保障全体公民生存和发展基本需要、与经济社会发展水平相适应的公共服务。

经国务院批准,2021年4月21日国家发展改革委联合20家部门印发了《国家基本公共服务标准(2021年版)》。该标准以标准化推动基本公共服务均等化的重要举措,涵盖了幼有所育、学有所教、劳有所得、病有所医、老有所养、住有所居、弱有所扶“七有”,以及优军服务保障、文化服务保障“两个保障”,共9个方面、22大类、80个服务项目。

8.1.2　分类

城市社会公共服务设施按公益性和可经营程度的不同可以分为基本社会公共服务设施和非基本社会公共服务设施,后者又分为准基本社会公共服务设施和经营性社会公共服务设施。基本社会公共服务包括义务教育、公共卫生、公共文化体育、基本公共福利和社会救助、公共安全保障等服务。准基本社会公共服务包括高等教育、职业教育、基本医疗服务、群众文化、全民健身等服务。经营性社会公共服务包括经营性文艺演出,影视节目的制作、发行和销售,体育休闲娱乐等服务。

另外,城市社会公共服务设施按服务对象的规模不同可以分为市级公共服务设施和居住区公共服务设施;按功能的不同可以分为教育、医疗卫生、文化体育、商业服务、金融邮电、社区服务、市政公用、行政管理等;按投资主体不同可以分为民间性、政策性和公益性,前者属于民间投资,后两者属于政府投资。

8.1.3 规划和建设原则

城市社会公共服务设施的规划和建设总体来说应该遵循以下三条原则。

(1) 与社会经济发展水平相适应。城市社会公共服务设施的规划、建设要与经济发展的水平相协调,要能够满足社会发展的需求;过于滞后或者超前都会带来不利影响。

(2) 面向基层、服务群众。城市社会公共服务的发展要面向广大群众,体现公平、正义与效率原则,满足"人人享有基本公共服务"的要求;规划和建设的核心是促进机会均等,保障全体公民都能公平地获得大致均等的基本公共服务。

(3) 符合城市本身发展的需要。根据城市的空间格局、实际需求和分布现状,合理布局和完善各项城市社会公共服务设施,发挥政府投资导向性作用,促进城市空间结构的优化。

8.1.4 建设现状与发展趋势

1. 我国城市社会公共服务设施建设的现状

近年来,随着社会经济的快速发展,我国在公共服务设施建设方面取得了较大的进展,行政办公、商业金融业、文化娱乐、教育科研等各项设施规模均有较大增长,资源布局得到一定优化,服务水平有着明显改善,但依然存在发展不平衡、质量和服务水平差异较大、基层设施不足和利用不够并存等问题。以教育服务为例,2019 年我国政府教育经费总投入占 GDP 比重达 4.04%,相比 1999 年的 1.9%有了巨大进步,但在世界上 190 个国家和地区中只排到第 110 位。再来看城市层面,对京津冀 13 个城市[①]基本公共服务水平的比较研究表明,2006 年仅北京、天津、石家庄、秦皇岛 4 个城市处于中等及以上水平,而到 2013 年,京津冀 13 个城市均达到基本公共服务中等水平以上;但是三地基本公共服务仍存在明显差距,市际间基本公共服务均等化水平呈现明显的不均衡特征。

目前,我国社会公共服务设施建设主要存在以下四类问题。

---

① 京津冀 13 个城市为北京、天津、保定、唐山、廊坊、石家庄、秦皇岛、张家口、承德、沧州、衡水、邢台、邯郸。

(1) 供需结构矛盾突出,公益性设施投入尤为不足。

城市基础教育、医疗卫生、文化体育以及居住区配套公共服务设施的建设资金投入不足,质量和服务水平不高等问题普遍存在。

在基础教育方面,目前城市中依然存在高质量学校供给不足、城乡办学条件和水平差异大等问题,主要原因是基础教育长期投入不足,导致了供需矛盾。根据《中国教育发展报告2016》中关于19个重点大城市义务教育阶段校际差异监测数据显示,79%的公众认为差距非常明显或者比较明显。《中国农村教育发展报告2019》也显示,2017年,全国城区义务教育在校生人数、学校数量在增加,镇区增幅较小,乡村则为负增长,教育设施继续向城镇集聚;农村的教育经费虽然有增长,但增幅低于全国平均水平。在文化体育设施方面,其供给与居民日益增长的需求也常常不相匹配。在大量开发的住宅区中,只有档次较高、规模较大的项目配建了会所,包含了一部分文化体育设施,并且属于商业经营场所,而相当规模的老城区、新建普通住宅区、流动人口或较低收入人群集中的住宅区都缺少公益性的文化体育活动场所。

(2) 空间分布不平衡,内部结构不合理。

空间分布的不平衡:社会公共服务资源大多数位于中心城区,城市功能拓展区和城市发展新区配置相对不足,缺乏能够有效承载人口和产业转移的社会公共服务配套设施。北京市不同环线内4类公共服务设施占比和服务小区效率如表8-1所示。除了数量上分布的差异,高质量和高服务水平的公共服务设施在较大城市以及中心城区的聚集度高,其不均衡的程度超过数量不均衡的程度。

表8-1　北京市不同环线内4类公共服务设施占比和服务小区效率

环　　线	居住小区/(%)	医院/(%)	小学/(%)	中学/(%)	购物中心/(%)
4环	42.9	53.61	41.49	47.57	50.17
4～5环	20.4	18.04	19.54	18.73	18.58
5～6环	36.5	28.35	38.97	33.71	31.25

环　　线	医院平均服务小区数/个	小学平均服务小区数/个	中学平均服务小区数/个	购物中心平均服务小区数/个
4环	164.40	90.46	134.63	118.32
4～5环	233.00	91.63	163.10	152.43
5～6环	264.71	82.02	161.77	161.77

注:①表格来源于蒋海兵,张文忠,韦胜.公共交通影响下的北京公共服务设施可达性[J].地理科学进展,2017,36(10):1239-1249.

②原始数据来源于居住和公共服务楼宇,POI来自2016年百度地图POI数据。

③居住小区的分布不能准确代表公共服务设施服务人口的多少,但可以做表征。

内部结构的不合理:全国范围内的医疗卫生事业发展存在不平衡,医疗卫生服务的公平性不足,城乡地区、不同人群之间享有的公共医疗卫生资源悬殊;公共卫生体系、基本医疗服务、基层卫生建设存在不足,健康教育、疾病防治、老年关怀等设施较少。卫生资源配置不合理,医疗服务体系结构不完善,基本医疗未实现合理分流,大型公共医院负荷过重,小型非公医院质量堪忧,社区卫生发展仍显滞后。

(3) 改造和新增公共服务设施的难度增大。

随着城市内部及周边可供开发用地的减少,城市逐步进入内部提升阶段,公益性设施的供给问题的解决和调整显得更加迫切,城市未来公共设施建设和改造的任务仍然十分严峻。如大多数城市的学生平均占地面积低于国家标准。同时,还需要考虑义务教育、医疗卫生等基本公共服务设施与服务人群分布的平衡关系。

停车难的问题在大城市中普遍存在,且越来越突出。城市中心和老城区中的企事业单位、住宅小区原先配建的停车位明显不足,在单位和小区内改建或在周边新建停车场库困难重重;医院、新建小区虽然配建了相当数量的停车位,但跟不上机动车的增长速度,停车场很快处于饱和状态。

(4) 发展模式简单粗放,管理运营效率低下。

社会公共服务重供给,轻需求;重数量,轻质量;重建设投入,轻管理运营;重外延扩张,轻内涵发展。这种简单粗放的发展模式亟待加快扭转。

社会公共服务领域行业垄断严重,投资渠道单一,项目建设管理粗放,政府投资效益不高。投入管理统筹协调不足,超标配置和不达标现象并存;基层社会公共服务资源整合不充分,存量资源利用效率低与增量投入不足等问题并存。

2. 社会公共服务未来的发展趋势

(1) 传统服务业向现代服务业的转变。

传统服务业向现代服务业的转化是服务业未来发展的必然趋势。在目前的服务行业中,处于成熟阶段的多为一般传统服务业,如餐厅、超市、理发馆等,通常以个体化为经营模式;处于发展阶段的是现代化传统服务业,如航空公司、银行、大卖场等,逐步形成规模化、信息化、网络化的服务组织;完全意义的现代服务业则处于发展阶段,如电子商务、第三方物流、信息咨询、创意设计、人力资源管理与培训服务等。相应的社会公共服务设施是现代化传统服务业和现代服务业发展的物质基础,是近期和远期城市建设的重点,其规划应与社会经济发展水平相匹配,不断提高公共服务设施的水平和层次,加强交通、信息、研发、设计、商务等辐射集聚效应较强的服务设施的建设,依托城市群、中心城市,培育形成主体功能突出的国家和区域的现代服务业中心。

(2) 老龄化社会对福利服务需求的增长。

20 世纪 90 年代以来,我国的老龄化进程加快,21 世纪以来老龄化形势日益严峻。2020 年开展的第七次普查结果显示,我国 60 岁及以上人口为 26402 万人,占 18.70%(其中,65 岁及以上人口为 19064 万人,占 13.50%)。与 2010 年相比,60 岁及以上人口的比重上升5.44个百分点，65岁及以上人口的比重上升4.63个百分点。其中辽宁、重庆、四川、上海、江苏、吉林、黑龙江、山东、安徽、湖南、天津、湖北这12个省份65岁及以上老年人口比重超过14%，进入深度老龄化阶段。

按照联合国的标准，一个地区60岁以上老人达到总人口的10%，或者65岁老人占总人口的7%，即该地区视为进入老龄化社会。人口老龄化对社会领域都有影响，包括劳动力和金融市场，对住房、交通和社会保障等商品和服务的需求，家庭结构和代际关系等。

(3) 社会需求多样化，投资主体多元化。

在居民的生活水平不断提高的同时，居民的需求多样化、多层次的特点也越来越突出，这预示着社会服务的供给多样化，投资主体趋于多元化。政府可以通过购买服务方式，鼓励和引导社会主体提供基本公共服务，切实提高政府投入的使用效率。在非基本公共服务方面，政府将通过财政补贴、公私合营、特许经营、贷款贴息、政策扶持等方式，引导社会主体参与公共服务设施的建设和运营。经营性社会公共服务市场将全面开放，提供专业服务的组织和机构也将得到更多的发展机会。

(4) 社区服务的社会化、产业化和个性化。

社区是组织居民生活的基本单位。社区服务是指在政府的指导和扶持下，为提高社区居民生活质量，增进社区公共福利，以基层社区和社会服务机构为主体，以社区成员的自助和互助为基础，利用社区内外的资源而开展的各种福利服务和便民服务。

社会经济发展的不断发展必然推进社区服务的社会化、产业化、专业化和个性化。①社区服务的社会化是指投资主体多元化和服务方式多样化，企事业单位、民间组织和个人均可作为投资主体开办社区服务项目，兴办社区服务企业。②社区服务的产业化是指经营规模化，把社区服务从单体型、零散型向群体型、集团型转变，其中，有着统一标识、统一服务、统一价格、统一质量的连锁经营方式以及飞速发展的网络服务，将在今后的社区服务业中发挥重要的作用。③社区服务的个性化与城市发展中居住的差异现象密切相关，即不同社会阶层的人群分别倾向集中于不同地域，使得不同社区之间的差异越来越大，社区服务将根据居民需求的性质进行细分，在此基础上确定无偿、低偿或有偿的服务项目。

8.2 大型社会公共服务设施的建设对城市的影响

相较于一般规模的社会公共服务设施，大型公共服务设施的建设对城市的影响范围更广，影响程度更深，本节将以北京和上海为例来说明大型社会公共服务设施的建设对城市的影响。

作为环渤海经济圈中心的北京和长江经济带龙头的上海，相继承办奥运会和世博会，不仅极大提升了城市综合竞争力，扩大其作为世界城市的影响力，还将推动京津冀区域、长江三角洲一体化的进程,提高发展中国家在国际经济、文化活动中的参与度和知名度。

8.2.1 北京2008年奥运会和2022年冬季奥运会

奥运会是国际奥林匹克委员会主办的世界规模最大的综合性运动会,每四年一届,是世界上影响最大的体育盛会。

1. 北京2008年奥运会建设概况和2022年冬奥会建设计划

北京奥林匹克公园地处城市中轴线北端(图8-1),面积1135公顷,包括680公顷的森林公园,405公顷的奥运中心区。奥林匹克公园依托亚运会场馆和各项配套设施,交通便捷,人口集中,市政基础条件较好,商业、文化等配套服务设施齐备。奥林匹克公园的规划着眼于城市的长远发展和市民物质文化生活的需要,是一个集体育竞赛、会议展览、文化娱乐和休闲购物于一体,空间开敞、绿地环绕、环境优美,能够提供多功能服务的市民公共活动中心。

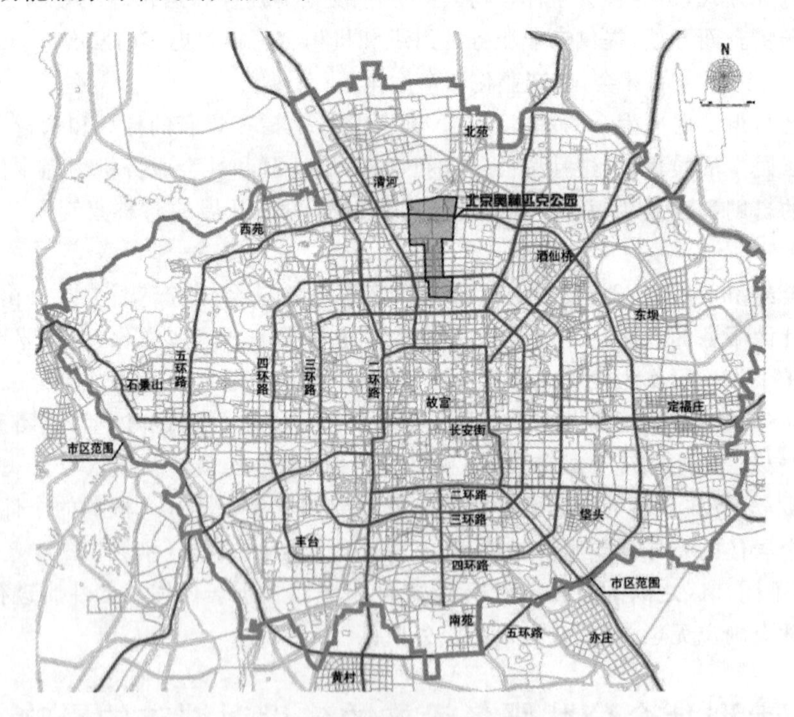

图8-1 北京奥林匹克公园在北京市区的位置

主体建设内容包括奥运会比赛计划使用场馆37个,其中北京地区32个,京外地区5个。在北京32个比赛场馆中,新建19个(含6个临时赛场),改扩建13个。此外,还要改造59个训练场馆及配套建设残奥会专用设施。京外地区的5个场馆项目中,青岛国际帆船中心、天津体育场、秦皇岛体育场为新建项目;沈阳五里河体育场、上海体育场为改造项目。配套的城市建设内容包括生态环境建设、城市基础设施建设、社会环境建设和多项战略保障措施。

根据《北京2022年冬奥会场馆及配套基础设施总体建设计划》，北京2022年冬奥会场馆及配套措施共列入52个建设项目。其中，场馆项目18项，包括新建场馆8项，改造场馆8项、临建场馆2项；配套基础设施建设项目31项；其他配套项目3项。

2. 北京2008年奥运会对城市的影响

北京奥运比赛场馆属于城市公共文化体育设施，其本身及相关设施建设是一个浩大的系统工程，对北京市以及所处的周边地区的发展都有着积极的推动作用。

(1) 对北京城市布局和城市格局的影响。随着奥林匹克公园以及奥运会主场馆的建设，北京在市区北部、城市中轴线北端形成一个全新的城市功能区，它将原来的城市边缘区域逐步融入城市中心区，获得一个跨越式发展的机会。

(2) 对城市经济和城市形象的影响。奥运比赛场馆及相关设施的建设属于全社会固定资产投资，对北京地区生产总值GDP的增长起到了推动作用；同时，2008年奥运会的举办，对正处于经济结构调整关键时期的北京第三产业提供了一个加快发展的契机。北京第三产业增加值占地区生产总值比重已从2000年的64.8%提升到2008年的72.1%，其中现代服务业占地区生产总值的一半，这有利于城市综合竞争力的提升。同时，根据《北京市2008年国民经济和社会发展统计公报》，全年接待入境旅游者379万人次，国内旅游者1.4亿人次。在国际的高度关注下，北京的城市地位和影响力大幅提升，北京进一步树立了国际性大都市的良好城市形象。

(3) 对城市周边地区的影响。根据《2008年奥运行动规划》，2002—2008年，城市基础建设计划投入1800亿元人民币，其中900亿元用于修建地铁、轻轨、高速公路、机场等，打造四通八达的快速交通网；450亿元用于环境治理；300亿元用于信息化建设，奠定"数字北京"的基础；其余150亿元用于生活设施的建设和改造。至2008年，实际用于建设场馆投资约为130亿元，用于城市的基础设施、能源交通、水资源和城市环境建设的投资约为2800亿元。这些资金的投入对北京以及整个京津冀地区的发展都起到了强有力的支撑作用。

3. 北京2022年冬奥会对城市的影响

北京获得2022年冬奥会主办权为北京带来了重大机遇，也考验着北京的规划建设智慧和城市治理能力。主要体现在两个方面：①除了基础设施、市容市貌的提升以外，"可持续发展"的办会理念对城市生态环境提出了更高的要求。对于现代奥林匹克运动历史上第一个既举办夏奥会又举办冬奥会的城市，北京必须把冬奥会申办、筹办、举办与城市生态环境改善、经济社会发展紧密结合起来，践行北京的可持续发展模式；②以冬奥会资源为纽带进一步推进北京城乡一体化和京津冀协同发展。2022年冬奥会的筹办期正好处于《北京城市总体规划(2016年—2035年)》的中期，以冬奥会为契机实现首都四个中心的战略定位；同时，合作构建京张冬奥会经济产业带，建设以北京为核心的京津冀"一小时交通圈"和环京宜居生态生活圈，推动京津冀协同发展。

总之,北京在筹办、举办奥运会等重大事件的带动下,首都职能不断强化,城市的现代化、国际化水平显著提升,文化影响力逐步增强,包括基础设施在内的居民生产生活条件明显改善,北京正在实现国际一流和谐宜居之都的发展目标。

8.2.2 上海 2010 年世界博览会

世界博览会是由一个国家的政府主办,有多个国家或国际组织参加,以展现人类在社会、经济、文化和科技领域取得成就的国际性大型展示会。其特点是举办时间长、展出规模大、参展国家多、影响深远。我国于 2010 年 5 月 1 日至 10 月 31 日期间,在上海举办了第 41 届世界博览会。这是我国举办的首届注册类世界博览会(以下简称世博会),主题为“城市,让生活更美好”。

1. 上海 2010 年世博会建设概况

上海世博会场地位于南浦大桥和卢浦大桥之间,沿着上海城区黄浦江两岸进行布局(图 8-2)。世博园区规划用地范围为 5.28 平方千米,其中浦东部分为 3.93 平方千米,浦西部分为 1.35 平方千米。围栏区域(收取门票)范围为 3.28 平方千米。上海世博会是历史上首届以“城市”为主题的综合类世博会,吸引了 200 个国家和国际组织参展,7308 万人参观。

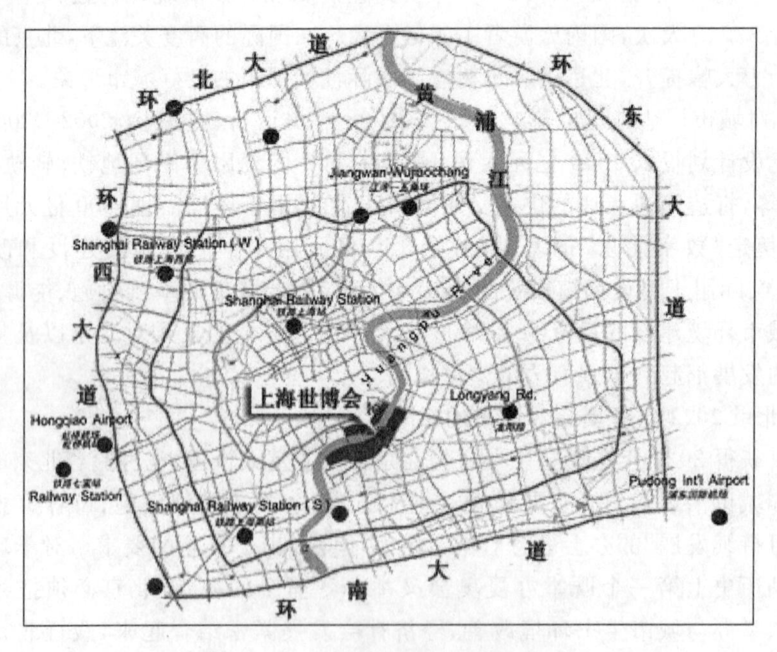

图 8-2 上海世博会会址位置示意图

世博会主要建设包括 A、B、C、D、E 五个功能区:A、B、C 片区位于浦东,D、E 片区位于浦西。A 片区集中布置中国馆和除东南亚外的亚洲国家馆;B 片区包括主题馆、大洋洲国家馆、国际组织馆和公共活动中心以及演艺中心等建筑;C 片区规划布置欧洲、美洲、非洲国家馆和国际组织馆,并在入口处布置一处约 10 公顷的大型公共游乐场;D 片区拟保留中国现代民族工业的发源地江南造船厂大量历史建筑群的特色,将其改造设置为企业馆,在其东侧利用原址内保留的船坞和船台,规划室外公共展示和文化交流场所;E 片区新建独立企业馆,设立最佳城市实践区,充分体现和展示本届世博会的主题。

2. 上海 2010 年世博会对城市的影响

上海世博会对城市带来的主要影响如下。①对城市中心区的改造升级产生直接的推动作用。世博会址位于城市重点改造和发展地区的中心,原有污染严重的企业被旅游、文化、会展等新兴产业设施所取代,原有危棚区被配套设施完善的新型社区所取代。世博会的建设不仅使会址的面貌大为改观,同时提升了周边地块的潜在价值。②促进城市功能的拓展,推动城市产业结构升级。举办世博会最直接的效应是促进国际经济贸易和旅游业的快速发展,据统计,2010 年世博会开放期的参观者为 7308 万人次,直接旅游收入超过 800 亿元人民币;而相当部分的参观者还到周边地区旅游。同时,世博会还助推交通运输、传媒设计、电信、金融咨询等相关服务型产业快速发展,有利于实现国际经济、金融、贸易、航运中心的城市规划目标。③推动城市基础设施服务水平的全面提升,强化枢纽型、功能性设施的建设。以高架道路、轨道交通、地面主干道路为骨架的中心城立体综合交通体系形成,外围多条高速公路网建成,为上海城乡一体化的全面发展提供了有力支撑。长江三角洲交通和信息网络,含长江三角洲城市群"二小时"交通网,同城效应的发挥有利于产业布局的重构、生产要素的自由流动等。

世博会不仅推动城市能级提升和布局调整,持续改善城市环境质量,还产生了巨大经济效应,增加城市就业机会,塑造新时期上海跨越式发展的新形象。据相关研究测算结果:上海世博会投资和消费诱发的生产总额为 15968 亿人民币,乘数系数为 4.396。其中,按类型划分,关联公共事业投资、世博设施建设和运营费用和参观者消费的生产诱发额占比分别为 61.2%、10.4%、28.4%。同时,世博会还增加 267 万个城市就业岗位。若按每一位劳动力每年 20 万元的增加值、按 6～8 年分摊计算,则平均每年上海新增就业岗位 33～44 万个。

8.3　市级公共服务设施规划

城市社会公共服务设施规划分为市级公共服务设施规划和居住区公共服务设施规划两部分。前者的规划通常与城市规模、社会经济发展水平有着密切的关系。市级公共服务设施是为城市全体市民乃至周边城镇居民提供社会服务的场所,包括了居住区及居住区以上的行政、经济、文化、教育以及科研设计等机构和设施,不包括居住区公共服务设施。

8.3.1　市级公共服务设施的分类

参照《城市用地分类与规划建设用地标准》(GB 50137—2011),市级公共服务设施按服务功能的不同可以分为行政办公、文化、教育科研、体育、医疗卫生、社会福利、文物古迹、外事和宗教九项。在《城市公共服务设施规划标准》(2018年征求意见稿)中,市级公共服务设施包括公共文化、教育、体育、医疗卫生和社会福利等为居民提供服务的、不以营利为目的公益性公共设施。

上述两个标准所包含的市级公共服务设施大同小异。文化、教育科研、体育、医疗卫生和社会福利是两个标准共同强调的内容。前一个标准增加了行政办公、文物古迹、外事和宗教这四项设施,文化设施中增加了档案馆和会展中心两种设施;后一个标准在公共文化中增加了剧院、音乐厅两种设施。

8.3.2 市级公共服务设施的规划指标

市级公共服务设施的规划用地指标可以参照《城市用地分类与规划建设用地标准》(GB 50137—2011)中公共管理与公共服务用地指标(用地类别代码A)。一般来说,该项占城市建设用地的比例为5%～8%。城市作为区域中心的地位越突出、城市等级越高、人口越多,则公共管理与公共服务用地的比重也越高,门类也越齐全,层级也越多,公共设施的规模也越大。例如,北京作为首都不仅要为中央党政军领导机关工作服务,也要为国家国际交往服务,而且历史文物古迹和教育科研机构众多,因此,北京的公共设施用地总量是比较大的,仅此一项用地就至少超过一个百万人口城市的建设总用地规模。同时,行政办公、文物古迹、教育科研、外事和宗教等用地占公共设施用地的比重也会高于一般城市。

8.3.3 主要市级公共设施规划要点与实例

近年来,政府在社会公共服务领域的投资不断增加,并主要集中于文化体育、医疗卫生、教育科研方面,这些设施与人们的基本生活息息相关,是公益性社会事业的主要组成部分。

(一) 文化设施

1. 规划建设要点

(1) 公益性的文化设施建设应得到进一步的完善,主要设施由图书馆、博物馆、文化馆组成。该项的规划建设不仅是提高人们文化生活质量的物质保障,也是促进社会精神文明建设的需要。

(2) 全市性的文化设施应有良好的外部环境作为支撑和保障,以此提高设施的利用率和树立良好的城市形象。大型设施的入口处应与公共交通站点有较好的结合,文化设施周边应有一定规模的集散和休憩空间,如文化广场、绿地、停车场等,位于上海人民广场的上海市博物馆和位于重庆人民广场的三峡博物馆均是较好的实例。

(3) 缩小城市中心区和外围地区之间的差距,保证社区及街道(乡镇)文化设施的配套建设,积极鼓励和吸引社会资金投资建设基层文化设施。

(4) 公共文化设施往往是城市标志性建筑，优先利用具有文化价值的既有建筑，可以更好地体现地方特色和传统文化；不应贪大求全，提高使用率和有效服务人口才是重点。

2. 实例

我国部分城市文化设施见表8-2。

表8-2 我国部分城市文化设施的建设规模

类别	名称	所在城市	用地规模/hm^2	建筑面积/hm^2
图书馆	北京图书馆新馆	北京	7.42	14.0
	湖北省图书馆	武汉	6.7	10.1
	云南省图书馆	昆明	1.23	2.93
	昆明市五华区图书馆	昆明	0.43	0.94
	宁波市北仑区图书馆	宁波	0.23	0.21
展览馆	香港国际展览中心	香港	3.0	24.8
	上海虹桥展览中心	上海	1.5	1.8
	天津滨海国际会展中心	天津	16.9	6.1
	昆明国际会展中心	昆明	22.5	24.0
博物馆	新首都博物馆	北京	2.48	6.38
	上海博物馆	上海	0.8	8.0
	陕西历史博物馆	西安	6.1	5.6
	云南省博物馆	昆明	10.0	6.0
	湖南省博物馆	武汉	5.1	2.9
美术馆	中国美术馆	北京	3.0	1.7
	宁波美术馆	宁波	1.58	2.3
	浙江省美术馆	杭州	3.5	3.2
	何香凝美术馆	深圳	0.18	0.5

(二) 体育设施

1. 规划建设要点

(1) 合理规划和布局市区级体育设施，与城市总体规划布局相配套，促进现代化体育事业的发展。市区级公共体育设施的设置应遵循规模适当、布局合理、功能互补的原则；例如大型体育设施占地规模大、投资大、运营成本高，规划布局若不合理将导致赛后设施闲置或使用率低下，因此赛后的再利用必须在赛前的规划筹备阶段就做好安排。

(2) 选址于交通便利并利于安全疏散的地段,满足应急避难场所的选址要求。市区级的体育设施在举办赛事或较大规模活动时的交通集散压力较大,因此周边多个方向的疏散道路和出入口处应有必要的交通集散场地,并直接连接城市干道,宜便捷到达公共交通枢纽站点;同时,室内外的体育场馆也是发生地震等自然灾害和重大疫情时的重要应急避难场所,应当考虑在特殊情况下安全、卫生等需求。

(3) 按国家或地方相关标准配建学校内的体育教学用地,有条件的设施可以向社会开放,实现资源共享。旧城区或老城区的人口密度高、用地稀缺,现有高校的游泳馆、足球场、篮球场应当鼓励在周末、节假日向周边公众开放。

2. 实例

我国部分城市体育设施见表 8-3。

表 8-3 我国部分城市体育设施的建设规模

<table>
<tr><th colspan="2">名称</th><th>所在城市</th><th>用地规模/hm^2</th><th>建筑面积/hm^2</th><th>观众席位/个</th></tr>
<tr><td colspan="2">国家体育场(鸟巢)</td><td>北京</td><td>20.4</td><td>25.8</td><td>固定:80000
临时:11000</td></tr>
<tr><td colspan="2">国家游泳中心(水立方)</td><td>北京</td><td>6.3</td><td>7.95</td><td>固定:6000
临时:11000</td></tr>
<tr><td colspan="2">上海体育场</td><td>上海</td><td>19.0</td><td>17.0</td><td>80000</td></tr>
<tr><td colspan="2">天河体育馆</td><td>广州</td><td>2.56</td><td>1.72</td><td>9000</td></tr>
<tr><td colspan="2">重庆市袁家岗奥体中心体育场</td><td>重庆</td><td>—</td><td>6.25</td><td>60000</td></tr>
<tr><td colspan="2">昆明拓东省体育场</td><td>昆明</td><td>7.3</td><td>—</td><td>42000</td></tr>
<tr><td rowspan="3">佛山世纪莲体育中心</td><td>①体育场</td><td rowspan="3">佛山</td><td rowspan="3">42.0</td><td>12.3</td><td>36686</td></tr>
<tr><td>②游泳跳水馆</td><td>3.11</td><td>2767</td></tr>
<tr><td>③网球中心</td><td>0.75</td><td>—</td></tr>
</table>

(三) 医疗卫生设施

1. 规划建设要点

(1) 调整空间布局,引导中心城区医疗资源向外围扩展和转移,提高中心区周边及新区的医疗水平。我国目前大多数城市的医疗卫生设施总量不足,布局不合理,通常在城市中心区医院密集,门诊量大,导致交通拥挤、停车困难、就医环境差、医院发展空间受限等问题。因此通过土地置换、资源重组等方式加强中心区周边及新区医疗设施的建设,对于改善就医环境、疏解城市中区压力都具有积极的作用。

(2) 医院选址应避开污染源,选择环境安静、公交便利的地段,不宜紧邻人流密集的大型商业、娱乐康体、文化体育设施以及学校等。传染病、精神疾病等专科医院应避开人群密集地区和生态环境敏感地区,并应满足必要的隔离与防护要求。急救中心、采供血等应急专业公共卫生设施应紧靠城市交通干道并直接连接，宜便捷到达机场、火车站等区域交通枢纽。

(3) 规划建设疾病控制预防中心、妇幼保健院、老年康复中心、体检中心等，以满足人们在预防、保健、康复和健康咨询等方面的需求，适应未来多层面的发展趋势。疾病控制预防设施要能够应对较大规模疫情暴发时的应急需求，应当考虑与较大规模的应急避难场所的联系。

(4) 医疗水平较高的区域性城市的综合医院应当考虑非本市居民就诊人数比例较高的现实需求，不仅应适度增加医院人均规划建设用地指标，还应考虑在周边设立更多的旅馆、餐饮、零售商业等配套服务设施。同时，也鼓励较大规模医院开设分院或远程医疗服务。

2. 实例

我国部分城市医疗设施简况见表8-4。

表8-4　我国部分城市医疗设施简况

名　称	等级与属性	建设规模	在职员工/人	床位数	就诊规模
北京协和医院	三级甲等综合性医院	4个院区：建筑面积56公顷； 西单院区：占地1.6公顷，建筑面积6.1公顷	4000	开放住院床位2000余张	年手术量5.4万人次、年住院人数11万余人次
中国医学科学院阜外医院	三级甲等心血管病专科医院	阜成门外院区：占地面积5.53公顷，建筑面积15.7公顷 门头沟西山园区：占地面积7.33公顷，建筑面积3.7公顷	3380	编制床位数1521张，实际开放1279张	2018年全年门诊74.5万人次，急诊3万人次，年住院人数7万人次
北京积水潭医院	三级甲等综合性医院	回龙观院区：建筑面积7.0公顷	3000	床位1500张，其中：新街口院区1000张，回龙观院区500张	2016年手术量5万例

续表

名　　称	等级与属性	建设规模	在职员工/人	床位数	就诊规模
上海交通大学医学院附属瑞金医院	三级甲等综合性医院	占地面积11公顷，建筑面积37公顷	4402	编制床位数1893张，实际开放2139张	—
上海市精神卫生中心	精神病医院	徐汇院区＋闵行院区：建筑面积10公顷	—	编制床位1878张，实际开放2141张	—
上海市儿童医院	三级甲等专科儿童医院	北京西路院区：占地面积1.59公顷，建筑面积2.5公顷	1500	编制床位150张	2019年门诊量256.81万人次，年住院人数5.27万人次，住院手术量3.93万人次
四川大学华西医院	三级甲等综合性医院	占地面积33.4公顷，建筑面积60公顷	10000	编制床位4300张	2020年就诊量485万人次，住院人数23.8万人次，手术16.4万台次
成都市第三人民医院	三级甲等综合性医院	占地面积9.2公顷	2742	编制床位1250张	年诊疗154万余人次，年住院人数6.4万余人次，住院手术3.8万余台次
昆明医学院第一附属医院	三级甲等综合性医院	院本部：建筑面积12公顷 呈贡院区：占地面积36.3公顷，建筑面积37.73公顷，一期建筑面积16.2公顷	5034	床位数为4000张； 呈贡院区：规划设置床位数2000张，一期开放1000张	—

续表

名　　称	等级与属性	建设规模	在职员工/人	床位数	就诊规模
昆明市第一人民医院	三级甲等综合性医院	院本部：占地面积2.5公顷 甘美医院：占地面积8.0公顷，建筑面积22公顷	3300	编制床位2100张	—
昆明市儿童医院	三级甲等专科儿童医院	前兴院区＋书林院区：占地面积8.4公顷，建筑面积12公顷	1733	编制床位900张，实际开放床位1200张	年就诊总量160余万人次，年住院人数近6万人次
昆明市中医医院	三级甲等中医医院	东风东路院区＋关上院区＋呈贡院区：占地面积10.7公顷；建筑面积16.5公顷	1309	编制床位1700张	—

注：数据来源于各医院官网，数据摘录时间为2020年5月。

（四）高等院校

高等院校是政治、科技、文化研究教育的基地，社会的进步和经济的繁荣都离不开教育的功能。高等院校为社会提供接受教育、培训的场所和空间，同时，大批的就学人员不仅产生了巨大的市场需求，也积聚了丰富的人力资源，从而有力推动高校周边相关产业的发展。

1. 规划建设要点

（1）高等院校的规划建设应能做到统筹兼顾、空间布局上相对均衡与协调发展。21世纪以来，我国"大学城（园区）"开发建设速度较快，出现区域资源配置和布局不当、土地使用效益较低、过多依赖融资等问题。据对60个中国大学园区统计，面积超过10 km^2 的占半数，大学园区平均占地面积达到14 km^2；"大学城"开发建设圈占用了过多的土地和资金，不仅给高校的后续发展带来沉重的负担，较大尺度的单一功能用地对城市的空间布局也带来较大影响。近年来，经济较发达城市和地区在教育科研方面有较大的投入，办学基础较好的省市在数量和质量上都取得明显突破，与欠发达地区之间的办学差距进一步拉大。例如，在2017年首批137所双一流大学建设高校中，北京、上海、南京进入名单的分别为34所、14所、12所，3个城市占到全国总数的四成有余；截至2021年5月，粤港澳大湾区就有近30个大学、学院、研究生院、新校区建设项目在推进中。

(2) 现有高等院校的建设应更多地关注自身的地域性、历史性、文化性等方面，突出其特有的学术氛围，发挥学术带头作用。在第五批全国重点文物保护单位的公布名单中，北京大学未名湖燕园建筑、清华大学早期建筑、东北大学旧址和武汉大学早期建筑名列其中，这充分显示高等院校在近代中国思想启蒙和社会发展中的重要地位。这些大学在今天仍然发挥着各自的学科优势和学术带头作用。

(3) 高等院校的扩建和周边地区的规划应为创新人才的交流、创新企业的孵化和新技术的产业化创造更优越的条件和发展空间。如2007年，杨浦区政府与同济大学联合启动的环同济建设，包括上海国际设计一场、同济联合广场、赤峰路63号建筑设计创意工场等重点项目，以及同济大学建筑设计研究院、上海市政工程设计研究院、上海邮电设计院等一批骨干企业。2009年，环同济知识经济圈实现总产出123.4亿元，同比增长21%；完成区级地方税收4.48亿，同比增长15.1%，已形成了以研发设计服务为主的具有一定规模的特色产业集群，相关企业、高校在产业链、创新链上形成了共生关系。

2. 实例

我国部分城市高等教育建设简况见表8-5、表8-6。

表8-5 我国部分大学城的建设规模

名称	所在省市	用地规模/km^2	说明
东方大学城	河北廊坊	13.3	可容纳20万人，已有9所院校入驻
仙林大学城	江苏南京	34	在校师生人数约20万人，已有12所高校入驻
江宁大学园区	江苏南京	27	约容纳25万人，已有17所高校入驻
松江大学城	上海	5.3	已有7所高校入驻
广州大学城	广东广州	43.15	规划容纳35万～40万人，已有12所高校入驻
呈贡大学城	云南昆明	16.4	可容纳15万人，已有9所院校入驻
花溪大学城	贵州贵阳	63.46	可容纳20万人，已有12所院校入驻

注：数据来源于大学城官网或其他网站公布数据(可能与实际略有出入)，数据摘录时间为2020年5月。

表8-6 我国部分城市高校教育设施简况

名称	所在省市	用地规模/km^2	教职工总数	在校生规模
清华大学	北京	4.42	专任教师0.36万人	5.33万人
东南大学	江苏南京	3.93	专任教师0.31万人	3.76万人
同济大学	上海	2.55	0.57万人	3.83万人
中山大学	广东广州、深圳、珠海	9.15	专任教师0.43万人	5.63万人

续表

名　　称	所在省市	用地规模/km²	教职工总数	在校生规模
四川大学	四川成都	4.70	专任教师0.46万人	6.95万人
重庆大学	重庆	3.47	0.53万人	4.70万人
昆明理工大学	云南昆明	2.61	0.39万人	3.34万人

注:①数据来源于各高校官网,网络数据摘录时间2020年5月;

②在校生规模是指在读本科、硕博研究生和国际留学生;用地规模不含附属医院;

③东南大学包括四牌楼、九龙湖、丁家桥3个校区,占地面积共计3.93 km²;另有无锡分校和苏州校区未计入;

④同济大学包括四平路、嘉定、沪西、沪北4个校区,占地面积共计2.55 km²;

⑤中山大学包括广州校区南校园(1.239 km²)、广州校区北校园(0.209 km²)、广州校区东校园(0.989 km²)、珠海校区(3.571 km²)、深圳校区(3.143 km²),占地面积共计9.15 km²;

⑥四川大学包括望江、华西和江安3个校区,占地面积共计4.70 km²;

⑦重庆大学包括A校区、B校区、C校区和虎溪校区,占地面积共计3.47 km²;

⑧昆明理工大学包括呈贡(主校区)、莲华、新迎3个校区,占地面积共计2.61 km²。

8.4 居住区公共服务设施规划

居住区公共服务设施(也称配套设施)是居住区建设必不可少的部分,是保障居民日常生活的重要物质设施。居住区公共服务设施的设置水平一般与居住人口规模相对应,并达到一定的指标和比例,各项设施的布局应能最大限度地方便居民的使用。

8.4.1 居住区的规模及分级

居住区根据居住人口规模进行分级配套是居住区规划的基本原则,即包括一定规模的人口配套建设一定层次和数量的公共服务设施。一般来说,居住区按户数和人口规模分为几个等级,例如居住区、居住小区、居住组团等;按照各个不同时期以及各地不同的规范和标准,居住区的分级和分级控制的规模会有不同。这里我们参考《城市居住区规划设计标准》(GB 50180—2018),将居住区分为十五分钟生活圈居住区、十分钟生活圈居住区、五分钟生活圈居住区和居住街坊这四级(表8-7)。

表8-7 城市居住区分级控制规模

距离与规模	十五分钟生活圈居住区	十分钟生活圈居住区	五分钟生活圈居住区	居住街坊
步行距离/米	800～1000	500	300	—
居住人口/人	50000～100000	15000～25000	5000～12000	1000～3000
住宅数量/套	17000～32000	5000～8000	1500～4000	300～1000

8.4.2 居住区公共服务设施的内容与规划指标

居住区公共服务设施应按照分级控制规模进行配套建设,并达到一定的配建指标。配建的内容应包括基层公共管理与公共服务社会设施、商业服务设施、市政公用设施、交通场站与社区服务设施、便民服务设施。居住的人口越多、级别越高,则配建的类别越丰富、层次越高。

十五分钟和十分钟生活圈居住区需要配建基层公共管理与公共服务设施(A类)、商业服务业设施(B类)和交通场站(S类);五分钟生活圈居住区需要配建社区服务设施(R12/R22/R32),包括托幼、社区服务及文化活动、卫生服务、养老助残、商业服务业等设施;居住街坊需要配建便民服务设施(R11/R21/R31),包括物业管理、便利店、活动场地、生活垃圾收集点、停车场(库)等设施。

公共服务设施的规划控制指标不仅是居住区规划设计所要满足的标准,也是城市规划管理部门决定项目建设和规划审批的依据。各省市可以依据需要与自身条件,按国家有关规定自行拟定地方的指标体系。依据《城市居住区规划设计标准》(GB 50180—2018),居住区用地构成包括住宅用地、配套设施用地、公共绿地、城市道路用地四个部分,配套设施用地占居住区总用地的控制指标见表8-8。

表 8-8 配套设施用地占居住区总用地的控制指标(单位:%)

住宅建筑平均层数类别	十五分钟生活圈居住区	十分钟生活圈居住区	五分钟生活圈居住区	居住街坊
低层(1~3层)	—	5~8	3~4	不作具体要求
多层Ⅰ类(4~6层)	12~16	8~9	4~5	
多层Ⅱ类(7~9层)	13~20	9~12	5~6	
高层Ⅰ类(10~18层)	16~23	12~14	6~8	

配套建设控制指标包括各类设施对应的每千位居民所需的用地面积和建筑面积(简称千人指标),仅是为满足人们基本生活需要而必须配建的公共服务设施的最低限度的控制指标。各城市通常在国家标准的基础上,依据自身的社会经济发展状况、生产生活习惯、实际需求水平等因素,制订本地居住区应配建的公共服务设施具体项目、内容和千人指标的具体规定或实施细则。

8.4.3 主要居住区公共服务设施规划原则

1. 教育设施

居住区公共服务设施中的教育设施包括初中、小学、幼儿园、托儿所,根据服务半径和服务人口规模进行分级配套(表8-9)。规划的基本原则包括:①满足一定的服务半径,初中、小学、幼儿园、托儿所的服务半径分别不宜大于1000 m、500 m、

300 m、300 m；②匹配一定的服务人口，人口规模增加，则教育设施的数量和规模就应该相应变化，位置也应该尽量靠近所服务的区域；③布置在环境良好的地段，应有足够的活动场地和绿地，保证日照；④小学和幼儿园的设置应能方便学生家长接送；⑤学生上学避免穿越城市干道和铁路；⑥与易燃易爆的危险单位、排放有毒有害物质、产生噪声污染的建设项目以及机动车出入频繁的路口保持一定的安全距离。

表 8-9 教育设施分级配建

项 目	十五分钟生活圈居住区	十分钟生活圈居住区	五分钟生活圈居住区
初中	▲	△	
小学		▲	
幼儿园			▲
托儿所			△

注：①▲为应配建项目；△为根据实际情况按需配建的项目；

②资料来源于《城市居住区规划设计标准》(GB 50180—2018)。

中小学校规模应根据城市千人学位数和服务人口规模共同确定(表 8-10)，中学、小学一般不低于 18 个班，分别不宜超过 48 个班和 36 个班。某一独立占地学校办学规模过大的话易导致学生日常通勤距离远、超过适宜步行的服务半径、上下学接送造成交通拥堵和集散安全等问题。

表 8-10 学校规模与服务人口的设置规定

学校类型	千人学位数/(个/千人)	18 个班服务人口/万人	24 个班服务人口/万人	30 个班服务人口/万人	36 个班服务人口/万人
小学	60 以下	1.4～2.0	2.0～2.6	2.6～3.2	3.2～4.0
	60～80	1.0～1.4	1.4～1.8	1.8～2.2	2.2～2.7
	80 以上	0.8～1.0	1.0～1.4	1.4～1.6	1.6～2.0
初级中学 普通中学	30 以下	3.0～4.0	4.0～5.5	5.5～7.0	7.0～9.0
	30～40	2.3～3.0	3.0～4.0	4.0～5.0	5.0～6.0
	40 以上	—	2.4～3.0	3.0～3.6	3.6～4.5

注：参照《城市公共服务设施规划标准》(2018 年征求意见稿)。

教育设施的按规模配建是解决当前大城市中小学“读书难”问题的关键，不配、少配和晚配都会给居民生活造成困难，而配套完善、优势资源集中的片区往往成为中小学生家长购房或租房的首选。为了从硬件上更好地支撑国家的九年制义务教育，从基点上体现社会公平，中小学教育设施应成为居住区公共服务设施规划中最为重要的环节。

2. 医疗卫生设施

居住区公共服务设施中的医疗卫生设施包括卫生服务中心(社区医院)、门诊部、社区卫生服务站,根据服务半径和服务人口规模进行分级配套(表 8-11、表8-12)。规划的基本原则包括:①设置于交通方便、服务距离适中的地段;②与易燃易爆的危险单位、排放有毒有害物质、产生噪声污染的建设项目保持一定的安全距离;③且不宜与菜市场、学校、幼儿园、公共娱乐场所、消防站、垃圾转运站等设施相邻;④所在位置应能配套水电气设施,并连接至城市的市政管网。

表 8-11 医疗卫生设施分级配建

项目	十五分钟生活圈居住区	十分钟生活圈居住区	五分钟生活圈居住区
卫生服务中心(社区医院)	▲		
门诊部	▲		
社区卫生服务站			△

注:①▲为应配建项目;△为根据实际情况按需配建的项目;
②参照《城市居住区规划设计标准》(GB 50180—2018)。

表 8-12 医疗卫生项目设置规定

项目	服务人口规模/万人	服务半径/m	建筑面积/m²
卫生服务中心(社区医院)	约 5.0	1000	不宜小于 1700
门诊部	—	1000	—
社区卫生服务站	0.5～1.2	300	不宜小于 120

注:①服务人口规模参照《城市公共服务设施规划标准》(2018 年征求意见稿);
②参照《城市居住区规划设计标准》(GB 50180—2018)。

社区医院、卫生服务中心和服务站是完善医疗保障体系、解决老百姓“看病难、看病贵”问题的重要举措,国家财政拨出专项资金来支持相关建设,社区的医疗卫生服务水平正在逐步提高。

3. 老年人社会福利设施

居住区公共服务设施中的老年人社会福利设施包括养老院、老年养护院、老年人日间照料中心(托老所),根据服务半径和服务人口规模进行分级配套(表 8-13、表 8-14)。规划的基本原则包括:①养老院、老年养护院应独立占地,机构养老设施宜靠近医院设置,社区居家养老设施宜靠近社区卫生服务中心联合设置;②宜临近小学、幼儿园和公共服务中心布置;③老年人日间照料中心宜与其他非独立占地的基层公共服务设施联合建设,但要避免相互干扰。

表 8-13 老年人社会福利设施分级配建

项目	十五分钟生活圈居住区	十分钟生活圈居住区	五分钟生活圈居住区
养老院	▲		
老年养护院	▲		
老年人日间照料中心(托老所)			▲

注:①▲为应配建项目;△为根据实际情况按需配建的项目。
②参照《城市居住区规划设计标准》(GB 50180—2018)。

表 8-14 老年人社会福利项目设置规定

项目	服务人口规模/(万人)	服务半径/m	建筑面积
养老院	1.5~2.5	500	不宜小于 7000 m^2;200~500 床,可按 35 m^2/床计
老年养护院	5.0~10.0	1000	不宜小于 3500 m^2;100~500 床,可按 35 m^2/床计
老年人日间照料中心(托老所)	0.5~2.5	300	350~750 m^2

注:参照《城市居住区规划设计标准》(GB 50180—2018)和《城市公共服务设施规划标准》(2018 年征求意见稿)整理。

我国老龄化程度正在持续加深,对老年社会福利设施的需求将不断放大,依据国务院《国家人口发展规划》(2016—2030 年),2030 年我国户籍老年人口比例将达到 25%。同时,老年人不愿意远离熟悉的社区环境和原居住地,因此,基层的老年社会福利设施是未来应当在规划建设上着重关注的短板,应根据老年人口分布特点均衡布置。

4. 文化体育设施

居住区的文化体育设施包括文化活动中心、文化活动站、体育场馆、居民健身设施,根据服务半径和服务人口规模进行分级配套(表 8-15、表 8-16)。规划的基本原则包括:①文化活动设施宜结合同级的中心绿地布置;②宜联合其他公共管理与公共服务设施、商业服务设施,形成综合服务及公共活动中心。③体育设施宜布局在方便、安全、对生活休息干扰小的地段;④应与公共绿地、文化设施、学校体育场馆统筹布局;⑤宜作为应急避难场所。

表 8-15 文化体育设施分级配建

项　　目	十五分钟生活圈居住区	十分钟生活圈居住区	五分钟生活圈居住区
体育馆(场)或全民健身中心	△		
大型多功能运动场地	▲		
中型多功能运动场地		▲	
小型多功能运动(球类)场地			▲
室外综合健身场地(含老年户外活动场)			▲
文化活动中心(含青少年、老年活动中心)	▲		
文化活动站(含青少年、老年活动站)			▲

注:①▲为应配建项目;△为宜配建项目;

②参照《城市居住区规划设计标准》(GB 50180—2018)。

表 8-16 文化体育项目设置规定

项　　目	服务人口规模/万人	服务半径/m	建筑面积/m^2	用地面积/m^2
全民健身中心	5.0～10.0	1000	2000～10000	2000～15000
大型多功能运动场地	5.0～10.0	1000	—	3150～5620
中型多功能运动场地	1.5～2.5	500	—	1310～2460
小型多功能运动场地	0.5～1.2	300	—	770～1310
室外综合健身场地	0.1～1.2	150～300	—	150～1300
文化活动中心	5.0～10.0	1000	4000～6000	8000～12000
文化活动站	0.5～1.2	500	1200～2000	—

注:①个别数据与《城市居住区规划设计标准》(GB 50180—2018)略有出入;

②参照《城市公共服务设施规划标准》(2018 年征求意见稿)。

随着我国居民物质生活水平的提高,人们对文化娱乐、体育健身产生了大量的、更多层次的需求。服务对象包括老年人活动、成年人、青少年及儿童,服务类别包括文艺康乐、图书阅览、科技普法、教育培训、体育活动等,活动空间包括室内场馆、户外活动场地等。这部分按规模应配建的文体设施是面向全体居民的公共活动场所,应当考虑公益性和五分钟、十分钟生活圈的短距离步行可达。这些设施不应被高档会所及其他娱乐场所替代,也不能因为居住区周边市级图书馆、体育场馆、广场等公共服务设施的存在而被取消。

5. 其他设施

其他设施包括前文没有涉及的公共管理与公共服务设施、商业服务业设施、市政公用设施和交通场站。公共管理与公共服务设施包括街道办事处、社区服务中心、司法所、派出所和物业管理等，一般结合所辖区域设置；社区服务设施随着 20 世纪 90 年代以来社区建设的推进，发展速度较快，在 2020 年面对重大疫情的防控过程中，街道和社区两级服务机构都发挥了积极的作用。商业服务业设施建设和经营的市场化程度较高，一般能较好地满足人们日常生活的需要；市政公用设施是维持居住区基本生活的保障，与城市的市政基础设施紧密联系，根据专业规划设置。交通场站包含各类公共交通站点和停车场库；公共交通站点与目的地之间的“最后一公里”、地面临时停车、共享机动车和非机动车的停放、电动车的充电设施等居民较为关注的，也是我们在居住区的规划设计中应该多予以关注的细部。

城市社会公共服务设施是城市中提供社会公共服务的载体，其规模、类别和层次应与社会的发展阶段、经济的发展水平、地方的环境条件密切相关。一般来说，社会发展水平越高，经济的聚集度越高，城市社会公共服务设施配置的规模越大、层次越高、门类越齐全、服务质量也越好。同时，高品质的城市社会公共服务设施也有助于提升城市能级和地位、增强城市的聚集和辐射效应。

党的十九届五中全会对推进基本公共服务均等化工作作出了新的部署，明确提出，到“十四五”末基本公共服务均等化水平要明显提高，到 2035 年基本公共服务如何实现均等化。发展社会公共服务，有益于实现人的全面发展，保障人民群众的基本权益；组织和提供社会公共服务，是市场经济条件下政府的重要职责和维护社会公平的重要体现；规划和建设好城市社会公共服务设施，是构建和谐社会、和谐城市、和谐社区的物质基础和重要保障。

【思考题】

1. 近年来我国在公共服务设施建设方面存在哪些主要问题？
2. 城市社会公共服务设施如何分类？
3. 主要的市级公共服务设施包括哪几项？各自的规划要点是什么？
4. 试举例来谈谈大型公共服务设施对当地城市发展的影响。
5. 社会公共服务设施如何实现均等化？

【参考文献】

[1]　湛东升，张文忠，谌丽，等. 城市公共服务设施配置研究进展及趋向[J]. 地理科学进展，2019，38(4)：506-519.

[2]　马慧强，王清，弓志刚. 京津冀基本公共服务均等化水平测度及时空格局演变[J]. 干旱区资源与环境，2016，30(11)：64-69.

[3]　蒋海兵，张文忠，韦胜. 公共交通影响下的北京公共服务设施可达性[J]. 地理科学进展，2017，36(10)：1239-1249.

[4]　孙元欣. 世博效应内涵、外延以及对上海城市功能的影响[J]. 科学发展，2011(2)：13-22.

[5] 余谦,亢文蕙,邹贝帝.大型事件活动的成功举办对城市经济影响力的定量评估——以2010年上海世博会为例[J].当代经济,2011(18):106-107.

[6] 中华人民共和国住房和城乡建设部.城市居住区规划设计规范 GB 50180—2018[S].北京:中国建筑工业出版社,2018.

[7] 中华人民共和国住房和城乡建设部.城市用地分类与规划建设用地标准 GB 50137—2011[S].北京:中国建筑工业出版社,2011.

[8] 刘宁.大学园区对城市发展的影响研究[D].上海:华东师范大学,2014.

第9章　城市社区规划建设

9.1　城市社区概述

9.1.1　社区

社区的概念源于社会学，在社会学中“社区”是一个十分宽泛的概念，英国学者H. S. 梅因(1871年)在《东西方村落社区》一书中首先使用了“community”一词。而较为有影响力的理解则是德国社会学家滕尼斯1887年在《礼俗社会与法理社会》一书中的论述：社区是基于亲族血缘关系而结成的社会联合。他认为形成社区必须具备四个条件：①有一定的社会关系(指一定地域内的居民之间有相互交往与协作)；②在一定地域内相对独立(反映了社区居民的居住生活和社会生活发生在一定的地域范围之内，但其影响的往往是整个社会)；③有比较完善的公共服务设施(保证了居民有生存与生活的物质基础)；④有相近的文化、价值认同感(表现为居民相互认可的生活方式、共同认可的社会公德、相同或互不冲突的习俗和宗教信仰)。

《中国大百科全书》中对社区的解释为“社区通常指以一定地理区域为基础的社会群体”，一般可以将社区的定义归纳为以下三点：①指居住于某一特定地区的一群人及这些人生活的地区；②指一群具有共同经济利益或共同文化传统的人群；③指共有利益、共享价值观念，能够互相认同或共同参与事务等情况。

9.1.2　住区与社区

城市规划学科中最初并没有社区的概念。在城市规划中，相关的概念是住宅区和居住区，其中以居住区为规范用语。住宅区虽然不是城市规划法中的规范用语，但在规划领域中出现的频率很高，并经常被引用，已成为约定俗成的概念。

住宅区——城市中在空间上相对独立的各种类型和各种规模的生活居住用地的统称，它包括居住区、居住小区、居住组团、住宅街坊和住宅群落等。同时，住宅区也含有一定的社会意义，包含了居民间的邻里交往关系等，是城市的主要构成部分，也是城市经济、文化发展的重要基地。

居住区——泛指不同居住人口规模的居住生活聚居地和特指被城市干道或自然分界线围合，并与居住人口规模相对应，配建有一整套较完善的、能满足该区居民物质与文化生活所需的公共服务设施的居住生活聚居地。

为明确起见，在下文中对居住区和住宅区如无特别注明，统一简称为住区。城市规划中的住区规划,虽然在原则上应包括物质与非物质两个组成部分,但在实际编制过程中,物质规划一直是住区规划的核心,关注点是人的普遍行为及活动场所,对非物质层面的因素考虑较少,表现出一种自上而下的理性规划过程。

随着社会对人类居住环境在宽度与深度方面发展的关注,以及随着规划职业自身在理论及方法论上与相关学科的互补发展,社区的概念和理论已被逐步引入城市规划设计之中。但是迄今为止,社区概念在城市规划和社会学中仍存在一些区别(表 9-1)。

表 9-1 社会学与城市规划中的社区研究比较

内容		社会学	城市规划
研究范围		从农村到都市连续系统中的所有类型	城市居住区
研究重点		社区中的社会关系及冲突	社区中人与人、人与环境的互动
研究要素	地域	有地域概念,但地域没有严格限制	研究对象的地域明确
	人口	特定时间内的人口数量、构成和分布关系	某段时期(规划期)内动态人口数量、构成和分布,包括对未来人口的预测
	区位	社区自身生活的时间、空间因素和分布形式	社区与周边区域的相互关系
	结构	社区内各种社会群体和制度组织相互间关系	社区内各种社会群体、制度组织及物质空间的相互关系
	社会心理	社区群体心理及行为方式,社区成员对社区的归属感	社区成员群体行为方式及共同需求,社区的归属感及共同意识的环境
研究目的		解析社区中的各种现象	建成或改善社区物质环境

9.1.3 中国特色的社区——行政社区

就目前中国社区状况而言,城市中的居住社区往往带有很强的行政色彩。行政社区即指由政府部门的行政区划所确定的社区,一般包括街道下辖的居委会、行政村等。早在 1954 年 12 月,由第一届全国人大四次会议通过的《城市街道办事处组织条例》和《城市居民委员会组织条例》,就已确定“城市街道—居民委员会”的管理体制,即“为有效组织居民,协调市区级政府部门及公安派出所的工作职能,建立居民委员会自治组织,并设立市或区人民政府的派出机构——街道办事处”。目前由政府部门划定,以街道为单位的居住社区在中国各城市普遍存在。以街道社区为社区发展单元，有其一定的合理性和优势，主要表现在以下几个方面。

(1) 具有一定的规模。

一般城市街道办事处所辖的范围，包括若干个由城市干道围合的街坊，人口规模在5万～10万人。这样的规模就管理及服务的范围、相应公建设施的配套而言，都较为适当。

(2) 具有一定的多样性。

社区的互动发展需要有与一定规模相对应的要素多样性来支持，如社区内的各项活动的开展，居民再就业机会的提供，各项设施的齐全等，基本可在街道行政社区的范围内得以运作或解决。一定程度的多样性能够增强社区的自主性和能动性状态。

(3) 具有运作的现实基础。

在政府主导性较强、社会组织相对还不发达的情况下，街道办事处作为城市或区级政府的派出机构，拥有较大的资源优势，并且是政府和居民委员会之间联络的枢纽，起着上传下达的作用。在这个层次上，社区有能力与政府直接对话，为社区争取更多的资源，同时在社会民主生活方面也可以发挥优势，可通过居民自治组织——居民委员会组织居民参与社区事务。

9.1.4 社区建设与住区规划

城市规划学科对于社区规划的研究和实践，在西方国家从20世纪50年代至今已有70年的历史，但在我国结合本国情况的明确应用却是一个全新的领域。

1986年，民政部门首次把"社区"概念引入城市管理，提出要在城市中开展社区服务工作。1989年，社区服务的概念第一次被引入法律条文，1989年12月26日全国人民代表大会通过的《中华人民共和国城市居民委员会组织法》明确规定："居民委员会应当开展便民利民的社区服务活动。"1992年，民政部在杭州召开全国社区建设理论研讨会，把社区服务推进到了社区发展的新阶段。1999年，民政部全面启动社区建设试验区，以探索推进城市社区建设的工作思路和运行模式。

1. 社区建设的内容

社区建设中的社区指"法定社区"中的城市基层社区，即与居委会—街道办事处—城区所管辖的特定地域对应的城市居住社区。

社区建设的定义："所谓社区建设是对社区工作的总体概括，是指在党和政府的领导下，依靠社区力量，利用社区资源，强化社区功能，解决社区问题，提高社区成员的生活质量，建设环境优美、治安良好、生活便利、人际关系和谐的新型社区，促进社区经济、政治、文化、环境协调、健康发展的过程，也是社区资源和社区力量的整合过程。"

归纳起来，其中最具共性的、最基本的社区建设内容主要有六个方面：社区组织、社区服务、社区治安、社区环境、社区卫生、社区文化。

2. 社区建设的物质载体——住区规划建设

由住宅区规划建设到社区建设的过程，是一个社区形成发展的过程，如果不研究社区的相关理论，了解社区的需求和功能，就很难满足居民更高层次的生活需求，很难为社区的形成和发展创造良好的物质空间环境。

因此住区规划建设不仅仅是孕育了一个理想的实体空间环境，还必须考虑空间环境的生长过程，包括居民如何使用，如何维护和保养，其建成方式应包含软件建设和硬件建设两个方面。良好的城市规划除了实体空间设计，非实质的因素(如社区意识的形成，管理委员会的建立，管理维护的参与方法、参与过程等)也应该进入规划设计者的考虑范围。

9.2 西方国家的社区规划建设

9.2.1 西方国家的城市住区规划演进

1. 理想主义城市的住区

(1) 罗伯特·欧文的“新协和村”。

新协和村由800～1200名居民组成，每人占耕地面积0.4公顷。布局呈方形，沿周边布置4幢条形住宅，围合成一个中央大院。院中央设有食堂、幼儿园和学校。院内有绿化，院外是耕地。住宅的客厅朝向庭院，而卧室朝向田野，兼顾了居民的社会性和家庭的私密性。

(2) E. 霍华德的“田园城市”。

单个田园城市内环宽500 m的范围内为住宅区，可居住32000人；外环设各类工厂、仓库和市场；内外环之间是宽广的绿化带，学校布置于其中。

(3) 托尼·戛涅尔的“工业城”。

戛涅尔规划的居住区颇有特色，具有开创性。居住区的中心位置设有项目众多的公共建筑。居住区分成若干小区，各设一所小学，生活服务设施组合在居住用地之内，道路按性质分类，绿地占居住用地的一半，绿地中间贯穿着步行路网。住宅为2层独立式。布局不从形式出发，注意了日照、通风等功能要求，抛开了当时城市中心区盛行的周边式框架。

(4) 勒·柯布西耶的“光辉城市”。

柯布西耶主张城市按功能分区，用简单的几何图形的方格网加放射形道路系统代替传统的同心圆式布局，用高层建筑和多层交通等现代设施来取代霍华德的水平式田园城市，以适应“机器时代的社会”。光辉城中心矗立着24幢60层的办公楼，人口密度为每公顷3000人。办公楼周围是锯齿形带屋顶花园的高层住宅，人口密度为每公顷300人。

2. 邻里单位(neighborhood unit)的理论与实践

(1) 邻里单位的理论原则。

1929 年,美国建筑师 C. A. Perry 提出了邻里单位的理论。他认为由于汽车的迅速增长对居住环境带来了严重的干扰,控制居住区内部的车辆交通以保障居民的安全和环境的安宁是邻里单位的理论基础和出发点;同时他认为区内应拥有足够的生活服务设施,以活跃居民的公共生活,以利于社会交往,使邻里关系更加密切。为此他制订了邻里单位的 6 条基本原则(图 9-1)。

①邻里单位四周被城市道路包围,城市道路不穿过邻里单位内部。

②邻里单位内部道路系统应限制外部车辆穿越。一般应采用尽端式以保持内部安静、安全及低交通量的居住气氛。

③以小学的合理规模为基础控制邻里单位的人口规模,使小学生上学不必穿过城市道路。一般邻里单位的规模约 5000 人,规模小的邻里单位为 3000～4000 人。

④邻里单位的中心建筑是小学校,它与其他的邻里服务设施一起建设在中心公共广场或绿地上。

⑤邻里单位占地约 160 英亩(合 65 公顷),每英亩 10 户,保证儿童上学距离不超过 0.5 英里(0.8 km)。

⑥邻里单位内小学附近设有商店、教堂、图书馆和公共活动中心。

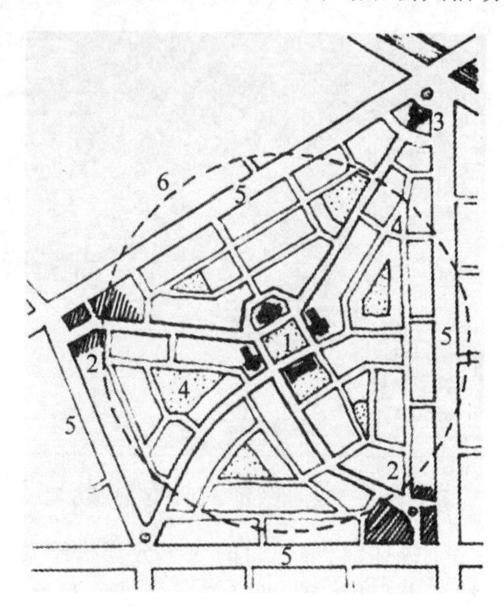

图 9-1　佩里邻里单位示意

1—邻里中心　2—商业和公寓　3—商店或教堂　4—绿地(占 1/10 的用地)
5—大街　6—半径 0.5 英里

1928 年,克拉伦斯·斯坦(Clarence Stain)和亨利·莱特(Henry Wright)基于邻里单位理论提出了新泽西州的雷德朋住区规划方案(图 9-2)。这个被称为“汽车时代城镇”的规划方案体现了以下几项措施。

①将传统的小规模建筑综合体改为超级综合体,防止大流量的机动车交通穿越综合体。

②街道按不同功能分成 4 类。

③车行交通与步行交通相交处采用立体交叉。

④住宅的主要居室不是面向街道,而是面向住宅的后花园和步行小道。

⑤超级综合体的宽阔绿化带渗透到整个城镇的公用体系。

图 9-2 新泽西州的雷德朋住区规划方案

佩里的邻里单位理论原则以及雷德朋的人车分离措施对以后的居住区规划产生了深远的影响,一再被后人引用。但当时美国经济处于萧条时期,邻里单位没有实现,在第二次世界大战以后才首次在英国得到应用。

(2) 邻里单位理论在新城中的实践。

①1944 年大伦敦规划中确定的第一代“卫星城”的代表——哈罗城(伦敦)。

哈罗城占地 450 hm^2,规划可容纳 6 万人。城市划分成 14 个邻里单位,每个单位可居住 3500～6000 人,设 1 所小学和 1 个邻里中心;道路骨架根据地形灵活布置;

对外交通布置在城市外围，市内干道不穿越邻里单位；通往住宅组群的内部道路为尽端式或曲线形；邻里单位之间用绿地分隔；住宅一般为 1～3 层，并联式，保持舒适的居住条件和田园式的生活环境（图 9-3）。

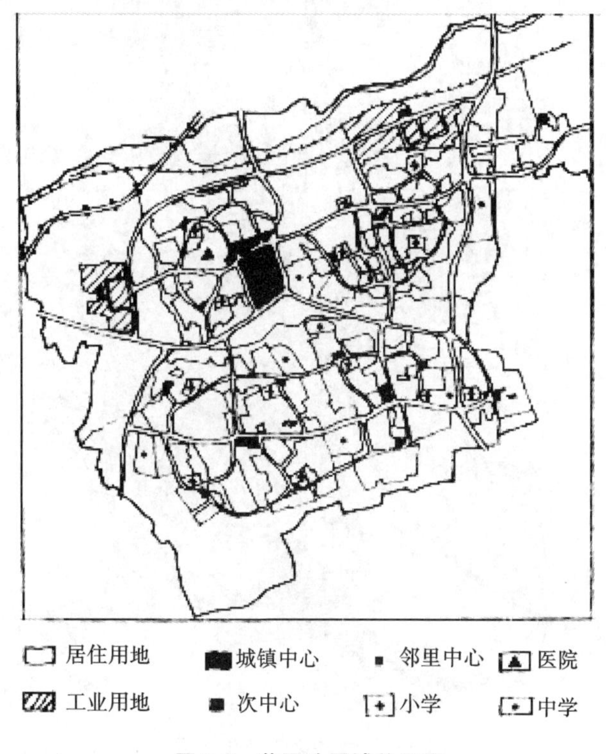

图 9-3　英国哈罗城总平面

②第二代"卫星城"的代表——魏林比（斯德哥尔摩）。

魏林比占地 290 hm^2，规划人口 25 000 人，由 6 个邻里单位和 1 个中心组成，每个邻里单位居住 3000～4000 人；住宅沿地块周边布置，内部是连续的绿地；城市道路在外围经过，车辆通过尽端路到达各栋住宅，但不进入绿地；人与车辆是两个系统，因此生活空间和交通空间是分开的。这一空间划分的模式在私人小汽车普及的西方迄今仍被广泛采用（图 9-4）。

③第三代"卫星城"的代表——密尔顿·凯恩斯新城（英国）。

密尔顿·凯恩斯新城距伦敦 80 km，距伯明翰 100 km，它不再是大城市的卫星城或"卧城"，而是独立的自成体系的新兴城市。同巴黎的一些新城一样，密尔顿·凯恩斯新城不是完全地"平地起家"，而是在原有村落的基础上扩建起来的。新城的道路系统采用方格网布置，道路间距 1 km 左右，道路所包围的邻里单位是 1 个扩大的街区，面积约 100 hm^2，每边留 1 个车辆出入口；基层商业网点不再布置在邻里中心，而是沿城市道路布局，便于居民有更多的选择（图 9-5）。

图 9-4　魏林比新城总平面

1—以单层独院式住宅为主的邻里单位　2—以 2～3 层并联式住宅为主的邻里单位

3—以高多低层住宅混合布置的邻里单位　4—中心区

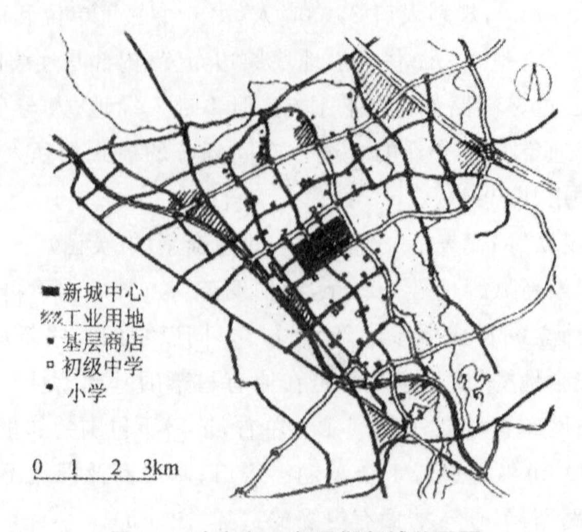

图 9-5　密尔顿·凯恩斯新城总平面

(3) 邻里单位几种布局的典型实例。

①自由式布局。

以北马克-霍尔(Mark Hall North)邻里单位为例，这是伦敦卫星城哈罗城的一个邻里单位，建于 20 世纪 40 年代末，住宅为 1～3 层，并联式，个别为 9 层塔楼，人口密度为 125～150 人/hm^2。

北马克-霍尔邻里单位的特点是住宅自由布置，道路相应地呈弧形线，布局活泼，空间富有变化；邻里中心有大片绿地，并设有小学、商店和教堂；住宅组团内也布置了公共绿地，为居民提供了良好的户外活动场地(图 9-6)。

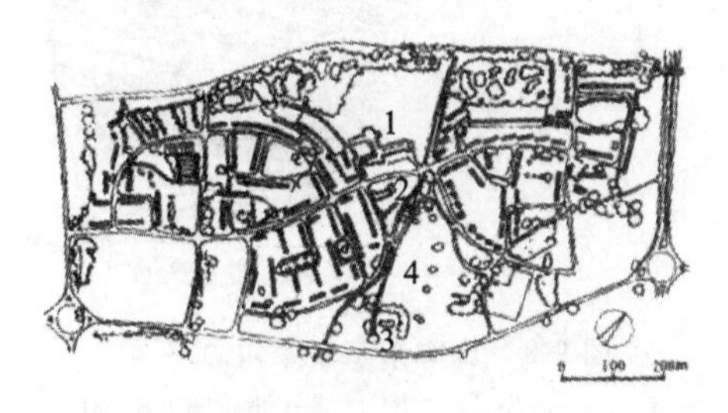

图 9-6　北马克-霍尔邻里单位总平面

1—小学　2—商店　3—教堂　4—公园

②周边式布局。

以瑞典巴隆巴格纳为例。其建于 1954—1957 年，占地 27 hm^2，住 3500 人，人口毛密度 130 人/hm^2，住宅 3～4 层。其特点是：住宅沿外围周边布置，呈锯齿形，形成半封闭的庭院，使场地具有强烈的内向性；动态空间与静态空间明确分开；车由外围道路进入后院，到达每户门口，但不能继续深入；内向生活庭院与中心大片公共绿地连通，保证了居民室外活动的安静与悠闲，让场地使用更方便(图 9-7)。

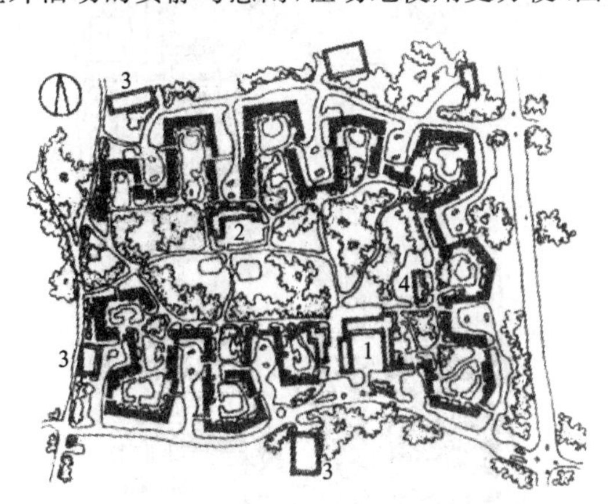

图 9-7　瑞典巴隆巴格纳平面

1—商业中心　2—学校　3—车库　4—幼儿园

③行列式布局。

以日本东京多摩川为例。其始建于 1967 年，占地 55 hm^2，住 18060 人，人口毛密度 328 人/hm^2，住宅 5 层(图 9-8)。它的特点是住宅全部为南北向，被划分成组团,组团之间用绿化带和道路分隔。住宅布置形式比较统一,但每个组团的布置又有变化。虽都是行列式,但并不使人感到单调呆板。组团中心设有小块公共绿地,供儿童游戏。

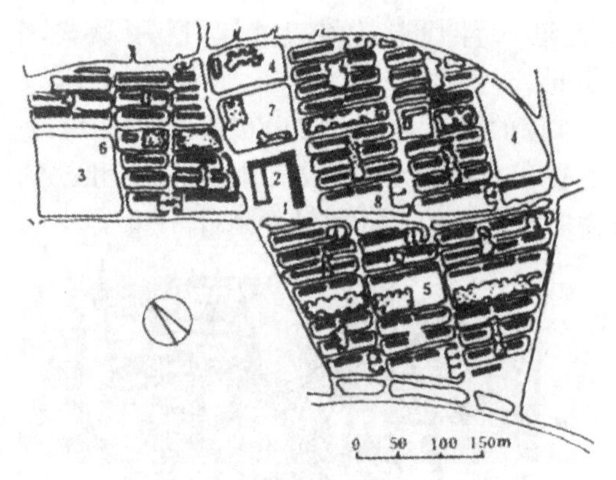

图 9-8 日本东京多摩川总平面

1—12 层住宅 2—银行、超市 3—中学 4—小学 5—幼儿园 6—托儿所 7—公园 8—停车场

④组合式布局。

以美国底特律拉法耶特(Lafayette)为例。其建于 1955—1966 年,占地 29 hm^2,人口 1800 户(按平均每户 3 人折算,合 5400 人),人口毛密度 62 户/hm^2(折合 186 人/hm^2),住宅 1～2 层及 21 层(图 9-9)。该新村分成两个住宅组团,中间被运动场、公园绿地和小学校隔开。低层并联式住宅组合布置,尺度适宜,韵律性强。

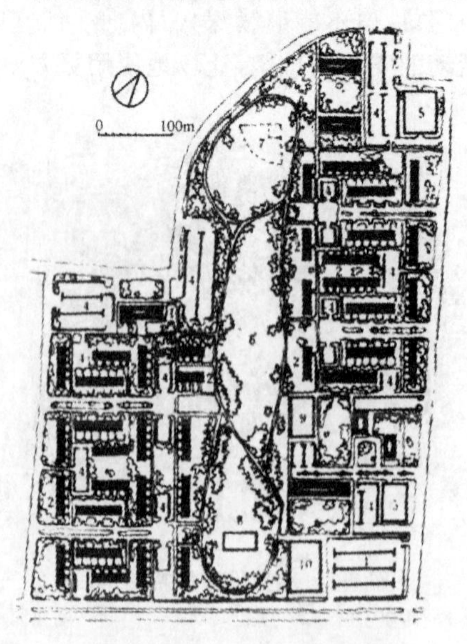

图 9-9 拉法耶特新村总平面

1—21 层住宅 2—2 层并联式住宅 3—1 层并联式住宅 4—停车场 5—汽车库
6—公园 7—运动场 8—小学校 9—俱乐部 10—商业中心

9.2.2 西方国家的社区发展和规划

国外规划领域中所指的社区规划基本上是属于社会规划(social planning)和社会工作(social work)的范畴,通常是指以公众参与为主的规划内容,因此工作的主要内容涉及社区公众参与的组织过程和程序。

在国际范围内,社区发展和社区建设可以看作是摆脱贫困、克服人际疏离、发展社会共同体的运动。由于地区及各国之间的差异,社区发展的重点和社区规划研究的侧重点各不相同,发达国家与发展中国家的社区发展实践更是有所不同。发展中国家的城市社区规划大都强调自助、合作、参与和专家援助等,较多地带有"服务取向"和"问题解决取向",其主要目标集中于社区情感、凝聚力、责任感和归属感的培养以及社区居民的组织及人际关系的协调;侧重于各种服务机构的建立和协调,以及社会保障和福利服务改善。

而发达国家则着重把社区发展作为解决社会问题、进行社会改良以至社会开发的一种手段和途径。随着城市社会生活功能的加强,欧美国家的社区规划更趋向于对社区的社会规划,构建内在社会机能(如社区的成长与更新、社区情感与精神的培育等)。其推行社区发展的组织是分散的,通常由地方政府自行制订发展规划,非政府团体也可以参与规划,并且公众参与社区建设的程度也在逐步加强。

9.3 我国的社区规划建设

9.3.1 我国社区规划

在中国,城市规划学科对社区规划的研究和实践相对于社会学晚了几十年。我国城市中的住区建设自20世纪50年代至20世纪70年代,在权力高度集中的计划经济体制下逐步形成了具有自身特色的模式。在计划经济制度下,单位在很长一段时期内承担着经济与社会的双重职能,社区带有明显的单位属性,社会成员的自我发展和人际交往一直局限于单位内部范围,自治意识和参与意识的培育受到客观条件的限制,社区缺乏应有的社会基础和相应的体制支撑。因此城市规划中的住区规划难以突破物质性规划的范畴,这是城市规划专业自身难以解决的问题。所以,从某种意义上来说,这段时期的城市规划中没有完整意义上的社区规划。

在计划经济逐步向市场经济过渡时期(20世纪70年代末到20世纪90年代初),单位制度依然起着稳定社会的作用,人们对政府和单位的依赖有着很大的惯性,但市场的力量已随着改革的深入而逐步渗透到社会的各个方面,包括城市住房制度的改革、服务业的迅速发展等。对社区的发展而言,由于居民对居住地有了一定程度的选择,不再拘泥于单位福利分房的有限范围,因此对社区的服务及中介机构也有了一定程度的选择要求。

到20世纪90年代中后期,这种变革还不具有普遍的社会意义,这是因为企业改革和城市住房制度的改革还没到位。此时住区的增量建设及对开发利益最大化的追求是关注的焦点,所以社区规划只能停留在理论研究阶段,城市规划工作者对于社区规划的实践一直大体停留在住区规划。

9.3.2 我国的城市住区规划

1. 新中国成立后城市住区规划的发展

(1) 借鉴西方邻里单位的手法。

20 世纪 50 年代初期,我国由于缺乏经验,曾借鉴苏联邻里单位的规划手法来建设居住区(图 9-10、图 9-11)。

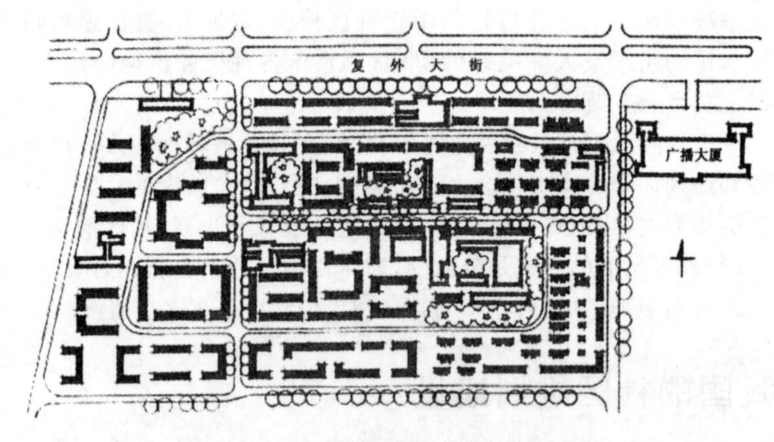

图 9-10 北京复兴门外居住区规划平面图

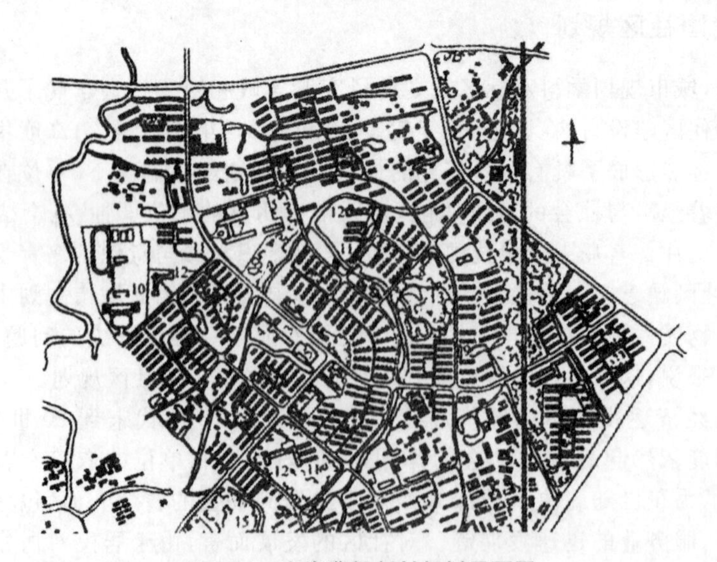

图 9-11 上海曹杨新村规划平面图

1—银行 2—文化馆 3—商店 4—食堂 5—电影院 6—卫生站 7—医院 8—菜场 9—服务站 10—中学 11—小学 12—托幼 13—公园 14—墓园 15—苗圃 16—污水管理处 17—铁路

苏联的街坊布置是从旧街区演变过来的。街坊由 4 条道路包围。住宅沿街道周边布置，围合成一个内部庭园。庭园内设有托儿所或幼儿园等日常性服务设施。街坊布置与旧街区不同之处在于有较多的绿化空间，克服了过去拥挤堵塞的不洁环境。街坊一般占地 2～3 hm^2，内部庭园较为宽敞，可不受外界的干扰(图 9-12、图 9-13)。但当时街坊布置过分追求表面形式，而使一些住户长期受到相邻住宅建筑的遮挡，形成“死角”，缺少必要的日照和通风，同时结合地形地貌不够，因此在以后的居住区规划中没有继续采用。

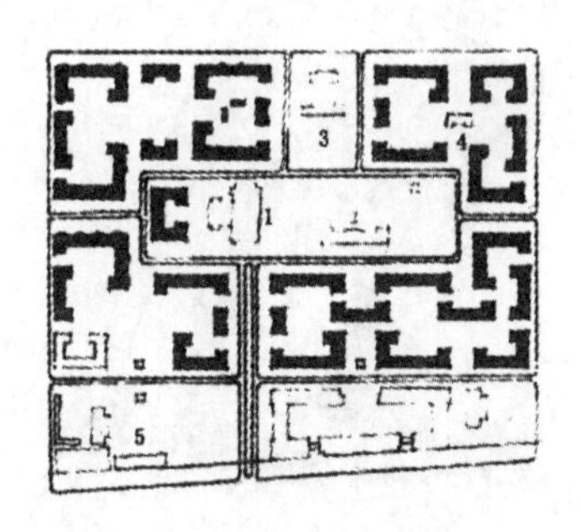

图 9-12 北京棉纺厂生活区总平面

1—食堂 2—小学 3—幼儿园
4—托儿所 5—商店

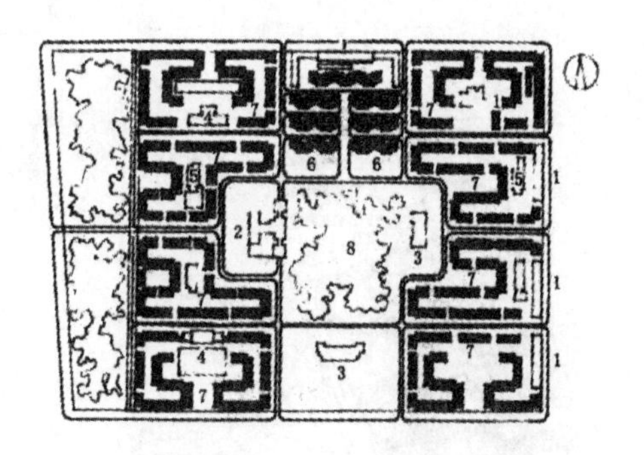

图 9-13 百万庄住宅区总平面

1—办公 2—商场 3—小学 4—托幼 5—锅炉房
6—2 层并联住宅 7—3 层住宅 8—绿地

(2) 小区规划理论的出现及运用。

20 世纪 50 年代中期，我国开始引入苏联的居住小区规划模式。“小区”一词是由俄文“МИКРОРАИОН”直译而来的，它的基本原则概括如下。

①被城市道路所包围的居住地段称作小区。城市交通不得引入小区。

②有一套完善的日常使用的生活福利文化设施，包括学校、托儿所、幼儿园、饭馆和商店等。

③形成完整的建筑群，创造便于生活的空间。

小区与街坊的不同之处在于以下 3 点。

①住宅组团内不设公共服务设施，使组团内部庭园具有安静的居住环境。

②打破了住宅周边式的封闭格局，不再强调构图的轴线对称。

③重视并更好地满足居民对生活的多方面需求。

小区规划的理论一经传入我国，即被广泛地采用，而且通过我国规划师和建筑师的努力，使其逐步具有中国特色(图 9-14、图 9-15)。

(3) 城市小街区规划的提出与实践。

①城市小街区规划的相关背景。

随着时间的推移，越来越多空间更为封闭、功能更为单一的商品房小区出现了，且这些小区的规模越来越大，与我们的传统街巷空间渐行渐远，其街区活力、居民户外活动的连续性与选择性等问题逐渐引起大家的思考。

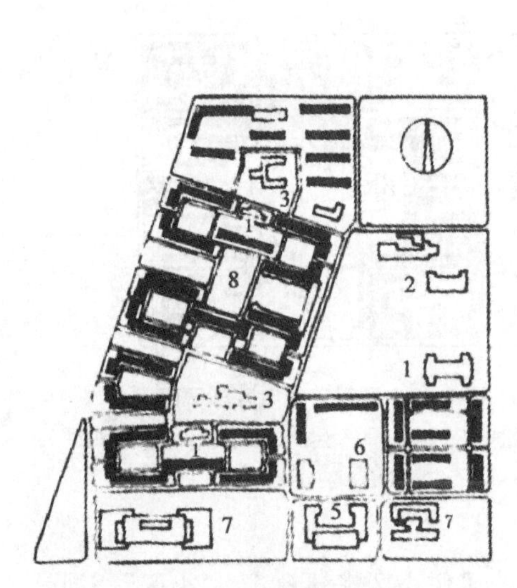

图 9-14 夕照寺小区总平面

1—中学 2—小学 3—托幼

4—食堂 5—商店 6—锅炉房

7—专用地 8—4 层住宅

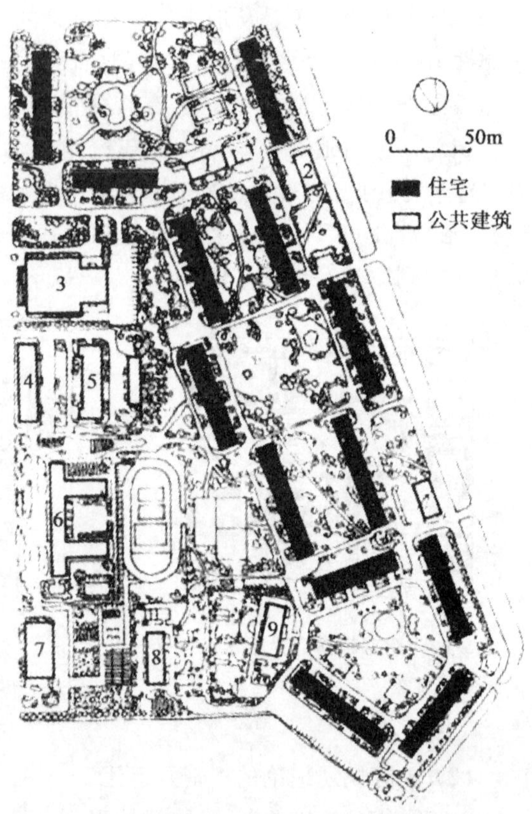

图 9-15 苏联最早的实验小区——莫斯科新契尔穆舍克区 9 号街坊总平面

1—变电所 2—粮店 3—电影院

4—百货店 5—电话站 6—学校

7—食堂 8—幼儿园 9—托儿所

20 世纪 80 年代,西方国家应对“宽马路、大街区”现象,提出新城市主义等规划理论,它的出现使社区建设有了全新的指导思想,在巴塞罗那、波特兰、墨尔本等城市进行了成功实践,并取得了很好效果。

80 m×80 m 左右的街坊尺度,形成了巴塞罗那大部分的城市空间(图 9-16),高度连续性及开放性的街道空间给通行者带来了更高的可达性;“紧凑、宜居、可步行、宜人”是波特兰的主要特征,其典型的街区尺度为 60 m×60 m,路网密度达 25 km/km^2,按照 20 分钟生活圈概念进行土地的混合开发,并规划密集的自行车网络,以减少机动车的出行,打造宜居的社区生活(图 9-17)。

随着我国现代化进程的推进,“宽马路、大街区”的建设模式使传统城市街巷体系受到系统性的破坏,交通拥堵、社会隔离等问题接踵而至。

2015 年 12 月,中央城市工作会议提出:“转变城市发展方式,完善城市治理体系,提高城市治理能力,着力解决城市病等突出问题,不断提升城市环境质量、人民

图 9-16 巴塞罗那街区空间示意图

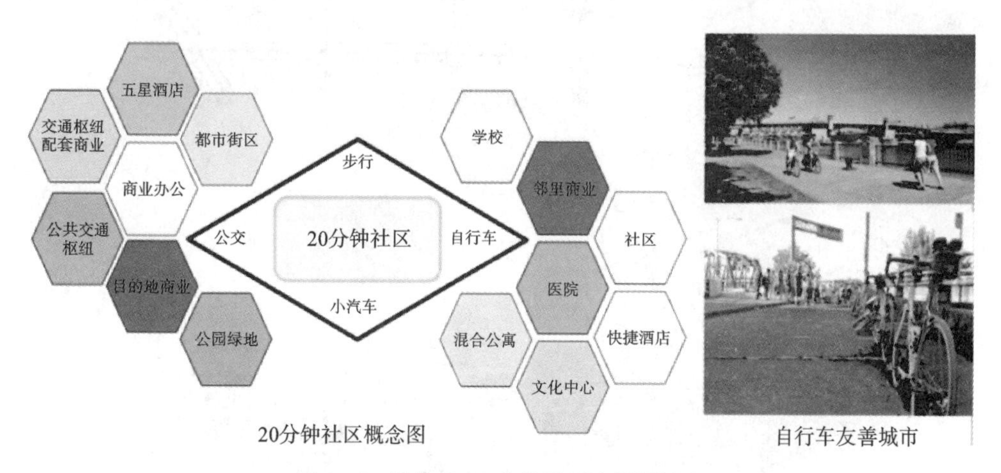

图 9-17 波特兰 20 分钟社区生活圈概念

生活质量、城市竞争力，建设和谐宜居、富有活力、各具特色的现代化城市。”

2016 年 2 月《中共中央国务院关于进一步加强城市规划建设管理工作的若干意见》中明确提出：“加强街区的规划和建设，分梯级明确新建街区面积，推动发展开放便捷、尺度适宜、配套完善、邻里和谐的生活街区”，树立“窄马路、密路网”的城市道路布局理念。

2017 年 6 月中央下发《关于加强和完善城乡社区治理的意见》提出：补齐城乡社区治理短板、改善社区人居环境、加快社区综合服务设施建设、优化社区资源配置。

2018 年 7 月，中华人民共和国住房和城乡建设部公布国家标准《城市居住区规划设计标准》，明确提出 15 分钟生活圈、10 分钟生活圈、5 分钟生活圈、居住街坊等概念。

城市小街区这一概念虽然在最近才提出,但我国的传统城市中都是密路网小街区和开放的街区。我国传统城市密路网小街区的历史可以上溯到北宋初期,伴随当时封闭里坊制的瓦解,街巷开始在城市中出现,其后明清北京城的胡同、成都的市井街巷等街巷体系逐渐完善,成为居民日常生活交往的重要场所。

小街区是由城市主次干道围合、中小街道分割、路网密度较高、公共交通完善、用地功能复合、公共服务设施就近配套的开放街区模式。简单概括就是,加密路网,并把加密的路网公共化,把公共服务设施/商业广场按照新增加的小路网布局,形成一个带状或网状结构(图 9-18)。

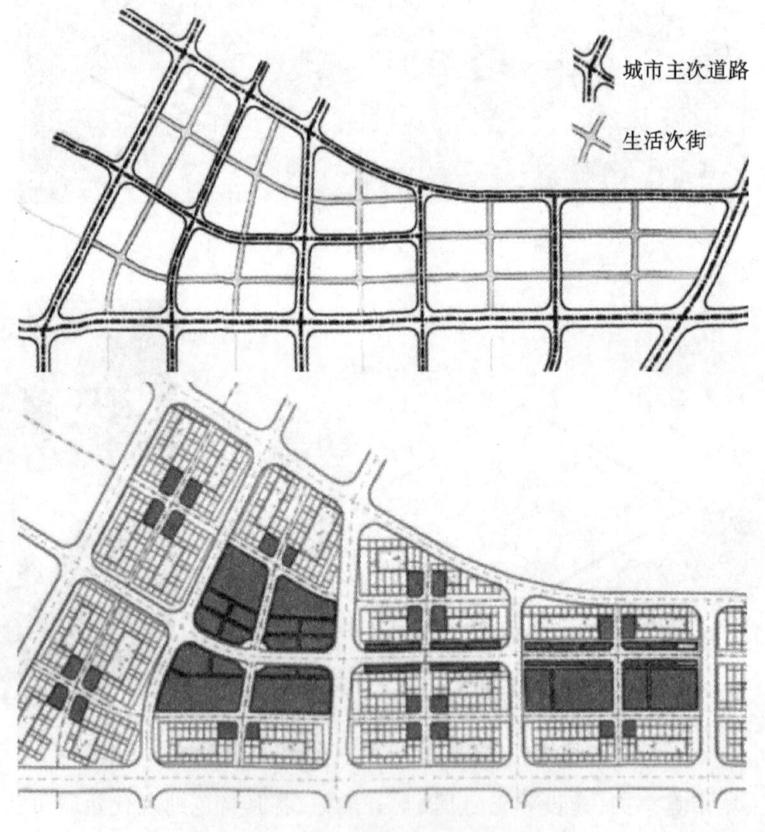

图 9-18　密路网小街区基本结构示意

高密度的路网产生较为均质的路网肌理,车行交通得以均匀分布,单向交通、慢行交通具有灵活组织的可能性,更重要的是慢行交通可以从空间上分离出来,并将大大减少被宽阔主次干道打断的情况,因而使空间与活动具有更好的连续性。

同时居民社会阶层的混合有利于避免产生社会隔离,密路网形成的小尺度开放街区有利于社会融合目标的实现,有利于减少社会各阶层接触的距离,增加各阶层居民对话与交流的机会,从而促进社会融合,提升城市生活的品质,提高城市治理体系和治理能力的现代化水平。

②城市小街区规划的实践。

a.成都玉林片区规划。

成都玉林片区是20世纪八九十年代建设的典型居住片区，以多层建筑为主，建筑密度较高，街坊尺度较小，尺度宜人、复合多元的街区空间，营造了繁荣的商业氛围和市井生活气息。其典型特征如下。

Ⅰ．密路网，窄路幅：两横两纵的城市道路围合的片区，形成完善的路街巷系统，路网密度达13.36 km/km²；街道宽度4～16 m，两侧建筑4～7层，建筑体量宜人(图9-19)。

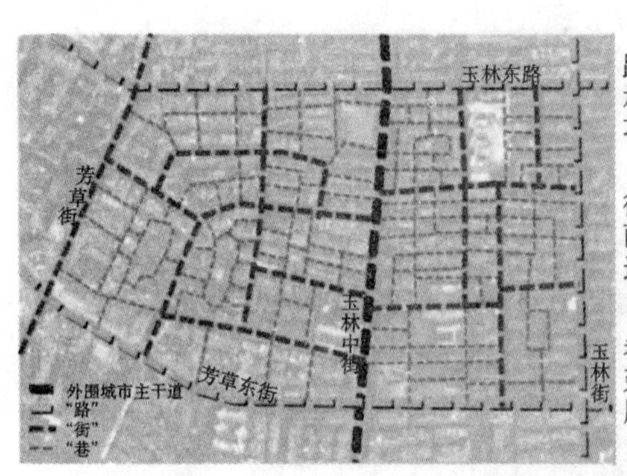

路：红线宽度20～25m，承担片区对外交通集疏功能。

街：红线宽度12～16m，两侧以底商的形式形成连续的街道公共空间。

巷：红线宽度4～9m，延伸到各住区，主要服务于人与自行车。

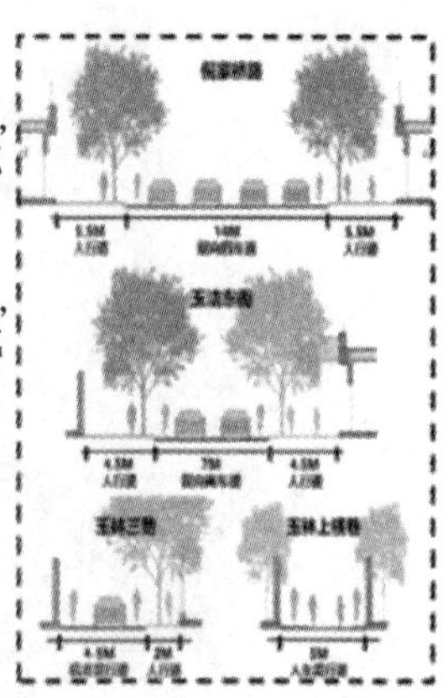

图9-19　成都市玉林片区路街巷示意图

Ⅱ．慢出行，强调机动车与行人的路权一体。

Ⅲ．功能复合，涵盖了购物、餐饮、娱乐、生活服务等业态，变服务交通的道路为服务生活的街道，让市民享受传统的街巷生活(图9-20)。

图9-20　成都市玉林片区公共服务设施配置示意图

b. 四川都江堰“壹街区”规划。

“壹街区”是都江堰灾后重建区，它于20世纪八九十年代建设，是整个都江堰地区最能体现城市生活特色的建设，居民喜欢到这里来，这里有最具活力的街道。如何把握它的街区尺度与形态，同济大学周俭教授规划团队在充分调研都江堰老城区街区尺度及形态的基础上提出以下观点。

Ⅰ. 加大规划路网密度，道路间距控制在70～160 m，用地规模控制在5500～15000 m^2，将居住区和居住小区转化为由小街坊组成的城市街区(图9-21、图9-22)。路网的密度、街区的尺度与形态，街坊大大小小的组合等，都与老城区有一定的相似性。

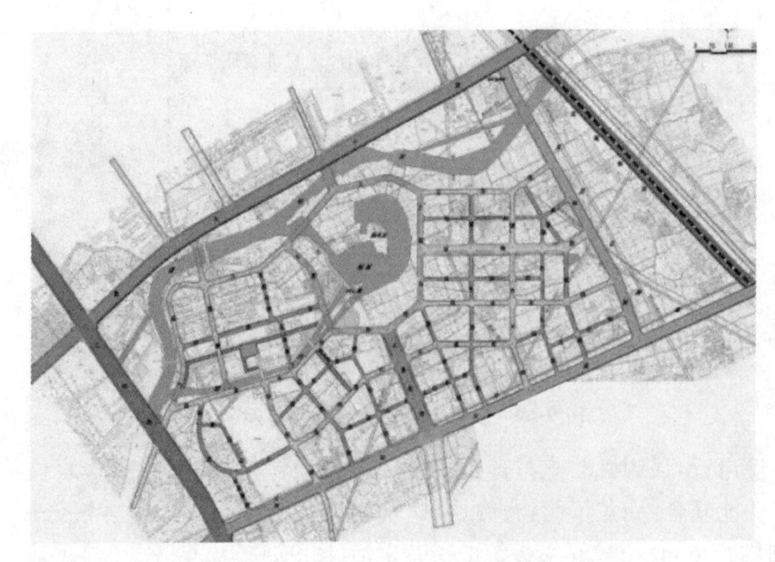

图9-21 “壹街区”路网结构示意图

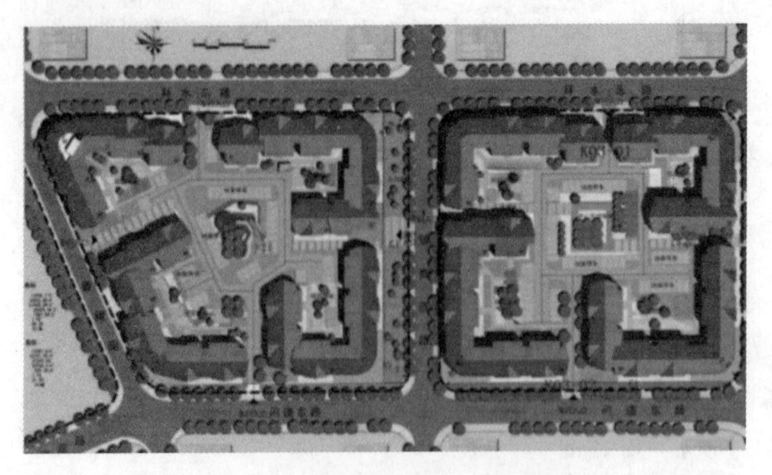

图9-22 “壹街区”代表性街坊规划图

西侧街坊255户，东侧街坊270户，共计525户

Ⅱ. 小区绿地公共化，形成 650～2600 m^2 的街头公共绿地系统，布置在 9 m 及 12 m的道路边(图 9-23)。

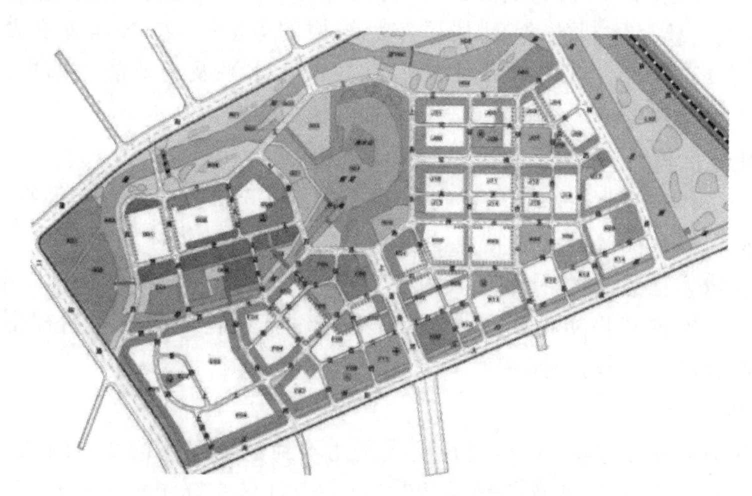

图 9-23 “壹街区”绿地及公共服务设施规划图

Ⅲ. 多种功能复合，提升街道活力。学习蓬皮杜艺术中心的设计手法，在保留原有街巷结构、街坊形态和规模的基础上，布置艺术中心、商店、书店、画廊、餐厅等，不仅吸引了居住在中心附近的居民，也吸引了来自其他地方的人，包括外来游客。

“壹街区”规划除学校、文化馆、图书馆、青少年活动中心、妇女活动中心、妇幼保健院等，其他商业结合住宅布置，商住混合更好地营造了都江堰传统沿街商业氛围，鼓励和发展了街道的公共生活(图 9-24)。

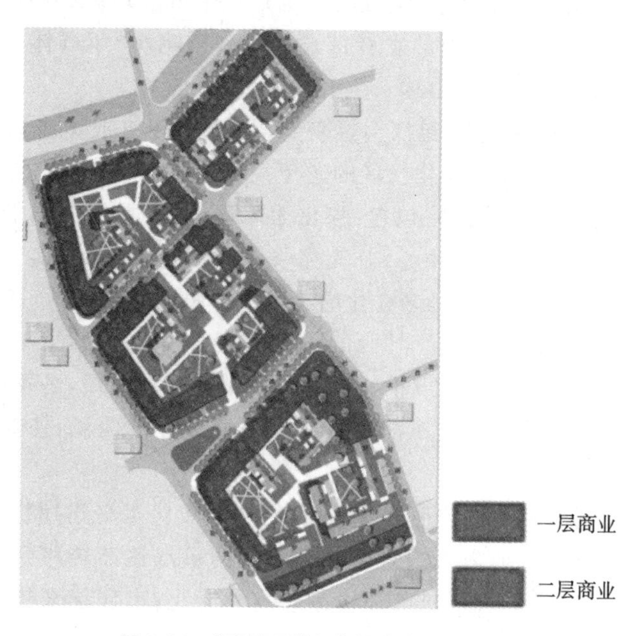

图 9-24 “壹街区”商住混合布局示意图

2. 我国居住区规划设计前瞻

住房体制的改革(住房的商品化、社会化要求)、医疗体制的改革(基本走向是商业化、市场化)、教育体制的改革、居民年龄结构的老龄化、小汽车对生活方式的改变、商业服务的市场化、家庭结构的变化、居民收入水平及消费能力的提高等,对住区规划产生着深刻影响,影响着其结构形态和发展趋势。

(1) 社区化趋向。

随着经济体制的改革,单位、企业内部的生活服务和社会福利功能将不断削弱,并逐渐转向城市和社区。人们在生活观念上将从计划经济体制下主要依靠工作单位转向主要依靠社区,居住社区便成为社会结构中稳定的基本单元。因而居住区将不仅需进一步完善其物质生活支撑系统,更需建立具有凝聚力的精神生活空间场所,并体现其社区精神与认同感。

(2) 开放型趋势。

居住区开发建设过程中,多数开发楼盘达不到一个完整的小区规模,多单元的重复开发配套可能导致"小而全的模式"。每一个社区实际上成为一个缩小的城市,虽然涵盖了有关居民生活的方方面面,但造成了重复建设、低水平开发及低效率利用,于是出现了具有代表性的"地产联营"形式:几个开发楼盘借助地域空间上的接近和交通组织上的便利,加强互动,在有效保证居住空间完整性与私密性的前提下,建立具有开放性的空间环境和场所氛围,灵活处理商业体系的开放、空间环境的整合以及居住组团的管理等。

(3) 老龄化趋向。

人口老龄化已是人类发展的必然趋势,也是一个世界现象。中国的老龄化现象给经济、社会、政治、文化等方面的发展带来了深刻影响,老年群体的养老、医疗、社会服务等方面的需求面临的压力越来越大。

由于我国独特的伦理传统和社会经济背景,居住区将成为老人安度晚年的乐园,因此努力创造一个适应老龄化发展的老年人居住生活环境是住宅区规划的责任和义务。适老型居住区设计策略包含:强化无障碍设计;重视照料老年人和服务设施的建设,如托老所、老年服务中心;补充完善医疗保健设施;充实文化体育设施等老人颐养型设施,并形成多层次、多样化的老人颐养服务系统。

(4) 交通组织多元化趋向。

目前,我国的居住区规划建设正处于一个如火如荼的阶段,各类住区、各种新的设计手法层出不穷,极大地拓展了居住区交通规划设计的内涵,使规划设计思想与方法跃至一个新的高度。

同时,随着我国国民经济的迅速发展,人们物质文化水平迅速提高,越来越多的私家小汽车进入居住区,加之人们对居住区关注的重点逐渐转移到居住区文化、特色、品质等方面,居住区交通规划也必将适应这种变化,出现越来越多富有创意、充满人性思维的新思路。

(5) 生态化趋向。

居住区生态系统除加强绿化、充分发挥绿化的环境功能外，更需要重视利用科学技术(如太阳能、风能利用，废水和垃圾的处理及再利用)，创造一个自我“排放—转换—吸纳”的可持续发展的良性生态循环系统。

9.4　目前社区建设中存在的问题及解决思路

9.4.1　存在问题

1. 人口问题

(1) 老年人口比重偏大，社区老龄化已是事实，养老问题突出。

随着社区老年人口的不断增多，养老问题的迫切性不言而喻。目前，社区老年人口问题相对集中在养老、健身、医疗等方面，但目前社区在这几个方面还缺乏足够的准备，社区的养老需求与养老服务及养老设施尚不匹配。

虽然目前家庭养老仍是最主要的养老方式，但未来的发展趋势是在社区内增设养老机构，老人既不会成为子女日常生活的负担，又能接受良好全面的照顾，同时还能随时与子女进行情感上的交流，可谓一举三得。此外，部分居民将来会选择独居，他们或参加养老保险，或雇请保姆，社区需要考虑为这些老人增加相应的服务项目，并招收、培训相关的专业人员，例如培训一些专门为老年人提供服务的社工，定期开展针对老年人的志愿者活动等。

老年人对老年活动中心及健身场馆有着较为强烈的需求，但应考虑到他们的身体状况，提供适宜的运动项目。在设置健身设施时，应注意场馆的分布距离和项目的安排应符合老年人的实际需求与消费能力。

至于医疗问题，目前社区中绝大多数老人依旧是自己去医院就诊，或仅仅是买一些常用药品或做一些例行的检查，不是很方便。因此，可以考虑建立社区医师队伍，为居民提供一定的医疗常规检查服务以及一些简单的诊治，并可定期开展针对居民需求的医疗保健咨询和服务，真正做到方便居民就诊。

(2) 社区下岗、失业人员增加，再就业途径单一。

现阶段社区居民的再就业途径非常单一，他们较多地依靠亲戚朋友去寻求再次就业的机会，社区所能提供的帮助也仅仅停留在介绍工作的层面上，仅有很少一部分居民参加过职业教育或继续教育。而在当地居民对社区服务项目的需求中，有许多技术含量不高但需求较大的项目，如家电维修、理发、家政、护理等，因此社区在再就业教育方面还有很大的空间，比如针对下岗失业人员提供相关的短期职业培训，一部分这样的工作可以由他们来承担，这样不仅可以促进社区的教育发展，也可解决一部分再就业问题。

2. 社区环境问题

(1) 物业管理不到位,社区环境状况有待改善。

部分物业管理公司、业主委员会缺乏经验,在实际操作过程中与居民矛盾重重;同时,物业管理公司的收费难也影响了公司的积极性和主动性;加上部分居民还有一些不良生活习惯,如乱扔垃圾、宠物"放任自流"等,这些不良行为影响了小区卫生环境。

(2) 社区公共活动设施缺乏。

目前社区内可供居民集体活动的场馆比较少,即便有场馆,空间也不大,相对于居民人数而言,这些设施远远不够,绝大多数居民只能在小区有限的空间内坐下来闲聊,或者干脆待在家里。图书馆、文化站、社区活动中心等公共活动场所的建设刻不容缓。

(3) 社区邻里交往层次偏低,邻里互动意识匮乏。

居民的邻里互助意识十分薄弱,尚没有具备社区发展诉求的邻里意识。传统的血缘亲属关系仍旧是社区互动体系的核心部分,而邻里互动尚缺乏一定的号召力和影响力。同时,由于社区居民在爱好、休闲等方面所表现出来的"独来独往",影响了邻里之间的互动,邻里关系的发展受到阻碍。

(4) 社区服务与社会保障不完善。

无障碍设施完善度是一个社区人文环境的重要衡量标准,而目前社区针对残障人士的设施不够完善,服务比较欠缺,助残意识有待加强。可喜的是,现在绝大多数居民赞同修建残障人士服务设施,并表现出了很大的热情,社区应该抓住类似这样的机会,适时地对居民进行互助意识的教育和引导,从根本上解决小区残障人士的公益服务问题。

(5) 社区文化与社区教育贫乏。

居民的文化需求尚停留在基本的健身娱乐活动方面,社区的团体绝大多数处于一种居民自发组织、自主活动的状态,他们更多的是出于锻炼身体的考虑组合而成,属于一种比较松散的组织,团体内部的联系纽带十分薄弱,随时有解散的可能。对此,有关部门应做出积极的反应,及时给予指导与引导,培育起真正意义上的社区民间团体,为社区长远的文化建设做好铺垫。

9.4.2 解决思路

1. 加强社区建设设施的配套

为完善社区功能,我们应该结合社区建设的内容来考虑社区公共服务设施的配置。社区建设设施可以定义为:本社区居民共同拥有,配合社区建设,开展社区管理和社区服务,以及社区文化活动和社区交往的设施和场地,主要包括管理设施、服务设施、环境设施、市政公用设施(表 9-2),其产权属于社区全体居民所有。

表 9-2　社区建设设施项目

<table>
<tr><th>社区
建设内容</th><th colspan="2">设施类别</th><th>街道社区
10000 户以上</th><th>基本社区
2000 户以上</th><th>社区单元
100～700 户</th></tr>
<tr><td>社区组织
社区安全</td><td colspan="2">社区管理设施</td><td>街道办事处
派出所
社区服务中心</td><td>社区委员会
物业管理
社区服务中心</td><td>居委会</td></tr>
<tr><td rowspan="4">社区文化
社区卫生
社区服务</td><td rowspan="4">社区服务设施</td><td>社区文体设施</td><td>文化艺术中心
体育场(馆)</td><td>文化活动中心
体育活动场所</td><td>邻里活动室
儿童游戏场地</td></tr>
<tr><td>社区福利设施</td><td>敬老院
残疾人托养所</td><td>托老所</td><td></td></tr>
<tr><td>社区卫生设施</td><td>街道医院</td><td>社区保健站</td><td></td></tr>
<tr><td>综合便民设施</td><td></td><td>社区服务网点</td><td>便民服务点</td></tr>
<tr><td rowspan="2">社区环境</td><td colspan="2">社区环境设施</td><td>公园</td><td>社区居民广场
社区集中绿地</td><td>组团公共绿地
楼间绿地</td></tr>
<tr><td colspan="2">市政公用设施</td><td>—</td><td>集中小汽车停车设施
密闭式清洁站</td><td>自行车停车、小汽车停车
垃圾收集点</td></tr>
</table>

注:以上列出社区建设设施基本内容,考虑规模效益和综合性,宜进行合适布局以形成社区中心。

从社区的角度分析住宅区的公共设施布局问题,公共服务设施分类可调整为社区建设设施和商业服务设施(图 9-25)。商业服务设施有其自身的特点与发展规律,它的服务对象不仅局限于社区内,其性质、内容将不再单一地服从规划的安排,而是更多地受市场的引导,规模、布点也要考虑一定地域的功能组合、集聚效益及服务半径,表现出更大的灵活性和弹性,因此对该类设施的设置规定应相应放开,摒弃以往以商业设施构筑社区中心的思想,社区中心应从社区的组织管理和社区交往出发,面向本社区居民(表 9-3),把更多的精力用于公益性设施。

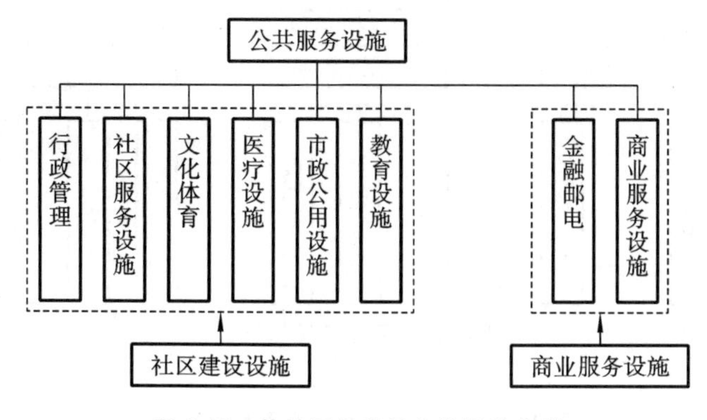

图 9-25　从社区角度的公共设施分类

表 9-3　商业中心和社区中心比较

	商 业 中 心	社 区 中 心
服务范围	不限定服务对象范围,以服务半径确定	以本社区居民为主
服务对象特征	面向所有人群	以老年、青少年为主
布局特征	外向型 布置在人流车行相对集中的区域 以街道的线性空间形态为多数	内向型 多位于社区几何中心与中心绿地结合布置
项目内容	金融邮电 各种盈利性设施,如商业设施、娱乐设施、第三产业服务设施	社区建设设施(包括社区管理、社区文体设施、社区环境设施等)、教育设施等。

2. 加强社区建设与公众参与

社区建设不仅为社区形成“自我管理、自我教育、自我服务的基层群众性自治组织”而努力,同时注重社区管理的运行机制的发展。它的工作目标之一是“实现城市基层社区的民主选举、民主决策、民主管理、民主监督”,这为社区居民参与自身居住环境的维护发展,提供了一个良好的途径。

如图 9-26 所示为公众参与的类型和层次,它表明真正意义上的居民社区参与,不但包括被告知信息、获得咨询和发表意见等权利,而且还包括居民和社区对环境维护整治过程的参与和控制。这种参与不可能以居民个体的方式进行,社区自治组织是社区参与的基本途径和手段。

为建立社区管理系统,社区管理委员会的成立是必须的,社区应凭借社会各界力量,发动社区内外资源,采取各种自助计划把居民组织起来,参与社区事务解决社区共同问题。

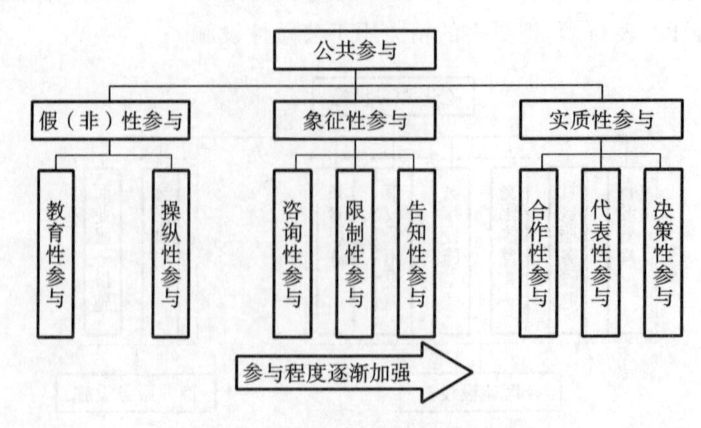

图 9-26　公众参与的类型和层次

对我国规划师来说，社区规划与建设尚是新鲜事物，还处于探讨和摸索阶段，关于城市社区研究的理论和实践并不丰富，而且主要集中在社会学界和人文地理学界。城市规划工作者对社区的研究相对薄弱，已有的研究多停留在社区概念的引入和介绍，或重视居民自发性的邻里交往而忽视有组织的社区交往、社区管理等内容，恰恰后者是良好社区形成的决定性因素。民政部门大力推动社区建设进行实践层面的探索，为社区组织机制和管理机制的建立创造了良好的基础，因此结合社区建设的城市规划理论研究迫在眉睫。

【思考题】

1. 名词解释：社区，住区，社区建设与住区规划。
2. 简述西方国家的城市住区规划演进。
3. 邻里单位的理论原则是什么？如何在新城中进行实践？
4. 小街区规划的核心思想是什么？

第10章　城市交通与道路的规划建设

10.1　概论

10.1.1　城市交通与道路的地位与作用

城市的发展与交通息息相关。早期聚居点之间的联系，形成了道路网络。许多聚居点沿水陆驿路或其他交通要道布设，其中一些聚居点发展为城市。近现代城市的发展与铁路、公路、港口码头、机场等密不可分。

城市居民的居住、游憩、工作，离不开交通。城市为了维持正常的生产和生活，必然产生人员与货物的流动，各种流动伴随出现了机动车、非机动车及步行交通。城市的经济活动、社会活动、文化活动产生了交通需求。交通对城市的生产和生活活动的组织以及城市空间结构形成与发展发挥着重要的引导作用。

道路是城市的骨架。道路包括对外公路及各种街道。道路不仅是完成城市客流、货流的空间载体。道路对城市空间结构、土地使用、建筑布局、管线走廊、防灾减灾有重要的作用。

10.1.2　城市交通基本特征

城市交通的特征因各城市的规模、性质、结构、地理位置和政治经济地位的差异而有所不同，但是它们的主要特征是相同的，主要有以下几点。

(1) 城市交通的周期性特征。就一个工作日而言，居民出行的时间分布并不是均匀的，上下班时间会出现高峰，反映在城市道路上的车流量及公共交通客运量等方面。一般而言，早高峰出现在7至9点，晚高峰出现在17至19点，道路车流量、公交客运量在昼夜分布上呈现马鞍型特征（图10-1）。早晚高峰具体在不同的城市、不同的路段会有差别。就一周而言，工作日的客货运交通特征与周末不同，工作日具有典型的上下班高峰特征，且呈现出周而复始的规律。

(2) 城市交通多样化特征。城市交通早期形式单一，以步行、骑行、马车等为主。工业革命以来，火车、汽车、轮船出现，城市交通形式种类繁多。时至今日，城市对外交通包括航空、铁路、公路、水运等，需要建设机场、车站及港口码头；同时，城市客运交通包括各种轨道交通（地铁、轻轨、现代有轨电车等）、公共汽车与无轨电车、出租汽车（包括网约车）、私人汽车、摩托车，以及自行车（包括共享单车）、步行等具体形式。各种客运货运交通共存于城市，需要建设轨道线路及场站、城市道路及停车场等基础设施，需要统筹协调。

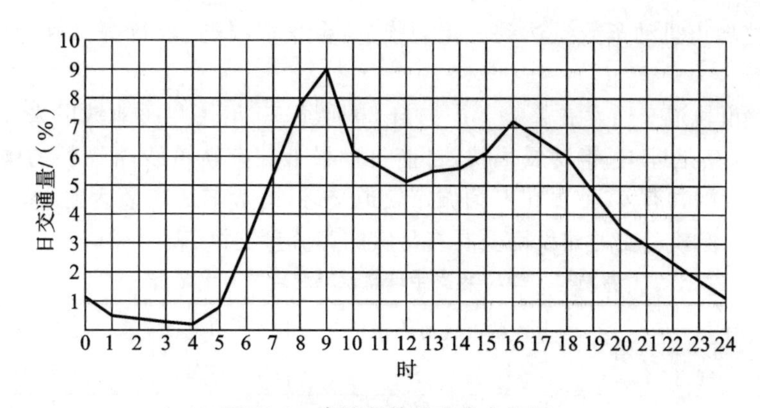

图 10-1　车流量的昼夜分布特征

(3) 城市交通的差异性特征。平原城市与山地城市的交通特征不同，前者自行车数量较多，而后者因地形条件限制，自行车数量较少，居民出行依靠步行与公共交通的比例较高，有的山地城市甚至有缆车、索道等运载工具。不同的城市发展阶段，城市交通特征有较大差异，发达国家城市人均拥有的小汽车数量多，经过较长时期的发展道路系统与机动车的关系较为协调(表 10-1)；而发展中城市人均机动车数量较低，中国近年私人汽车发展迅速，政府也加大了道路建设的速度，但交通拥堵依然是发展中城市普遍存在的问题。随着道路交通的完善会逐步改善；大城市与小城市的交通特征有显著差别，大城市客货运交通复杂，客运交通、城市旧区停车是目前需要解决的主要问题，小城市、小城镇需要重点解决过境交通与城市的矛盾。

表 10-1　部分国家人均机动车拥有量

国　　家	千人汽车拥有量/辆	统计年份	国　　家	千人汽车拥有量/辆	统计年份
美国	812	2010 年	英国	525	2008 年
澳大利亚	730	2011 年	韩国	379	2011 年
意大利	690	2010 年	俄罗斯	271	2011 年
德国	634	2008 年	巴西	259	2011 年
加拿大	620	2009 年	中国	200	2020 年
日本	589	2009 年	新加坡	156	2009 年
法国	575	2007 年	印度	40	2018 年

10.1.3　城市交通发展趋势

城市交通发展趋势情况如下。

(1) 机动车的发展趋势。中国城市机动车交通发展迅速，交通机动化程度大大提高。随着城镇化水平的提升，城市居民收入不断提高，城市机动车数量会持续增长。当一些城市机动车数量达到一定规模后，会采取限购、限行等措施控制机动车的增长。

(2) 城市轨道交通发展趋势。中国自20世纪70年代开通地铁以来，轨道交通从无到有，尤其是近10年发展很快，目前是世界上拥有轨道线路最长的国家，截至2020年底，我国共有44座城市开通城市轨道交通，运营车站数量达到4600座，里程7545.5 km。但轨道交通建设需要具有足够的客流量支撑(表10-2)。

表10-2 2020年底全球轨道交通排名前十城市

序号	城市	国家	城市轨道线路长度/km	其中地铁/km	城市轨道场站数/个
1	上海	中国	775.14	699.82	488
2	北京	中国	724.42	692.92	426
3	广州	中国	594.27	507.34	314
4	成都	中国	554.23	448.03	389
5	莫斯科	俄罗斯	462.10	383	261
6	伦敦	英国	436.00	410	273
7	纽约	美国	425.00	394	472
8	深圳	中国	431.42	419.72	312
9	武汉	中国	386.31	338.88	293
10	重庆	中国	343.70	245.34	177

(3) 新能源汽车的发展趋势。新能源汽车包括纯电动车、燃料电池电动车、氢动力车、混合动力车等，具有污染低的特点，是未来城市交通工具的发展方向。政府应统筹规划及建设充电桩等配套设施。

(4) 自行车与步行交通方式的发展趋势。自行车与步行交通方式具有节约能源、低碳环保的特点。许多城市建设了以专用自行车道及步道为主的慢行交通网络。

(5) 交通智能化的应用。交通智能化具有广阔应用前景，如轨道交通的运营管理、汽车导航、交通引导等。智能交通系统(intelligent transportation system，简称ITS)是未来交通系统的发展方向。它将先进的信息技术、数据通信传输技术、电子传感技术、控制技术及计算机技术等有效地运用于整个地面交通管理系统，能全方位发挥作用，可实时、准确、高效进行调度。

10.1.4 当前城市交通问题及原因

当前城市交通问题主要表现为交通拥堵、车速降低、停车难等方面。

(1) 交通拥堵主要出现在一些路段及交通节点，重要原因是在特定时间段车流量超过道路的通行能力。目前我国的高峰时期交通拥堵，已经从特大城市、大城市向中等城市甚至小城市蔓延。

(2) 机动车车速降低，源于车流量大导致的交通拥堵，以及道路网络不完善、车道宽度不足及交叉口通行能力低等。一些大城市高峰时期车辆平均车速只有20～30 km/h。

(3) 私人轿车快速增长，而城市中心区、副中心地区及老旧小区的配置停车位严重不足，造成停车难。

道路交通问题存在的原因如下。

(1) 机动车交通需求过大，供需不平衡。近10年来，中国一直是全球汽车产销量第一大国，每年汽车产销量均在2000万辆以上；2020年底，中国汽车保有量达到2.81亿辆，是2010年汽车拥有量的2.8倍，年均增长率达到10%以上，与此同时，各地城市发展迅速，道路建设速度加快，道路面积、道路长度增长很快，但与汽车增长速度相比，道路发展速度滞后，包括车均道路长度、车均道路面积指标等。自1994年起，国内先后已有上海、北京、广州、杭州等城市实行机动车限购政策，有效地抑制了汽车的快速增长，同时，许多城市采用各种汽车限行措施，力图缓解机动车快速增长所带来的供需矛盾。

(2) 道路系统不完善，道路等级不合理。前者表现为过境公路与城市内部道路混杂、客运道路与货运道路混杂，缺少骨架道路或骨架道路不完善，导致不同车种、不同车速的车辆混合行驶，影响交通的运行；同时一些城市缺少慢行交通需要的道路支撑，在一些城市重要道路节点交通转换不畅，也是道路系统不完善的体现。后者表现为路网中主干路、次干路、支路的级配不合理，以及路网密度不足、道路宽而稀等，其主要问题表现为支路缺失，路网密度低及宽马路形成大街区，导致居民出行不便，降低了步行、自行车和公交车的竞争力。

(3) 道路低效利用。路网规划建设的目的在于交通的高效运行，其实质是有效降低人流与物流空间转移的成本(包括时间、能源、空间消耗)。道路低效利用的表现为：①道路网络中的快速路、主干路不能有效发挥快速交通及骨干交通作用，如常态化堵车、平均车速远低于设计速度等；②道路网络中的次干路、支路因道路间距过大、密度较低，不能有效发挥集散交通以及服务道路沿线地块与建筑的作用。

10.1.5　当前城市交通与道路发展的方法

当前城市交通与道路发展的方法如下。

(1) 交通发展与土地使用相结合。交通与土地使用互为促进，交通建设拉动沿线的土地利用，方便的交通条件可以促进沿线土地的高强度开发；同时土地使用可促进交通设施的建设，不同的土地使用产生不同类型的交通，如商业用地主要吸引往来客流，工业仓储用地除了吸引上下班客流外，还可吸引大量的货流。因此包括道路网络在内的交通系统规划设计应考虑与土地使用的类型与开发强度的结合。

(2) 加强交通需求管理。实行道路的供给供需平衡；实行职住平衡，尽可能减少不必要的交通；对车辆所有权及使用权进行管理，一定程度上抑制交通的需求。实行限购限行、高峰期错时上下班、上放学,居家办公、弹性工作制等;合理安排道路的建设时序,与城市空间拓展及土地使用相一致。

(3) 大城市优先发展公共交通。有条件的城市应建立不同层次的公共交通服务,包括大运量快速公共交通(如轨道交通、快速公交专用道 BRT)、常规公共交通、出租车等。同时,实施公交路权优先,如建设公交专用道、建立公共交通优先的信号系统等。提升公交服务水平,鼓励市民采用公共交通,进而提高公交运行速度、缩短乘客出行时间、公交采用票价等。

(4) 鼓励使用自行车与步行,建设安全舒适的慢行交通道路。自行车交通是一种对环境友好的绿色交通方式,应在短途出行以及公共交通末端交通换乘方面充分发挥作用,发展公共自行车及共享单车。步行交通对出行者身体健康有益,不仅在短距离出行中扮演主要角色,而且在其他出行过程中担任衔接、转换的作用,规划建设中应尽可能提供不同形式的步行空间。

10.2 基础知识

10.2.1 车辆

行驶在公路与城市道路上的车辆主要有机动车和非机动车两类,其中机动车有摩托车、小轿车、公共汽车、载货汽车等,非机动车有自行车等。

车辆的外廓尺寸是道路设计的重要依据,对道路宽度、弯道半径、纵坡、视距、交叉口设计等有重要影响。

10.2.2 道路相关知识

1. 道路的分类与分级

道路一般分为城市道路与公路两类。城市道路指城市内的道路,而公路指城市间、城乡间的道路。

(1) 城市道路分级。

按照城市道路在道路网中的地位、交通功能以及对沿线建筑物的服务功能等,城市道路分为四级。

①快速路:城市路网中负担长距离、大运输量的道路,以快速交通服务为主。快速路对向车行道之间设中间分车带,其进出口采用全控制或部分控制。快速路两侧不应设置吸引大量车流、人流的公共建筑物进出口,两侧一般建筑物的进出口应加以控制。

②主干路:城市路网中连接城市各主要分区的干路,以交通功能为主。自行车交通量大时,宜采用机动车与非机动车分隔形式,如三幅路或四幅路。主干路两侧不应设置吸引大量车流、人流的公共建筑物的进出口。

③次干路：城市路网中具有集散交通作用兼有服务功能的道路。

④支路：城市路网中以服务功能为主的道路，主要解决局部地区交通。

城市道路横断面形式见图 10-2。

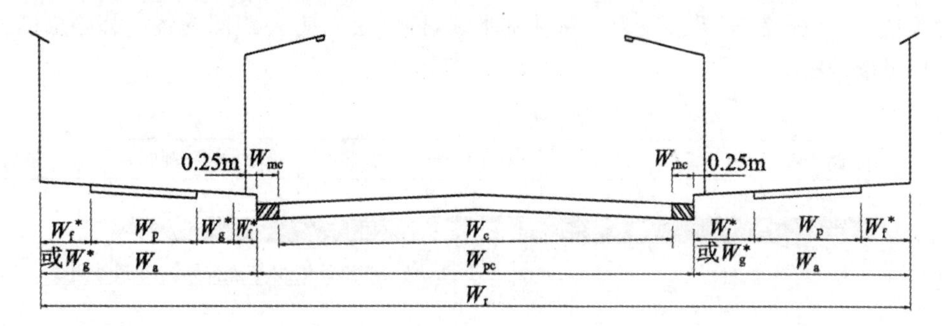

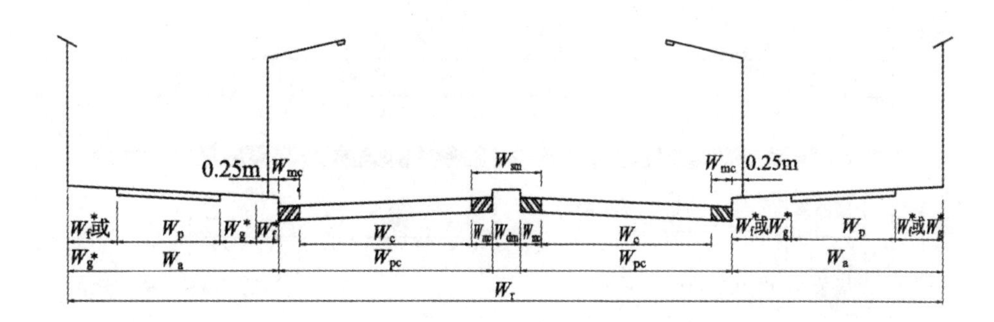

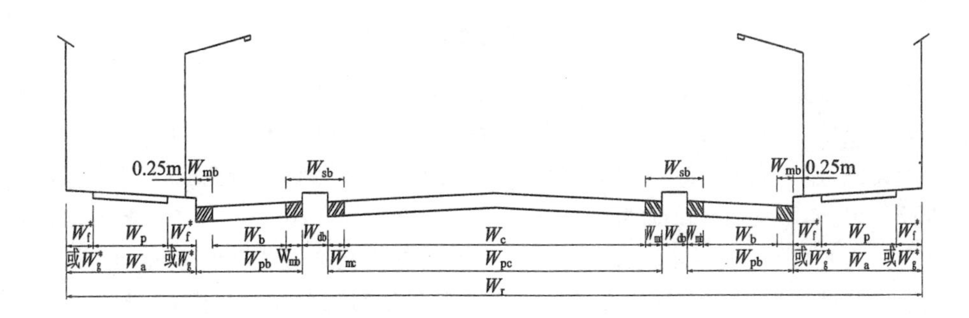

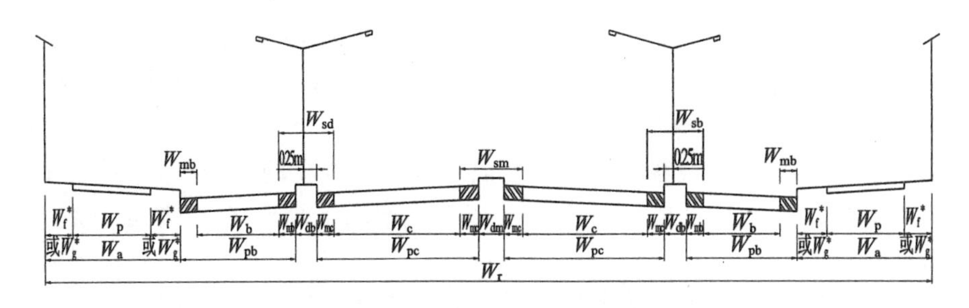

图 10-2　城市道路横断面形式

(2) 公路分级。

根据公路的使用任务、功能和适应的交通量，我国的公路分为五个等级：高速公路，一级公路，二级公路，三级公路和四级公路。其中高速公路、一级公路为公路网骨干线，二级公路、三级公路为公路网基本线，四级公路为公路网支线。公路横断面组成见图 10-3。

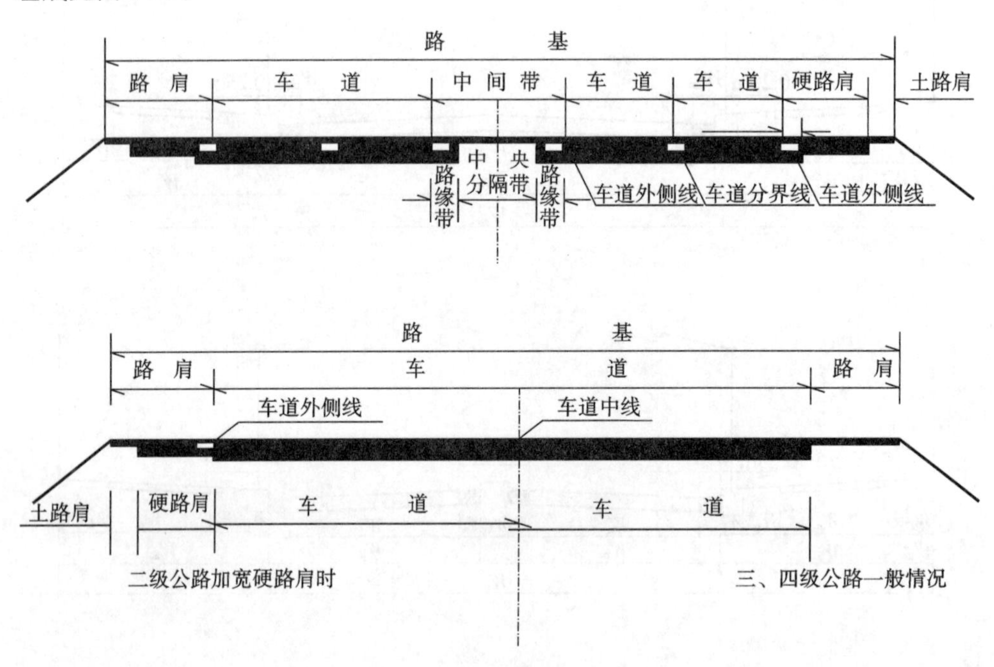

图 10-3 公路横断面组成

①高速公路：专供汽车分向、分车道行驶，并全部控制出入的干线公路。它具有四个或四个以上车道，设有中央分隔带，全部立体交叉，并具有完善的交通安全设施与管理设施、服务设施。四车道高速公路一般能适应按各种汽车折合成小客车的远景设计年限，年平均昼夜交通量为 25000～55000 辆；六车道高速公路一般能适应按各种汽车折合成小客车的远景设计年限，年平均昼夜交通量为 45000～80000 辆；八车道高速公路一般能适应按各种汽车折合成小客车的远景设计年限，年平均昼夜交通量为 60000～100000 辆。

②一级公路：供汽车分向、分车道行驶的公路，其设施与高速公路基本相同，设置中央分隔带，部分控制出入，能适应按各种汽车折合成小客车的远景设计年限，年平均昼夜交通量为 15000～30000 辆。

③二级公路：能适应按各种汽车折合成中型载货汽车的远景设计年限，年平均昼夜交通量为 3000～7500 辆，为连接中等以上城市的干线公路，或者是通往大工矿区、港口的公路。

④三级公路：能适应各种车辆折合成中型载货汽车的远景设计年限，年平均昼

夜交通量为1000～4000辆，为沟通县、城镇之间的公路。

⑤四级公路：能适应按各种车辆折合成中型载货汽车的远景设计年限，年平均昼夜交通量为：双车道1500辆以下、单车道200辆以下，为沟通乡、村等地的地方公路。

2. 道路宽度

一条车道的宽度必须能满足车辆以一定速度行驶时在有横向偏移的情况下安全运行，并能为相邻车道上的车流提供富裕宽度，所以汽车行驶所需车道宽度大于车身宽度。车道宽度受道路等级、行车速度、交通流量、弯道半径等影响，各级道路一条车道宽度如表10-3所示。

表10-3　道路一条车道宽度

设计速度/(km/h)	120	100	80	60	40	30	20
一条车道宽度/m	3.75	3.75	3.75	3.50	3.50	3.25	3.00(单车道时为3.50)

城市道路总宽度规划时要考虑城市规模、道路性质与等级、人车交通流量及构成、绿化与管线布置等因素，以保障车辆和人行交通的安全畅通。①快速路总宽度30～60 m，其中车行道双向6～8条，在服务需求较多区段，可两侧设辅道。②主干道总宽度一般为30～60 m，其中车行道双向4～8条、宽度为14～32 m。③次干道总宽度为25～40 m，其中车行道双向4～6条，宽度为14～24 m。④支路总宽度12～15 m，其中车行道双向2～4条，宽度为7～14 m。

城市道路横断面形式有单幅路(一块板)、双幅路(二块板)、三幅路(三块板)、四幅路(四块板)等形式。高等级公路(高速公路、一级公路)道路中间需要设置中央分隔带，一般公路(二级公路、三级公路、四级公路)不设分隔带。

3. 道路交叉

城市道路与公路、铁路相交称为道路交叉，相交的地方称为交叉口。相交道路中心点在同一高程时，称为平面交叉，相交道路中心点高程不同时，称为立体交叉。道路交叉口是道路系统的重要组成部分，是道路交通的咽喉。相交道路的各种车辆和行人都要在交叉口汇集、通过或转换方向。它们之间的相互干扰，会使行车速度降低，阻滞交通，耽误通行时间，也易发生交通事故。因此，如何设计交叉口，合理组织交通，提高交叉口的通行能力，避免交通阻塞及减少交通事故，具有十分重要的意义。交叉口设计的基本要求有两点：一是保证车辆和行人在交叉口能以最短的时间安全地通过，使交叉口的通行能力能适应各条道路的行车要求；二是正确设计交叉口的立面，即通过合理设计，以保证转弯车辆的行车稳定，同时符合排水要求。

交叉口分为平面交叉、立体交叉两种形式。平面交叉适合于交通流量较低的交叉路口，具体形式有简单交叉口、渠化交叉口、信号控制交叉口、环行交叉口等。立体交叉适合于交通流量较大的交叉口，具体形式按交通功能划分为分离式和互通式立体交叉两类。其中分离式立体交叉仅设跨线构造物(跨线桥或地道)，使相交道路空间分离，具有结构简单、占地少、造价低的优点，但相交道路车辆不能相互转换；互通式立体交叉不仅设跨线构造物使相交道路空间分离,而且上、下道之间有匝道连接,以供转弯车辆行驶。互通式立交上的车辆可以转弯行驶,全部或部分消灭了冲突点,各方向行车相互干扰小,但立交结构复杂,占地多,造价高。互通式立体交叉适用于高等级道路(快速路、高速公路、一级公路等)之间,高等级道路与其他各类道路、大城市出入口道路,以及重要港口、机场或游览胜地的道路相交处。

10.2.3 城市交通系统的组成

城市交通系统由公路与城市道路、交通工具、交通管理设施等组成,一般分为城市对外交通与城市内部交通。城市对外交通指以城市为目的地的城市之间、城乡之间的交通联系,具体形式有铁路运输、公路运输、水路运输、航空运输、管道运输等。城市内部交通指城市内的所有交通,包括城市道路网络系统、交通管理系统等,一般分为客运交通与货运交通,客运交通应尽量与货运交通在时间、空间上进行分离,互不干扰。

1. 道路交通系统类型

(1) 对外交通。

铁路交通:一般连接城市与城市、城市与工矿区等,我国的铁路分为I、II、III级,在国家交通运输中具有重要地位。

公路交通:一般连接城市与城市、城市与工矿区、城市与旅游区等。按公路在路网中的地位和作用分为国道、省道、县道。

水路交通:综合运输中成本最低的一种运输方式,包括海运、河运等。

航空交通:运输速度最快的一种交通运输方式,一般完成大城市与大城市间、城市与旅游区之间的客货运输。

(2) 对内交通。

①城市客运交通。

城市客运交通按与街道的关系,可分为街道外客运交通与街道内客运交通。前者指行驶在街道以外的各种交通,包括地下铁路、轻轨、单轨、城市水运(轮渡)等;后者指行驶在街道内的各种客运交通,包括公共汽车、无轨电车、有轨电车、出租车(含网约车)、私人轿车、非机动交通(自行车、步行)等。城市客运交通是城市交通的主要构成部分,满足居民工作与生活的需求,城市道路需要满足不同交通工具的通行需求。

②城市货运交通。

城市货运交通包括满足生产及生活需要的各种物资运输,除了通过城市道路实施外,还有一些与区域性交通相联系的部分,可以通过铁路、水路、管道等进行。

2. 各种交通方式的特征及适应性

每种交通方式都有其特征和相应的适用场景,具体如下。

(1) 对外交通方式的特征及适应性。

铁路运输具有运量大、安全性高、速度快、连续性强等优点,但建设周期长,投资大。中国目前是世界上高铁线路最长的国家，正在实施“八纵八横”干线高铁线网，大中城市之间建设高速铁路及城际铁路是主要发展目标。一些城市的市郊铁路可承担部分通勤客流交通运输，一些城市开始建设包括“高速铁路、普速铁路、城际铁路、城市轨道”在内的“多铁融合”铁路网络。

公路运输具有机动灵活、运输设备简单、建设周期短、可实施“门到门”运输等优点，但运输成本较高，一般适于中短距离客货运输。

水路运输主要包括内河航运与远洋海运等，具有运量大、运输成本低、投资少等优点，但运输速度低，容易受气象条件影响。水运一般多承担货物运输，内河航运也承担旅游客运。

航空运输具有高速、舒适等优点，但运输成本高，一般适于中长距离客货运输。

(2) 城市主要客运交通方式的特征及适应性。

公共汽车、无轨电车具有运量中等、车站布置灵活、站距短等优点，但运输速度低，受道路交通状况的影响较大。

地铁、单轨、轻轨等快速轨道交通方式具有运量大、快速、行车准时、舒适等优点，但站距长、投资较大、建设周期长，一般适于大城市和特大城市。

出租汽车(含网约车)具有服务方便、灵活等优点，但与公共汽车、无轨电车比较而言，单位乘客所占用的道路面积更大。

自行车(含共享单车)是一种低能耗、低成本、灵活方便的个体运输方式，但速度低、单位乘客所占道路面积大，是目前我国平原城市尤其是中小城市最常见的客运工具。

10.2.4　城市道路网络

道路网络形式因城市规模及所在地的自然环境特点而有很大差异，常见的城市道路网络基本形式有以下几种。

(1) 格网状路网。具有交通组织简单、交通流分布均衡、路网通行能力较大、利于道路两侧建筑的布置等优点。缺点是对角线间交通绕行距离长、路口较多，车辆平均行驶速度较低。格网状路网适用于地形平坦的中小城市，大城市的中心区、旧城区等(图 10-4)。

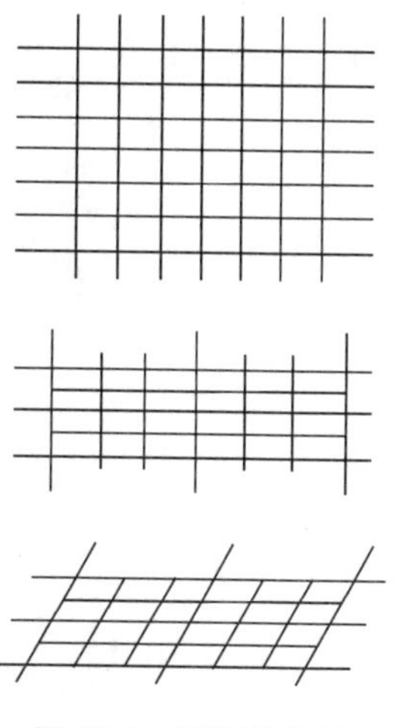
图 10-4　格网状路网

(2) 放射环行路网。早期城市道路多依托公路形成，为单纯放射道路，由于交通全部集中到城市中心，横向联系不便。如平原城市的传统棋盘式路网、伴随着过境公路或对外公路的发展需求，逐渐以环线相连，形成放射环型路网。这是一种比较完善的路网形式，但一般适合大中城市、特大城市，小城市

(镇)由于地块不规则、环行交通较少而采用较少(图 10-5)。

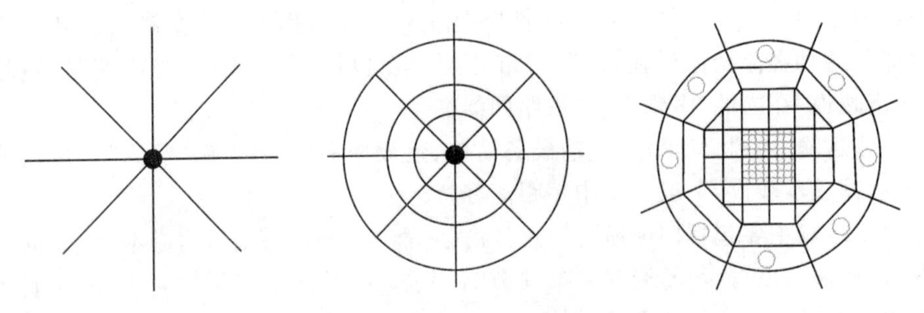

图 10-5 放射及放射环状路网

(3) 自由式路网。道路网络根据地形特点或依地势高低建成,无一定的几何特点。其特点是顺应地形,节约投资;街坊不规则、非直线系数大(图 10-6)。

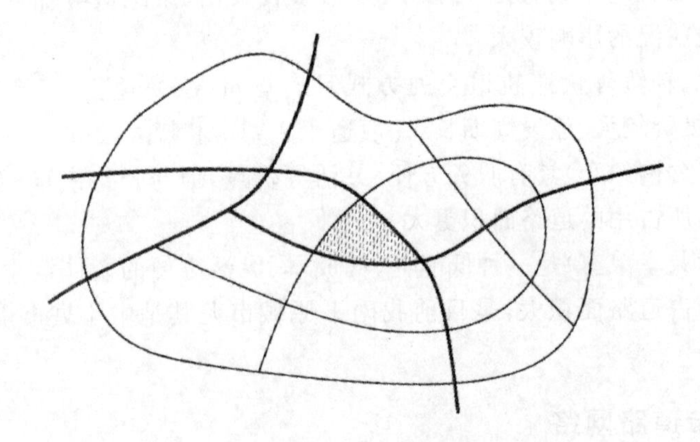

图 10-6 自由式路网

(4) 混合式路网。由两种以上道路混合形成,尤其适合于河流、山体阻隔所形成的多中心、组团布局城市的道路网络(图 10-7)。

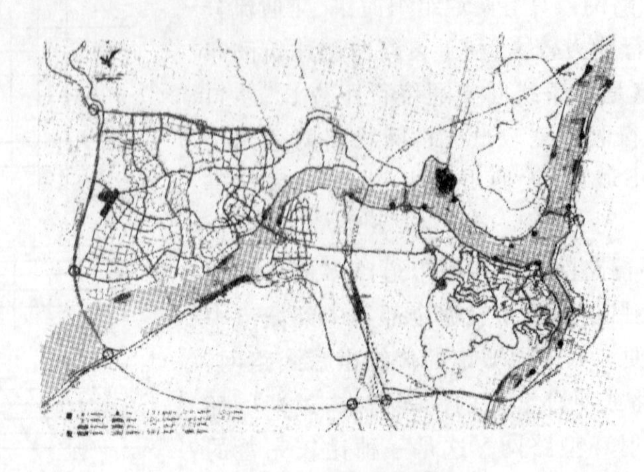

图 10-7 混合式路网

10.2.5 停车设施的规划设计

近年来，随着人民生活水平的不断提高，城市机动车数量快速增长，停车位不足常常造成车辆乱停乱放，影响道路通行及消防安全，需要加强停车设施的规划建设。

(1) 停车需求。

停车需求可以分为基本停车需求和社会停车需求，前者是个人车辆、单位车辆平常或者在夜间停放的场所，要求一车一位。社会停车需求与车主所需要进行的社会经济活动的频率有一定的关联，如办公、商业等建筑的停车需求，不仅需要满足包括从业人员车辆的停车需求，也需要一定程度上考虑外来车辆的临时停放。根据城市建设经验，国际上通行的车辆和车位的配比在1∶1.2至1∶1.5之间，具体的车辆与停车位比例取决于该区域的交通的现状条件，以及该区域对交通的吸引强度。目前，中国城市多实行按建筑面积配置车位，公共建筑、住宅建筑有不同的要求，有些城市对住宅也采用按户控制配置车位的要求，如每户需要0.5个、1.0个、1.5个车位等。

(2) 停车设施类型。

停车设施类型按停车泊位与道路的关系分为路内停车带、路外停车场库。路内停车带指利用道路一侧或两侧设置停车泊位的场所，多系临时停车、通常采用单边单排的港湾式布置，不设置专用通道；在交通量较大的城市次干路旁设置路边停车带时，可考虑设置分隔带和通道。路外停车场库指道路外专门建设的露天地面停车场，以及室内停车库。停车库包括地下或多层构筑物的坡道式和机械提升式停车库。机动车的停放方式如图10-8所示。

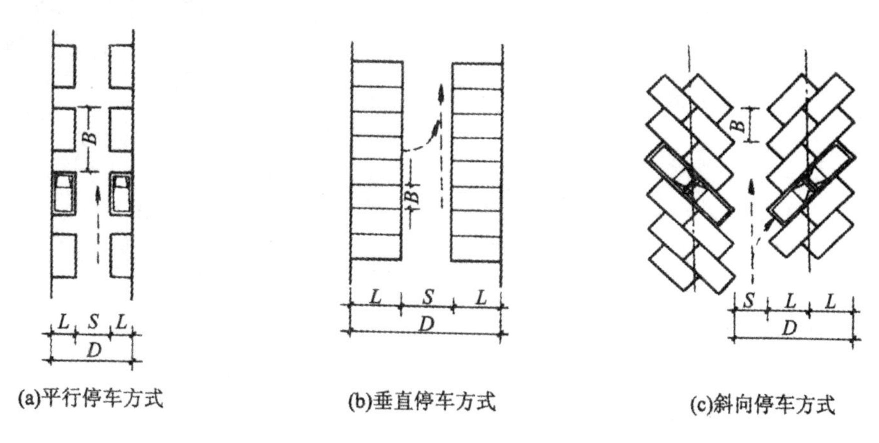

图10-8 机动车的停放方式

【思考题】

1. 简述城市发展与交通的关系。
2. 什么是公交优先？如何实现？
3. 简述公路与城市道路的分级。
4. 简述城市道路交叉口的形式、特点及适用条件。
5. 简述城市停车设施存在的问题及对策。

第 11 章　国土空间规划体系

11.1　国土空间规划的基本内涵

11.1.1　国土及空间规划

国土是国家主权和主权权利管辖范围内的区域空间，包括国家陆地、水域、内水、领海和它们的底土和上空，是由各种自然因素和人文因素构成的物质实体，是国家社会经济发展的物质基础或资源，是国民生存和从事各种活动的场所或环境。

空间规划在国际上又称为城市规划、区域规划等，主要是指一个国家或一个地区发展到一定程度以后，政府部门为解决空间矛盾采取的影响未来活动空间分布的方法，综合经济、文化和生态等诸多要素的方法和手段，其目的是创造更加合理的土地利用关系和功能关系，对所辖国土空间资源和布局进行长远的谋划和统筹。空间规划最终效果应是满足环境保护和发展两种需求，实现社会和经济共同发展。

11.1.2　国土空间规划

国土空间规划是一种社会性规制概念范畴，是对一定区域国土空间开发保护在空间和时间上做出的安排，是国家空间发展的指南、可持续发展的空间蓝图，是各类开发保护建设活动的基本依据，是体现国家意志的规划手段。

国土空间规划强调对国土空间的利用安排。国土具有领土权和主权属性，既包含尺度、区位、边界三个空间要素，也包含禀赋、人的活动、权益要素。国土有明确的空间范围和边界、清晰的责任主体和权利人。

11.2　国土空间规划的发展历程

1935 年我国地理学家胡焕庸提出划分我国人口密度的对比线（简称“胡焕庸线”）。该线研究了国土开发与人类活动在空间上的集聚分布规律。新中国成立以后，规范国土空间管制、优化国土空间资源配置的理念持续对我国经济社会的发展起到了重要支撑作用。我国对于国土空间规划不断探索的过程历经了四个阶段：恢复阶段、起步阶段、探索时期和初具规模阶段。

11.2.1 恢复阶段

新中国成立后,全国面临新形式、新的管理体系、新的政策,对于国内的资源现存情况尚未摸清,为了能全面地了解自然资源现存状况、资源分布规律及资源承载能力,我国成立地质矿产资源管理部门,并实施开展了一系列的自然资源分布、地质考察等方面的科研考察工作。

20 世纪 80 年代初期,经济迅猛发展,使得全球生态问题日益突出,联合国世界环境和发展委员会(WCED)提出可持续发展的战略。同时,我国的管理部门也意识到合理利用资源、加强自然资源的保护及相关问题的重要性,对自然资源的承载能力以及单要素的资源环境的承载能力要向着时间和空间两个维度深化拓展,并在全国范围内对环境的耐受力进行相关的测试,例如为解决粮食问题对农业资源进行了划分。根据国土空间的整改意见,对区域资源开发及经济发展做相关研究,为我国的国土空间规划奠定了基础,提供了科学的体系。

11.2.2 起步阶段

为确保国土规划的管理机制能够良好地运行,1987 年 1 月《土地管理法》正式颁布,土地总体的规划模式得以形成。同年 8 月,经发改委印发《国土规划编制办法》确立了国土规划的任务,对于各个地区自然资源的分布与开发及人口密度与地理环境的关系也确立了相应的规划。

与此同时,为了确定城市发展的规模、方向、目标及相关的模式,我国在 1989 年出台了《城市规划法》,并实施。而 1990 年《全国国土总体规划纲要(草案)》由国家计委带领编制,由于当时环境及诸多因素未经国务院正式批准,但南水北调、三北防护林及相关与国土空间开发、利用、整治与保护的重大的工程仍得以实施,这一系列的国土空间整治思想为后续我国的国土空间资源配置的可持续发展打下良好的根基。

1998 年 3 月第九届人大一次会议第三次全体会议表决通过《关于国务院机构改革方案的决定》,组织当时的国土资源部,对我国自然资源(海洋、矿产、土地等)如何利用、如何开发、如何保护做出明确规定,由国土资源部担任其规范国土资源市场配置、优化配置国土资源等职责。这意味着我国国土资源管理工作有了强有力的保障。这标志着我国国土资源管理工作迈入一个新阶段,正式步入正轨。

11.2.3 探索时期

国家的政策重心逐步转移到区域化发展,因此在 21 世纪初我国初步制订了国土空间资源规划试点的工作计划。2001 年 8 月我国印发《关于国土规划试点工作有关问题的通知》,经多次研究,以深圳、天津作为我国国土规划的试点城市;2003 年 6 月印发《关于在新疆、辽宁开展国土规划试点工作的通知》,在新疆、辽宁等地开展国土规划试点;2004 年 9 月,广东省也被纳入国土规划试点。这一系列试点工作的开展,也取得了一些相应的效果。

在试点工作不断推进的过程中和社会主义市场经济的不断发展中，我国的国土空间规划也在逐步向前。“十一五”对试点工作做了进一步的改善，也为满足经济的发展，以及对我国国土空间规划格局能够更好地利用，逐步推进广西、重庆、福建等地部署试点工作。2008年，为促进城乡空间格局的协调发展，废除1989年《城市规划法》，经第十届全国人大常委会通过并实施《城乡规划法》，使得城乡工作开展得更顺利。

2010年12月颁布的《全国主体功能区规划(2011—2020年)》，是我国真正意义上第一部全国性的国土空间规划，首次在国家层面上提出要明确主体的功能分区，区域规划要落到实处，不能空谈。2013年初，国土部、发改委共同组织编制的《全国国土规划纲要(2014—2030年)(草案)》，提出我国未来国土开发及保护、综合治理方式、相应的政策支撑等任务。2013年11月中共十八届三次会议通过《关于全面深化改革若干重大问题的决定》，明确表示建立“完备的空间规划体系，划定生产、生活、生态开发的管制边界”，“统一行使国土空间用途管制职责”。此项会议明确我国国土空间规划的基础性、综合性、战略性作用。2014年8月向部委联合下发《关于开展市县“多规合一”试点工作的通知》，全国各个试点也积极响应，提出在全国28个市县开展，此项活动是为了解决各县在规划过程与实施途中的疑难问题，同时以“多规合一”的思路加强政府的工作机制，完善市县空间的规划体系，但在具体实施过程中并未真正做到“合一”，东拼西凑的规划造成其标准与流程的不统一。

11.2.4 初具规模阶段

我国的自然资源面临相当严峻的形势，前期注重经济发展而忽略了对环境的保护，生态环境遭到破坏，国家对此提出对生态文明建设的理念，加强生态文明建设，并确定它的主导地位。在时代不断发展的前提下，国土空间规划体系也为适应新的时代做出相应改善，中共中央在新形势下进一步开展了工作部署。

2015年4月《关于加快推进生态文明建设的意见》指出：国土是生态文明建设的空间载体。要强化主体的功能区的定位，明确优化国土空间的开发格局，建立健全国土空间的规划体系，科学地、合理地开发资源并对生产空间、生活空间、生态空间做出相应的调整或整治。2015年9月，《生态文明体制改革总体方案》以规划空间为基础，加强空间治理和优化空间的结构为主，实行全国统一、各个区域相互链接、分层次管理空间规划的体系。国土空间规划需要更高要求，因此实现上下联结、规范统一工作显得尤为重要。中共中央、国务院在2016年12月进一步出台《省级空间规划试点方案》，在确立对空间规划进行试点的目标、主要内容、具体工作细则、规划成果等基础上，确定贵州、广西等全国九个试点省份。2017年1月国务院印发的《全国国土规划纲要(2016—2030年)》，提出统筹推进“五位一体”的总体布局和协调发展的“四个全面”战略布局，并在同年10月，《中国共产党第十九次全国代表大会报告》

提出对我国的空间的开发、保护、整治等工作,完善主题的功能区配套政策,逐渐使我国国土空间规划上升到制度层面。2018年2月中共十九届三次会议通过《中共中央关于深化党和国家机构改革的决定》,组建自然资源部,将代表国家统一行使全民所有自然资源资产所有者职责,代表由国家统一对生态资源修复及用途进行监管,使各个部分统一标准行使“所有国土空间用途管制”,强化国家职能,增强对各个专项规划的约束,推动“多规合一”,进一步完善与规范了国土空间规划。2018年8月,为进一步推动自然资源部的工作,中共中央办公厅发布“三定方案”,明确提出成立国土空间规划局,负责“起草国土空间规划的政策,对国土空间规划体系的建立、监督、实施的工作”。至此,我国的国土空间规划部门已迈上新的台阶,形成权威部门统筹管理职能的时代。2019年5月中共中央国务院《关于建立国土空间规划体系并监督实施的若干意见》提出对国土空间规划的总体性思想,例如:总体要求、总体框架和编制等,为我国国土空间规划的编制提供了重要依据。

纵观我国国土空间规划的发展历程,制度与管理模式已经在逐步完善与推进,但仍处于一个不断摸索、纵横交贯的状态,还未形成井然有序的格局体系,我国国土空间规划体系的道路任重道远。与此同时,在经济高速发展、科技水平不断发展的时代,我们现存的生活环境经历工业革命时期、大数据时代、智慧城市等一系列从时间到空间上的格局变化,对国土空间规划提出了更多挑战性的要求。

11.3 国土空间规划体系的结构

11.3.1 建立国土空间规划体系

2019年5月23日,《中共中央国务院关于建立国土空间规划体系并监督实施的若干意见》正式发布。其指出建立国土空间规划体系并监督实施,将主体功能区规划、土地利用规划、城乡规划等空间规划融合为统一的国土空间规划,实现“多规合一”,强化国土空间规划对各专项规划的指导约束作用,引导国家空间可持续健康的发展,是党中央、国务院新时代对国土空间发展的重大部署,推动我国国土空间规划和空间治理的全面开展和稳步实施。

目前我国国土空间规划表现为“五级三类四体系”,简称为“四梁八柱”,规划管理体系下的“自上而下”的多部门规划并行治理结构、各级各类规划编制、实施与管理是以自然资源主管部门及政府为主,形成了不同(层级)部门规划与实施主体(表11-1和图11-1)。

表 11-1　国土空间规划体系结构

<table>
<tr><td rowspan="2">三类规划</td><td>总体规划</td><td colspan="2">详细规划</td><td>相关专项规划</td></tr>
<tr><td>自然资源主管部门及各级政府编制,国务院审定(批)</td><td colspan="2">自然资源主管部门编制,同级政府审批</td><td>自然资源主管部门编制,同级政府审批</td></tr>
<tr><td rowspan="5">五级国土空间规划</td><td>全国国土空间规划</td><td colspan="2"></td><td>专项规划</td></tr>
<tr><td>省级国土空间规划</td><td colspan="2"></td><td>专项规划</td></tr>
<tr><td>市级国土空间规划</td><td rowspan="3">(边界内)详细规划</td><td rowspan="3">(边界外)村庄规划</td><td>专项规划</td></tr>
<tr><td>县级国土空间规划</td><td>专项规划</td></tr>
<tr><td>镇(乡)级国土空间规划</td><td></td></tr>
</table>

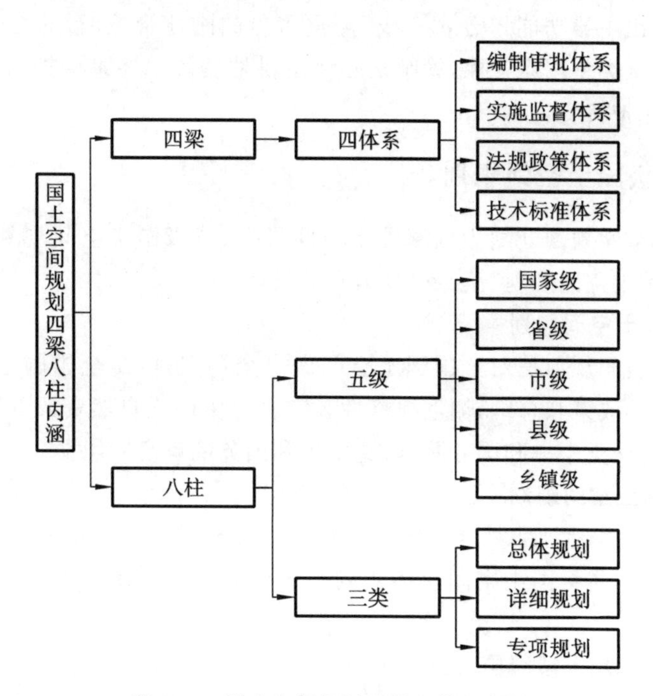

图 11-1　国土空间规划四梁八柱示意图

11.3.2　划定“三区三线”,立足全要素保护

“三区”是指城镇空间、农业空间、生态空间。其中,城镇空间指以城镇居民生产生活为主体功能的国土空间,包括城镇建设空间、工矿建设空间以及部分乡级政府驻地的开发建设空间;农业空间指以农业生产和农村居民生活为主体功能,承担农产品生产和农村生活功能的国土空间,主要包括永久基本农田、一般农田等农业生产用地以及村庄等农村生活用地;生态空间指具有自然属性的以提供生态服务或生态产品为主体功能的国土空间,包括森林、草原、湿地、河流、湖泊、滩涂、荒地、荒漠等。

"三线"分别对应在城镇空间、农业空间、生态空间划定的城镇开发边界、永久基本农田、生态保护红线三条控制线。生态保护红线是指在生态空间范围内具有特殊重要生态功能,必须强制性严格保护的陆域、水域、海域等区域;永久基本农田是指按照一定时期人口和经济社会发展对农产品的需求,依据国土空间规划确定的不能擅自占用或改变用途的耕地;城镇开发边界是指在一定时期内因城镇发展需要,可以集中进行城镇开发建设,重点完善城镇功能的区域边界,涉及城市、建制镇和各类开发区等。

"三区三线"划定是《省级空间规划试点方案》确定的以主体功能区规划为基础,统筹各类空间性规划,推进"多规合一"的战略部署,是《省级空间规划试点方案》的总体要求和主要任务。

"三区"突出主导功能划分,"三线"侧重边界的刚性管控,新的"三区三线"规划要服务于全域全类型用途管控,管制核心要由耕地资源单要素保护向山、水、林、田、湖、草全要素保护转变。

11.3.3 五级国土空间规划

五级国土空间规划分别为国家国土空间规划、省级国土空间规划、市级国土空间规划、县级国土空间规划、镇(乡)级国土空间规划。

1. 国家国土空间规划

国家国土空间规划是对全国国土空间做出全局安排,是全国国土空间保护、开发、利用、修复的政策和总纲,侧重战略性。它主要由国土自然资源部同相关部门编制,编制完成后交党中央和国务院,由党中央和国务院审定后印发。

2. 省级国土空间规划

省级国土空间规划是对全国国土空间规划的落实,指导市县国土空间规划编制,侧重协调性。省级国土空间总体规划由省政府组织编制,经省人大常委会审议后报国务院审批。

3. 市级、县级、乡镇级国土空间规划

省级国土空间规划以下的国土空间规划,如市级、县级、乡镇级等是其本级政府对上级国土空间规划要求的细化落实,是对本行政区域开发保护做出的具体安排,侧重实施性。市县级国土空间总体规划由市县政府组织编制,除需报国务院审批的城市国土空间总体规划外,其他市县级国土空间总体规划经同级人大常委会审议后,逐级上报省政府审批。中心城区范围内的乡镇级国土空间总体规划经同级人大常委会审议后,逐级上报省政府审批,其他乡镇级国土空间规划由省政府授权市政府审批。

对应事实上的五级行政管理制度制订五级国土空间规划,符合我国政府事权配置的体制,可以有效避免以往各类规划在不同层级制订的差序化弊病和规划实施的低效率问题。这里需要说明的是,并不是每个地方都要按照五级规划一层一层编,有的地方区域比较小，可以将市县级规划与乡镇规划合并编制，有的乡镇也可以以几个乡镇为单元进行编制。

11.3.4 三类国土空间规划

三类国土空间规划分别为总体规划、详细规划以及相关专项规划。

1. 总体规划

国家国土空间规划、省级国土空间规划、市级国土空间规划、县级国土空间规划、镇(乡)级国土空间规划都属于国土空间总体规划。国土空间规划是对一定区域国土空间开发保护在空间和时间上做出的安排，是国家空间发展的指南，可持续发展的空间蓝图，是各类开发保护建设活动的基本依据。国土空间规划主要由自然资源主管部门及各级政府编制，最后由国务院审批。在国土空间用途管制与治理过程中，国家和省级规划起宏观指导作用，市县级及以下规划作为基础依据。

2. 详细规划

详细规划以总体规划为依据，是对具体地块用途、开发建设强度和管控要求等做出的实施性安排，是开展国土空间开发保护活动、实施国土空间用途管制、核发城乡建设项目规划许可、进行各项建设等的法定依据。在城镇开发边界内的详细规划，由市县自然资源主管部门组织编制，报同级政府审批；在城镇开发边界外的乡村地区，以一个或若干行政村为单元，由乡镇政府组织编制"多规合一"的村庄规划，作为详细规划，报上一级政府审批。

详细规划主要内容包括选定技术经济指标，提出建筑空间处理要求，确定各项用地的控制性坐标、建筑物位置与标高等，由自然资源主管部门编制，然后交由同级政府审批。

3. 专项规划

专项规划是指国务院有关部门、设区的市级以上地方人民政府及其有关部门，对其组织编制的工业、农业、畜牧业、林业、能源、水利、交通、城市建设、旅游、自然资源开发的有关专项规划简称为专项规划。县级以上自然资源主管部门的事权，只在县级以上根据需要制订。专项规划是以国民经济和社会发展特定领域为对象编制的规划，是总体规划在特定领域的细化，也是政府指导该领域发展以及审批、核准重大项目，安排政府投资和财政支出预算，制订特定领域相关政策的依据。专项规划是针对国民经济和社会发展的重点领域和薄弱环节、关系全局的重大问题编制的规划，是总体规划的若干主要方面。其重点领域的展开、深化和具体化，必须符合总体规划的总体要求，并与总体规划相衔接。

国土空间总体规划是详细规划的依据、相关专项规划的基础。相关专项规划要相互协同，与详细规划做好衔接。

11.3.5 国土空间规划四体系

国土空间规划四体系分别为编制审批体系、实施监管体系、法规政策体系和技术标准体系。

1. 编制审批体系

编制审批体系应注意以下四点。

(1) 体现战略性。全面落实党中央、国务院重大决策部署,体现国家意志和国家发展规划的战略性,自上而下编制各级国土空间规划,对空间发展做出战略性、系统性安排。落实国家安全战略、区域协调发展战略和主体功能区战略,明确空间发展目标,优化城镇化格局、农业生产格局、生态保护格局,确定空间发展策略,转变国土空间开发保护方式,提升国土空间开发保护质量和效率。

(2) 提高科学性。坚持生态优先、绿色发展,尊重自然规律、经济规律、社会规律和城乡发展规律,因地制宜开展规划编制工作;坚持节约优先、保护优先、自然恢复为主的方针,在资源环境承载能力和国土空间开发适宜性评价的基础上,科学有序统筹布局生态、农业、城镇等功能空间,划定生态保护红线、永久基本农田、城镇开发边界等空间管控边界以及各类海域保护线,强化底线约束,为可持续发展预留空间。坚持山、水、林、田、湖、草生命共同体理念,加强生态环境分区管治,量水而行,保护生态屏障,构建生态廊道和生态网络,推进生态系统保护和修复,依法开展环境影响评价。坚持陆海统筹、区域协调、城乡融合,优化国土空间结构和布局,统筹地上地下空间的综合利用,着力完善交通、水利等基础设施和公共服务设施,延续历史文脉,加强风貌管控,突出地域特色。坚持上下结合、社会协同,完善公众参与制度,发挥不同领域专家的作用。运用城市设计、乡村营造、大数据等手段,改进规划方法,提高规划编制水平。

(3) 加强协调性。强化国家发展规划的统领作用,强化国土空间规划的基础作用。国土空间总体规划要统筹和综合平衡各相关专项领域的空间需求。详细规划要依据批准的国土空间总体规划进行编制和修改。相关专项规划要遵循国土空间总体规划,不得违背总体规划强制性内容,其主要内容要纳入详细规划。

(4) 注重操作性。按照“谁组织编制、谁负责实施”的原则,明确各级各类国土空间规划编制和管理的要点。明确规划约束性指标和刚性管控要求,同时提出指导性要求。制订实施规划的政策措施,提出下级国土空间总体规划和相关专项规划、详细规划的分解落实要求,健全规划实施传导机制,确保规划能用、管用、好用。

2. 实施监管体系

(1) 强化规划权威。规划一经批复,任何部门和个人不得随意修改、违规变更,防止出现换一届党委和政府改一次规划的情况。下级国土空间规划要服从上级国土空间规划,相关专项规划、详细规划要服从总体规划;坚持先规划、后实施,不得违反国土空间规划进行各类开发建设活动;坚持“多规合一”,不在国土空间规划体系之外另设其他空间规划。相关专项规划的有关技术标准应与国土空间规划衔接。因国家重大战略调整、重大项目建设或行政区划调整等确需修改规划的,须先经规划审批机关同意后,方可按法定程序进行修改。对国土空间规划编制和实施过程中的违规违纪违法行为，要严肃追究责任。

(2) 改进规划审批。按照谁审批、谁监管的原则，分级建立国土空间规划审查备案制度。精简规划审批内容，管什么就批什么，大幅缩减审批时间。减少需报国务院审批的城市数量，直辖市、计划单列市、省会城市及国务院指定城市的国土空间总体规划由国务院审批。相关专项规划在编制和审查过程中应加强与有关国土空间规划的衔接及“一张图”的核对，批复后纳入同级国土空间基础信息平台，叠加到国土空间规划“一张图”上。

(3) 健全用途管制制度。以国土空间规划为依据，对所有国土空间分区分类实施用途管制。在城镇开发边界内的建设，实行“详细规划＋规划许可”的管制方式；在城镇开发边界外的建设，按照主导用途分区，实行“详细规划＋规划许可”和“约束指标＋分区准入”的管制方式。对以国家公园为主体的自然保护地、重要海域和海岛、重要水源地、文物等实行特殊保护制度。因地制宜制订用途管制制度，为地方管理和创新活动留有空间。

(4) 监督规划实施。依托国土空间基础信息平台，建立健全国土空间规划动态监测评估预警和实施监管机制。上级自然资源主管部门要会同有关部门组织对下级国土空间规划中各类管控边界、约束性指标等管控要求的落实情况进行监督检查，将国土空间规划执行情况纳入自然资源执法督察内容。健全资源环境承载能力监测预警长效机制，建立国土空间规划定期评估制度，结合国民经济社会发展实际和规划定期评估结果，对国土空间规划进行动态调整完善。推进“放管服”改革，以“多规合一”为基础，统筹规划、建设、管理三大环节，推动“多审合一”“多证合一”。优化现行建设项目用地(海)预审、规划选址以及建设用地规划许可、建设工程规划许可等审批流程，提高审批效能和监管服务水平。

3. 完善法规政策体系

研究制订国土空间开发保护法，加快国土空间规划相关法律法规建设。梳理与国土空间规划相关的现行法律法规和部门规章，对“多规合一”改革涉及突破现行法律法规规定的内容和条款，按程序报批，取得授权后施行，并做好过渡时期的法律法规衔接。完善适应主体功能区要求的配套政策，保障国土空间规划有效实施。

4. 技术标准体系

(1) 完善技术标准体系。按照“多规合一”要求，由自然资源部会同相关部门负责构建统一的国土空间规划技术标准体系，修订完善国土资源现状调查和国土空间规划用地分类标准，制订各级各类国土空间规划编制办法和技术规程。

(2) 完善国土空间基础信息平台。以自然资源调查监测数据为基础，采用国家统一的测绘基准和测绘系统，整合各类空间关联数据，建立全国统一的国土空间基础信息平台。以国土空间基础信息平台为底板，结合各级各类国土空间规划编制，同步完成县级以上国土空间基础信息平台建设，实现主体功能区战略和各类空间管控要素精准落地，逐步形成全国国土空间规划“一张图”，推进政府部门之间的数据共享以及政府与社会之间的信息交互。

11.4 国土空间规划面临的现实问题与解决路径

11.4.1 新时期国土空间规划存在的问题

虽然我国有关国土空间规划的管制工作在不断完善,但受快速城镇化和工业化影响,以及缺乏长期且专门的顶层设计,我国编制国土空间规划面临的现实问题集中表现在以下几个方面。

1. 国土空间规划与管理体系框架不完善,法律法规体系不健全

目前我国大量的土地资源未得到合理利用,国土空间规划体系尚未健全,在经济的带动下,对土地资源的管理比较混乱,临时批复、临时启动项目的情况较多。较为常见的是城市的住宅项目和公共基础设施的用地比例不协调问题,由此引发的城市整体环境较差、不利于经济发展的现象层出不穷。

另外,空间规划的高速高质运行需要依托于国土空间规划部门职责分明、事权清晰、有效衔接的管理体制。然而,目前自上而下多级别开展规划编制与实施工作,虽然各项规划联系紧密,但仍存在各部门之间分割、事权分散等造成规划格局无序的问题。

由于管理主体不一、职责交叉重叠,加之管理带有一定的“计划经济”色彩,国土空间规划尚不能有效地适应我国社会主义市场经济发展要求。目前,虽然我国有关国土规划的现有法律法规及其政策制度文件已对国土规划及其相关规划做了大量的规定,但尚未形成完整统一的保障体系,在形式与内容上均存在不足之处,如“三规”中仅《城乡规划法》(2019最新修订)明确了城乡规划的法律地位。《土地管理法》(2017最新版)虽编制了土地利用规划内容,但与城乡规划相比,没有专门的法律,地位相对较弱。

2. 国土空间规划缺乏系统化基本规范

新时期背景下,各个行业的迅速发展更加需要结合空间规划手段进行统筹安排。而现如今空间规划工作规范化、系统化还未成熟,不能对未来规划工作进行较为合理的约束,使得规划工作的开展存在一系列的问题。土地资源性质的定义不明确,各地区规划标准不统一,使得国土空间规划工作不能够系统展开,影响了规划的质量和效率。

就我国的空间规划而言,缺乏综合性、统一性的空间规划协调机制,导致规划的实施难以对国土空间的资源开发与布局提供长远且有效的指导作用。现在的空间规划呈现以土地利用规划、城乡规划、主体功能区规划等为主的国土规划,和以保护生态的环境规划和其他规划的“三规并立”规划局面。与此同时,各项规划的编制标准存在差异,土地利用规划、城乡规划、环境规划的关注点有所偏差,对耕地资源保护、城乡建设、环境治理问题的规划治理手段不能达成一致。在用地结构、功能、空间布局中，各部门也缺乏充分交流，难免造成在实施过程中各项规划工作(包括用地标准、统计口径等)步调不一、缺乏协调等问题，导致各主管部门之间出现利益纠葛、责任推诿等现象，最终使得各项规划实施无法有效达到预期目标。

3. 国土空间规划方式不完善，调控力度不强

对有限的土地资源进行合理规划，保证土地资源分配的公平、合理，各个行业的发展需求都可以得到满足，是促进我国经济持续发展，解决社会内部问题的重要手段。有效解决社会发展中的矛盾问题、促进城市的和谐稳定发展、提升城市整体环境建设都将依托于国土空间规划的方式和调控力度。

以经济建设为中心的发展思想使过去的规划在制订过程中将经济发展作为规划编制的标杆，对社会的社会环境、文化环境、生态环境问题的关注力度较低，从而导致了一系列现实问题。虽然后期的规划编制将民生问题、生态问题等社会问题也作为规划的重点，但对规划的法制体系建设得不完善，规划手段贯彻力度不够，约束力和执行力薄弱，对部分地区生态安全意识的重视程度低等问题依旧突出。与此同时，各部门对具体规划内容的解释说明相对模糊，谈论的内容深度不一，在一定程度上影响了国土空间规划的实操性，实施难以落地。

盲目追求经济发展建设，脱离社会的现实生产建设需求且未严格遵循土地利用总体规划，极易造成区域建设扩张加速，土地刚性需求居高不下，土地供需矛盾加剧的问题，加之其与上一级国土规划及其相关规划衔接不当、管控不力，最终将导致农业生产空间、生态用地空间备受挤压，造成城镇建设、农业生产与生态保护在空间配置上的问题突出，使得不同空间尺度的社会经济建设与生态保护关系不协调。

4. 土地资源利用不合理

规划设计不规范或没有充分考虑土地利用的需求是当前土地资源没有得到合理利用的主要原因。必须采用合理的方法指导土地的使用，同时对整个土地使用计划进行审批，对计划进行各种不同角度的审核，才能避免开发规划出现问题。

在规划之前，要综合考虑地区人口密度、建筑密度、人均占地面积等多方面因素。土地资源的不合理利用会导致部分地区的土地资源短缺或土地资源大量闲置的问题，并且土地资源的利用开发通常需要经历一个长周期，所以一旦出现困难，很难得到及时的解决。

11.4.2　新时期国土空间规划工作问题的解决路径

为了进一步促进我国经济的发展，在新时期背景下，针对当前国土空间规划工作存在的问题，要采取有效的措施予以解决，国土空间规划体系和规划方式上要不断完善，使得规划方案更为合理，能有效分配土地资源，解决社会发展中的各种矛盾。

1. 不断完善国土空间规划体系框架

不断完善国土空间规划体系框架的主要目的是提升国土空间规划工作的合理

性。要实现框架的构建,首先要有一个整体的思路,结合当前的经济形势和社会发展状况来对所有的土地资源统计分类,然后按照未来的发展趋势对国土空间进行合理规划。国土空间规划的工作实施要注意横纵向的所属关系梳理,以确保整个规划方案是在规划体系内完成的,且更具有整体性,便于加强城县乡镇的有机统一和国土资源的合理配置。

2. 统一国土空间规划基本规则

目前我国有土地、城乡、地理国情普查、林业、海洋等多个分类标准,存在标准之间衔接性差、应用范围有局限、不被其他部门认可等问题。在全域全类型用途管制要求下,亟须建立一套统一的规划用地分类标准,统一国土空间用途分类标准规范。要基于土地利用现状调查,建立国土空间资源综合调查制度,推动调查成果集成共享,以适应国土空间精细化管理;要立足已有分类标准,实现土地、建设、林业等现有的相关国家或行业标准充分对接;要适应全域全类型用途管控要求,构建涵盖耕地、林地、草地、湿地等全部自然资源类型,适应新产业新业态、陆海统筹等要求的规划用地分类体系。

3. 健全国土空间规划管理机制

提高国土空间规划工作效率,必须完善国土空间规划管理机制,统一管理所有范围内的土地资源,结合当地的经济特色和未来的发展形势,合理规划。确认土地的规划方案后,在实际土地开发过程中,为了避免土地实际使用性质与规划类型不一致的情况,必须要有完善的管理机制解决这类问题,才能真正使土地开发的工作内容按计划进行,避免后期社会发展中的一些矛盾问题。

国土空间规划编制与实施过程中,政府在区际利益之间发挥的作用不足,多元主体参与的利益矛盾突显,强化区际多元主体参与、利益协调机制势在必行。区际利益矛盾多表现为跨区的区域公共问题,应进一步构建以"行政区"和"公共治理组织"为主体的多部门协同工作机制,健全区际利益协调分配机制。同时,以往以经济增长为单一目标的政绩考核体系中,部分地区把国土空间规划编制与实施的注意力多放于土地所能创造的经济价值上,不可避免地忽略了生态环境问题。因此,要建立包括经济效益、社会效益、生态效益在内的综合绩效评价机制。在生态文明建设理念指导的当下,应特别注重实施生态绩效考核机制以适应空间规划的时代要求,并完善生态考核标准及其内容,切实加强生态空间管控和分级管理力度。此外,为克服市场经济环境下的诸多不确定性因素,国土空间规划更应注重"过程性"规划,通过建立国土空间规划反馈与动态更新机制适应区域社会经济发展态势演变,以适时对国土空间规划进行调整与完善。

4. 加强国土空间规划的调控

为提高国土空间规划事业的合理性,完善规划的方式和管理机制后,政府要加强对国土空间规划项目的监管,培养负责国土空间规划工作的专业人才,深入研究国土空间规划事业对经济发展的重要意义。要做到这一点,必须投入足够的资金,只有增加资金投入，设立专项调查组，深入研究国土空间规划项目的合理性，学习一些新的规划方法，多引入发达国家的规划方法和规划内容，用以解决发展中的一些矛盾，提高国土空间规划事业的合理性，进一步促进我国经济发展。为进一步优化国土空间规划工作，政府要加大国土空间规划科研力度，深入分析土地资源利用与经济发展之间的关系，建立最优模型，确保土地资源高效利用。在新时期的经济发展中，要合理配合产业结构、控制土地规划性质、注重经济发展，做好生态环境的保护工作，实现稳定持久的可持续发展。

【思考题】

1. 国土空间规划主要解决的问题是什么？

2. 国土空间规划的“四梁八柱”和“三区三线”是什么？

3. 在国土空间规划体系中，总体规划、详细规划、专项规划三类规划之间是怎样协调关联的？

4. 五级国土空间规划有怎么的区别和联系？

【参考文献】

[1] 夏南凯，肖达. 国土空间规划经验与实践[M]. 上海：同济大学出版社，2020.

[2] 顾朝林，武廷海，刘宛. 国土空间规划前沿[M]. 北京：商务印书馆，2019.

[3] 吴次芳. 国土空间规划[M]. 北京：地质出版社，2019.

[4] 何冬华，邱杰华，袁媛，等. 国土空间规划[M]. 北京：中国建筑工业出版社，2020.

[5] 李洪兴，石水莲，崔伟，等. 区域国土空间规划与统筹利用研究[M]. 沈阳：辽宁人民出版社，2019.

[6] 温锋华，沈体雁，崔娜娜. 村庄规划：村域国土空间规划原理[M]. 北京：经济日报出版社，2020.

[7] 陈明. 基于省域视角的国土空间规划编制研究和情景分析[M]. 北京：商务印书馆，2017.

[8] 田志强，吕晓，周小平，等. 市县国土空间规划编制理论方法与实践[M]. 北京：科学出版社，2019.

[9] 赵民. 国土空间规划体系建构的逻辑及运作策略探讨[J]. 城市规划汇刊，2019(4).

[10] 潘海霞，赵民. 关于国土空间规划体系建构的若干辨析及技术难点探讨[J]. 城市规划学刊，2020(1)：17-22.

[11] 林坚，宋萌，张安琪. 国土空间规划功能定位与实施分析[J]. 中国土地，2018(1)：15-17.

第12章 气候与城市

气候在城市的发展中一直扮演着举足轻重的作用，城市发展的历史亦是对气候条件创造性使用的历史。气候变化影响着设计的理念，同时也让设计面临着新的挑战。气候条件对建筑设计、城市选址以及城市布局模式的影响由来已久。对气候条件的深度运用成为古代建筑设计以及城市建设布局的基础，过去的设计师根据当地气候和环境特征进行的规划和建设实践的经验成为指导后来设计的科学依据，衍生出的诸多建筑形式以及建城模式成为后来设计的重要参考。

12.1 影响气候的要素因子

影响气候的主要因素包括太阳辐射、大气环流、下垫面因素、人类活动因素等。

12.1.1 太阳辐射因素——决定气温

太阳辐射是指太阳以电磁波的形式向外传递能量，太阳向宇宙空间发射的电磁波和粒子流。太阳辐射所传递的能量，称太阳辐射能。地球所接受到的太阳辐射能量虽然仅为太阳向宇宙空间放射的总辐射能量的二十二亿分之一，但却是地球大气运动的主要能量源泉，也是地球光热能的主要来源。太阳辐射在大气上界的分布是由地球的天文位置决定的，称为天文辐射。由天文辐射决定的气候称为天文气候。天文气候反映了全球气候的空间分布和时间变化的基本轮廓。太阳辐射是造成气候差异的基本因素，是影响地面温度的决定性因素。

12.1.2 大气环流因素——决定降水

大气环流是指具有世界规模的、大范围的大气运行现象。它既包括平均状态，也包括瞬时现象，其水平尺度在数千千米以上，垂直尺度在10 km以上，时间尺度在数天以上，也是大气大范围运动的状态。某一大范围的地区（如欧亚地区、半球、全球），某一大气层次（如对流层、平流层、中层、整个大气圈）在一个长时期（如月、季、年、多年）的大气运动的平均状态或某一个时段（如一周、梅雨期间）的大气运动的变化过程都可以称为大气环流。大气环流促进了高低纬度之间、海陆之间热量和水分的交换，调整了全球热量和水分的分布。大气环流的状态直接决定着各地的天气过程，也就决定着各地气候的形成。大气环流是造成气候差异的直接因素。

12.1.3 下垫面因素

下垫面因素对流层大气中的热量和水分主要来自地面，地面性质的不同直接影响到大气的水热状况乃至运动特征。

1. 海陆差异的影响

由于海陆热力性质的差异，海陆水热特征不同，形成大陆性和海洋性两种气候类型。

2. 洋流的影响

洋流对所经地区的气温和降水有着显著影响。暖流有增温增湿的作用，寒流有降温减湿的作用，一般来说，暖流经过的地区气候温暖湿润，寒流经过的地区气候寒冷干燥。如：澳大利亚西海岸和秘鲁太平洋沿岸的荒漠环境与沿岸的寒流影响密不可分；伦敦温暖湿润的气候主要受沿岸的西风和暖流的影响而形成。

3. 地形的海拔高度影响

我们知道，陆地上分布着山地、高原、平原和盆地等地形，由于对流层大气的温度随高度升高而降低，因此海拔高的地区气温低于海拔地的地区，造成山地不同高度的气候不同。“一山有四季，十里不同天”“人间四月芳菲尽，山寺桃花始盛开”就是地形的海拔高度影响的。

4. 地形的坡向影响

地形不仅有高度之分，而且有坡向之分，在山的阳坡与阴坡，迎风坡与背风坡，气候也存在着显著的差异。

坡向对气候的影响表现为：迎风坡上升的湿润气流带来降水，而背风坡下沉气流带来干燥的空气。

地形的其他因素，如地表的物质组成不同，对太阳的反射率不同，从而直接影响到对太阳辐射能的吸收情况，导致地区间热量状况出现差异。

除了以上自然因素对气候产生影响外，随着工业的发展和人类社会的进步，人类活动也对气候产生深远的影响。

12.1.4 人类活动因素

人类在生产和生活过程中有意识或无意识地对气候产生的影响，包括改变大气成分和水汽含量，向大气释放热量，以及改变下垫面的物理特性和生物学特性等所产生的气候效果。

20世纪30年代以来，人们就开始注意人类活动对局部地区气候的影响，以后逐渐注意其对全球气候的影响。人类活动对全球气候的影响虽仍缺少定量数据，但人类活动能直接或间接地影响气候是肯定的。人类活动能力仍在不断提高，研究人类活动对气候的影响，是越来越迫切的科学问题。人类活动也会对大气成分产生影响。工业生产和人类生活消耗的燃料，农作物残梗、森林和草原的焚烧，以及过度放牧和盲目开荒等，使大量二氧化碳等气体和气溶胶进入大气，导致大气组成成分不断变化。

组成自然地理环境的气候、土壤、水文、生物等要素是相互联系、相互影响的。

气候是地理环境中的重要组成要素,地球的气候处于不停的变化之中。也正是气候的变化,使地球上的水圈、岩石圈、生物圈等得以不断改造,并且经过漫长的演化,最终形成了人类赖以生存的地理环境。可见,气候在地理环境形成和演变中起着至关重要的作用。我们要深刻理解太阳辐射、大气环流、下垫面因素和人类活动对气候的影响,保护地球的大气环境,从而创造一个适宜生物生存的地理环境。

12.2 城市规划建设对气候信息运用的历史沿革

人类文明早期,就有对气候信息进行顺应利用的例子。

在建筑层面,基于太阳辐射的差异开展适应性设计。寒冷地区的居住形式多为"无屋宇,并依山水掘地为穴,架木于上,以土覆之,状如中国之冢墓,相聚而居"。这种建筑形式最大限度地利用了冬天的太阳照度给房屋供暖,同时又使它们免受夏日阳光的直射,如中国东北地区的地下、半地下穴居形式,因纽特人冰制的圆顶小屋等。炎热地区的建筑则注重于通风、防晒,如巴格达地区传统的内院式住宅,外紧内松的布局形式最大程度上减少了外部的太阳辐射,又促进了内部的交换散热。

基于降水差异也有适应性设计。干燥少雨的地区,主要考虑防晒以及保湿,因此在建筑设计上形成了平屋顶或者窑洞的建筑形式,如新疆喀什建成的屋顶院落。潮湿多雨地区,在建筑设计上需考虑通风、防水,因此建筑屋顶多为尖顶,且底层架空,如干栏式建筑、骑楼等建筑形式。

在城市层面,气候条件是对城市规划建设起到重要作用的主导生态因子之一,"形式追随气候"应像"形式追随功能"一样,成为城市设计的基本原则。在中国古代,基于"天人合一"的哲学观念,产生了"要顺之以天理",追求与天同源、同构,与自然和谐统一的建城思想。"负阴抱阳,背山面水"的风水学说是祖先在城市或聚落选址上适应气候的经验提炼。春秋时期,已有城市应用科学选址以适应气候环境的意识。《管子》中许多论述都体现了这一建城选址思想,如:《乘马篇》中的"凡立国都,非于大山之下,必于广川之上。高毋近旱而用水足,下毋近水而沟防省"。《度地篇》中的"故圣人之处国者,必于不倾之地,而择地形之肥饶者,此所谓因天之固,归地之利"。《度地篇》还进一步明确了防灾意识,提出要避"五害",即水、旱、风雾、电霜、厉及虫,并以治水为首要。

在世界的建城思想中,维特鲁威的《建筑十书》要求城市选址在高爽地段,有利于避风、浓雾、酷热,且需接近水源,交通便利。阿尔伯蒂在《论建筑》中继承了维特鲁威的思想,主张从城市的环境因素考虑城市的选址选型,认为不同的气候条件衍生出了不同的城市簇群形态,例如:北非地区全年干旱炎热,因此其城镇形态表征为紧凑密集的簇群形态;东南亚村落全年气候潮湿炎热,因此其城镇布局表现为稀疏、松散的结构形态。

随着科学技术的进步,人类开始有足够的能力去改变不利的建设条件,将大量的人工干预投入到建设中，此时是以功能需求为主导的，对自然环境、气候的影响最大，因此涌现出大量的城市气候问题，例如城市热岛、城市污染、城市内涝等。1963年，V. 奥戈亚提出"生物气候地方主义"的设计理论，将气候适应性纳入建筑设计中，随后勒·柯布西耶、查尔斯·柯里亚、杨经文等许多现代和当代建筑师也开始重视气候与建筑设计的关系。进入21世纪，城市气候问题在全球范围内日渐凸显，各国都开始从政府层面制订相应的适应气候变化策略。2006年，中国政府发布了《气候变化国家评估报告》，2008年，伦敦市政府推出了《伦敦适应气候变化战略》，在伦敦市进行气候影响评估以及对各种气候问题进行响应。2010年，联合国减灾委员会提出了建立"适应型城市(resilient city)"，将气候适应性设计明确推行到规划领域。同年发表的《波恩声明》中，倡导城市管理者应推动适应气候变化和防灾减灾的规划策略的实施，随后美国规划学会发布了《规划与气候变化政策指南》，建议通过相应的政策与方法推动城市规划在应对气候变化风险中的积极作用。

12.3　城市主要气候问题及成因

12.3.1　城市热岛

城市热岛效应是指城市因大量的人工发热、建筑物和道路等高蓄热体及绿地减少等因素，造成城市"高温化"，城市中的气温明显高于外围郊区。在近地面温度图上，郊区气温变化很小，而城区则是一个高温区，就像突出海面的岛屿。这种岛屿代表高温的城市区域，被形象地称为城市热岛。形成城市热岛效应的主要因素有城市下垫面、人工热源、水气影响、空气污染、绿地减少、人口迁徙等多方面的因素。

城市热岛效应的影响因素如下。

(1) 城市下垫面。

受城市下垫面(大气底部与地表的接触面)特性的影响。城市内有大量的人工构筑物，如混凝土、柏油路面、各种建筑墙面等，改变了下垫面的热力属性，这些人工构筑物吸热快而热容量小，在相同的太阳辐射条件下，它们比自然下垫面(绿地、水面等)升温快，因而其表面温度明显高于自然下垫面。

城市地表含水量少，热量更多地以显热形式进入空气中，导致空气升温。同时城市地表对太阳光的吸收率较自然地表高，能吸收更多的太阳辐射，进而使空气得到的热量也更多，温度升高。如夏季，草坪温度为32 ℃，树冠温度为30 ℃，而水泥地面的温度可以达到57 ℃，柏油马路的温度高达63 ℃，这些高温物体形成巨大的热源，烘烤着周围的大气。

城区大量的建筑物和道路构成以砖石、水泥和沥青等材料为主的下垫层，这些材料热容量、导热率比郊区自然界的下垫层要大得多，而对太阳光的反射率低、吸收率大。因此在白天，城市下垫层表面温度远远高于气温，其中沥青路面和屋顶温度可高出气温 8 ℃～17 ℃。此时下垫层的热量主要以湍流形式传导，推动周围大气上升流动，形成“涌泉风”，并使城区气温升高。在夜间，城市下垫面层主要通过长波辐射，使近地面大气层温度上升。城区下垫层保水性差，水分蒸发散耗的热量少(地面每蒸发 1 g 水，下垫层失去 2.5 kJ 的潜热)，所以城区潜热大，温度也高。

(2) 人工热源。

城市内拥有大量锅炉、加热器等耗能装置以及各种机动车辆。这些机器和人类活动都消耗大量能量，大部分以热能形式传给城市大气空间。工厂生产、交通运输以及居民生活都需要燃烧各种燃料，每天都在向外排放大量的热量。工厂、机动车、居民生活等燃烧各种燃料、消耗大量能源，就像无数个火炉在燃烧，都在排放热量。

(3) 水汽影响。

除了绿地能够有效缓解城市热岛效应之外，水面、风等也是造成城市热岛的因素。城区密集的建筑群、纵横的道路桥梁，构成较为粗糙的城市下垫层，因而对风的阻力增大，风速降低，热量不易散失。在风速小于 6 m/s 时，可能产生明显的热岛效应，风速大于 11 m/s 时，下垫层阻力不起什么作用，此时热岛效应不太明显。

水的热容量大，在吸收相同热量的情况下，升温值最小，表现出比其他下垫面的温度低；水面蒸发吸热，也可降低水体的温度。风能带走城市中的热量，也可以在一定程度上缓解城市热岛。因此在城市建筑物规划时，要结合当地的风向，设计有利于空气流通的建筑物，如小区拆掉院墙，建成栅栏式围栏，以增加空气流通。

(4) 空气污染。

城市中的机动车辆、工业生产活动以及大量的人群活动，产生了大量的氮氧化物、二氧化碳、粉尘等。这些物质可以大量吸收环境中热辐射的能量，产生温室效应，引起大气的进一步升温。大气污染使得城区空气质量下降，烟尘、SO_2、NO_2、CO 含量增加，这些物质都是红外辐射的良好吸收者，使城市大气吸收较多的红外辐射而升温。

大气污染在城市热岛效应中起着相当复杂特殊的作用。来自工业生产、交通运输以及日常生活中的大气污染物在城区浓度特别大，它像一张厚厚的毯子覆盖在城市上空。白天它大大地削弱了太阳直接辐射，城区升温减缓，有时可在城市产生“冷岛”效应。夜间它将大大减少城区地表有效长波辐射所造成的热量损耗，起到保温作用，使城市比郊区“冷却”得慢，形成夜间热岛现象。

(5) 绿地减少。

城市里中绿地、林木和水体的减少也是热岛效应的一个主要原因。随着城市化的发展，城市人口的增加，城市中的建筑、广场和道路等大量增加，绿地、水体等却相应减少，城市缓解热岛效应的能力被削弱。既然城市中人工构筑物的增加、自然下垫面的减少是引起热岛效应的主要原因，那么在城市中通过各种途径增加自然下垫面的比例，便是缓解城市热岛效应的有效途径之一。

(6) 人口迁徙。

在中国，春节期间的人口大迁徙被称为世界上每年最大规模的人类迁移，人次多、周期短、方向性强，具有很强的规律性。最新研究结果表明，中国春节期间大规模人口迁移对城市热岛效应有显著影响，这种影响尤以夜间更为明显。春节期间城区人口大规模移出减少了人类活动，进而减少了来自汽车尾气、工业生产的能源消耗、城市建筑物的各种消耗等人为热的释放，导致城市热岛效应明显减弱。北京、深圳等大城市也存在类似的现象，超大城市、大城市人口迁移对城市热岛效应的影响却不一定比普通城市强。因为春节期间城市热岛变化会受到人口流动量、气候背景以及人为热的构成等因素的影响。例如，北方城市冬天用于取暖的人为热的释放要比南方城市大得多。关于人类活动对气候影响方面的研究主要集中在温室气体排放、土地利用以及气溶胶等的作用方面。但是，人口迁移流动对气候有无影响、影响有多大尚没有引起足够的重视。

12.3.2 城市内涝

城市内涝是指由于强降水或连续性降水超过城市排水能力致使城市内产生积水灾害的现象。造成内涝的客观原因是降雨强度大，范围集中。降雨特别急的地方可能形成积水，降雨强度比较大、时间比较长，也有可能形成积水。

夏季降雨强度大，暴雨时间连续，范围较为集中；部分地区排水设施不健全、不完善，排水不畅。

城市内涝的成因如下。

(1) 地形地貌。

地势比较高的地区不容易形成积水，例如苏州、无锡等老城虽然是水乡城市，但是因为老城都选择地势比较高的地区，所以不怎么容易形成积水。城市范围内地势比较低洼的地区，就容易形成内涝。城市建设用地选择什么样的地形地貌非常重要，如果选择在低洼地或是滞洪区，降雨积水的可能性就非常大。

(2) 排水系统。

国内一些城市排水设施不完善，排水管网不够健全，排水管道老化，排水标准比较低，排水系统建设滞后。

城市内大量的硬质铺装，如柏油路、水泥路面等，渗透性不好，降雨时，水不容易入渗。

(3) 环境影响。

城市植被稀疏，水塘较少，无法贮存雨水，短期内大量降雨会导致“汇水”现象，形成路面积水。

热岛效应导致暴雨频繁出现，雨季降水集中，降水量大。

城市汽车尾气排放过多，空气中粉尘颗粒物增加，容易产生凝结核，导致降水量增加。

12.3.3 城市污染

城市通风不畅会导致城市污染。城市环境污染，是在城市的生产和生活中，向自然界排放的各种污染物,超过了自然环境的自净能力,遗留在自然界,并导致自然环境各种因素的性质和功能发生变异,破坏生态平衡,给人类的身体、生产和生活带来危害的现象。

城市污染的成因如下。

(1) 城市污染物排放量的增加。

城市中污染物排放主要来源于工业、生活以及交通运输等活动。①工业污染物排放量显著增加,工业排放到大气中的污染物种类繁多,性质复杂,有烟尘、硫氧化物、氮氧化物、有机化合物、卤化物、碳化合物等。②生活炉灶与采暖锅炉也是污染物排放的重要来源,城市中大量民用生活炉灶和采暖锅炉需要消耗大量煤炭,煤炭在燃烧过程中要释放大量的灰尘、SO_2、CO 等有害物质。③交通运输活动中也会产生大量的污染物。汽车、火车、飞机、轮船是当代的主要运输工具,燃料产生的废气也是城市空气污染物的来源。

(2) 城市通风不畅。

空气中的污染物会随着大气环流被逐渐混合稀释,然而近年来密集的城市建设让城市通风不畅,污染物得不到有效的疏散,从而逐渐累积,造成空气污染。

12.4 缓解城市气候问题的规划导则指引

为缓解气候问题,城市规划要针对气候变化采取相应的措施,具体的规划导则指引在下文中详述。

12.4.1 缓解城市热岛效应的规划导则指引

(1) 要保护并增大城区的绿地、水体面积。因为城区的水体、绿地对减弱夏季城市热岛效应起着十分明显的作用。

(2) 城市热岛强度随着城市发展而加强,因此在控制城市发展的同时,要控制城市人口密度、建筑物密度。因为人口高密度区也是建筑物高密度区和能量高消耗区,常形成气温的高值区。

(3) 建筑物淡色化以增加热量的反射。

(4) 采取"透水性公路铺设计划",即用透水性强的新型柏油铺设公路,以储存雨水,降低路面温度。

(5) 形成环市水系,调节市区气候。因为水的比热大于混凝土的比热,所以在吸收相同热量的条件下,两者升高的温度不同而形成温差,这就必然加大热力环流的循环速度,而在大气的循环过程中,环市水系又起到了二次降温的作用,这样就可以使城区温度不致过高,就达到了防止城市热岛效应的目的。

(6) 提高人工水蒸发补给,例如用喷泉、喷雾、细水雾浇灌。

(7) 市区人口稠密也是热岛效应形成的重要原因之一。所以,在今后的新城市规划时，可以考虑在市中心只保留中央政府和市政府、旅游、金融等部门，其余部门应迁往卫星城，再通过环城地铁连接各卫星城。

12.4.2 缓解城市内涝的规划导则指引

(1) 公园、停车场、运动场等设计相对低一点，暴雨时雨水暂时存在这里，就不会影响正常的交通。

(2) 市区内建设绿地，充分发挥绿地渗水功能，进行雨水量平衡，实现防灾减灾的作用。

(3) 建设暂时储水的调节池，降雨时收容过量雨水，雨后可进行二次排水。

(4) 建立多层监管体系。

①设计行业需依照规范做事，规范必须严谨且有前瞻性，“有远虑则无近忧”。

②加强市场监管，既要保障投资走向和可持续性，又要确定保险公司的责任。

③制订配套法律和有约束力的城市规划，落实财政投入，设定建设和改善的时间表，如此可以依法依规划行政问责，取得实效。

(5) 采取工程措施。

①整治河道，采取挖、扩、分等综合措施整治河道。

②改造地下管网，如适当扩大管径，解决雨污分流问题。

③增加排涝设施，如建排涝挡潮闸、排涝泵站。

④增加调蓄能力，如修建蓄水池、调蓄湖等。

⑤增加渗透能力，如铺设透水路面、修建下凹式绿地等。

(6) 非工程措施。

①城市暴雨内涝风险评估。利用遥感技术(remote sensing，RS)和地理信息系统(geographic information system，GIS)和土地利用、数字高程模型(digital eveluation model，DEM)等来建立模型来评估风险。

②适当增大设计参数。如增大雨水管渠设计重现期的取值。

③完善城市防洪减灾政策与法规。约束和制裁不利于防洪减灾的经济社会活动，以实现防洪减灾的目标。

④建立城市排涝工程管理机制。合理调整城市水利基金支出和使用结构，建立渠道畅通、管理严格的资金投入机制。

⑤借鉴国外防治内涝经验。日本、德国都是治理内涝和雨水利用技术十分先进的国家，可以借鉴它们的经验及技术。

12.4.3 缓解城市通风的规划导则指引

(1) 主导风向应尽量平行于布局的风道，且在风口位置保持一个较大的开口(图12-1)。

(2) 在保证开发强度的前提下，减小建筑密度，适当提高容积率将有助于通风(图12-2)。但是容积率超过2时，应慎重考虑。

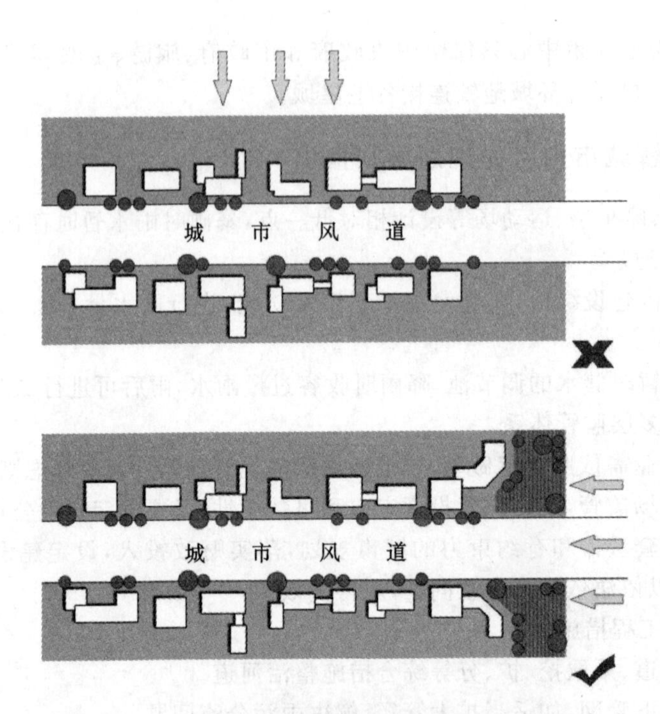

图 12-1 主导风向应尽量与风道平行(图片来源:自绘)

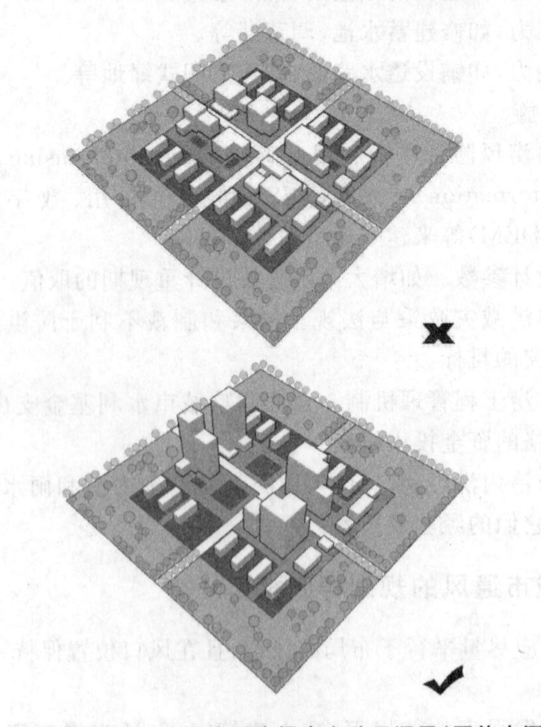

图 12-2 建筑密度减小、容积率适当提高有助于通风(图片来源:自绘)

(3) 尽量在设计用地风吹入位置预留一定的空地，这将有助于通风。这种空地可以与广场结合布置(图 12-3)。

(4) 相较于建筑对齐的规整行列式布局，适当对建筑进行错落排布有助于通风(图 12-4)。

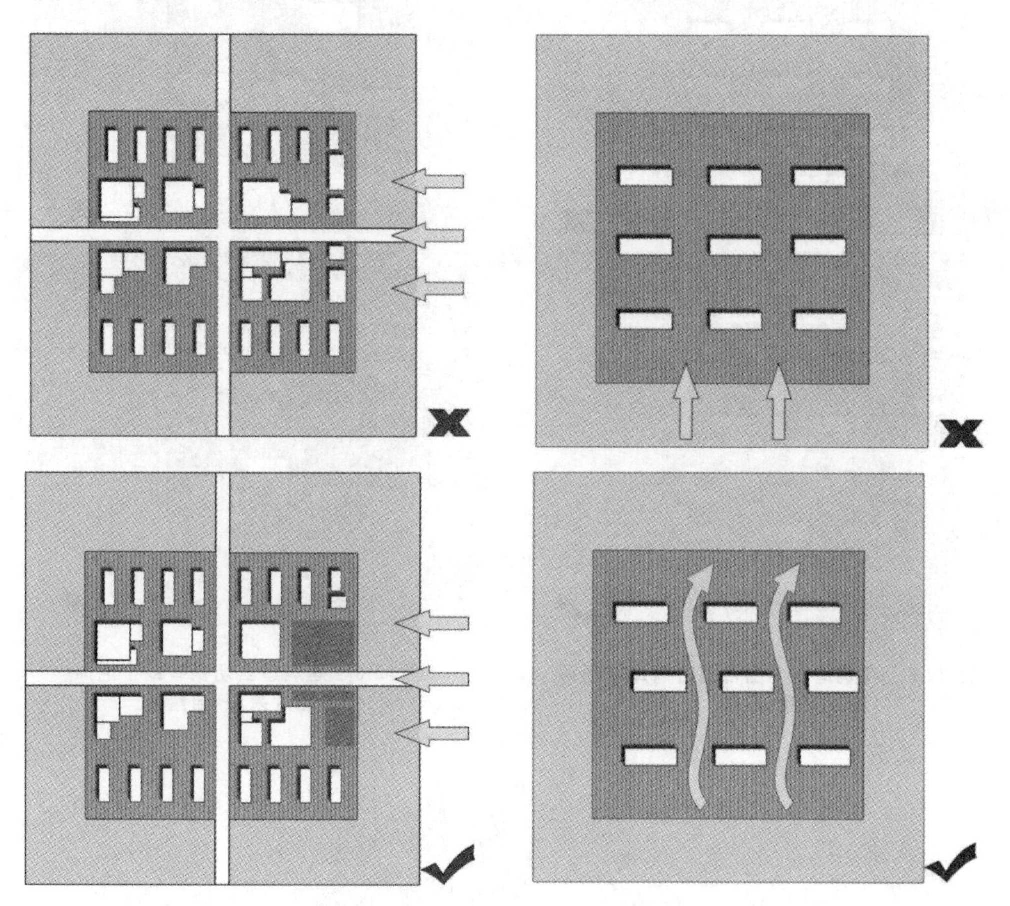

图 12-3　在风口位置预留空地有助于通风
(图片来源：自绘)

图 12-4　建筑错落排布有助于通风
(图片来源：自绘)

(5) 在保证同样开发强度的前提下，建筑的适当围合有助于通风，且为了保证整体通风环境，适当采用半围合(图 12-5)。

(6) 建筑适当切割可以增加通风，但是这种切割不宜太碎，切割出的开口需要有一定的宽度，太细的通道反而会危害通风，在主导风向、来流风向上进行切割更有效(图 12-6)。

(7) 风道数量增加对通风效果影响不大，保持单条风道适当的宽度更为重要(图 12-7)。

(8) 广场布局位置的选择最好是来流风向的上风向，中心位置布置广场不利于通风(图 12-8)。

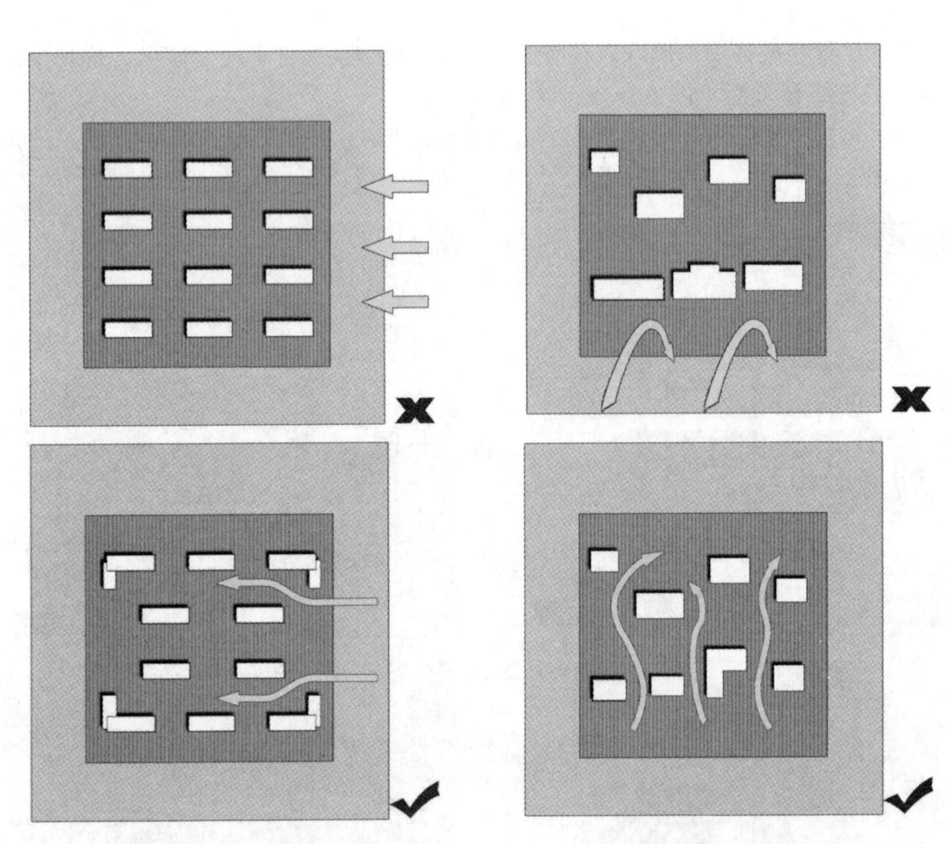

图 12-5 建筑适当半围合围合有助于通风(图片来源:自绘)

图 12-6 建筑适当切割有助于通风(图片来源:自绘)

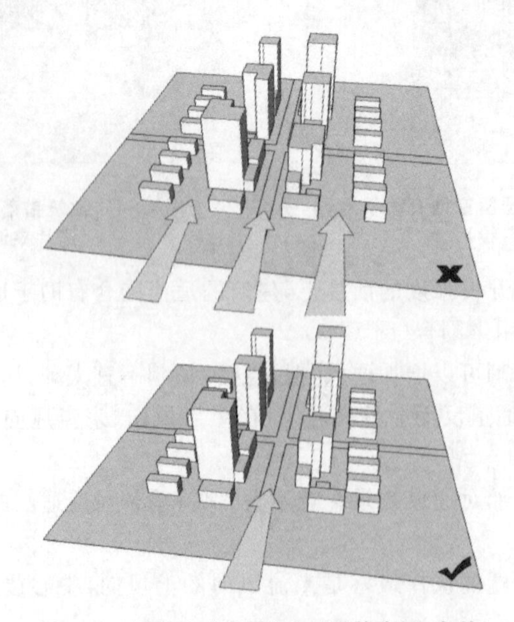

图 12-7 风道宽度影响通风(图片来源:自绘)

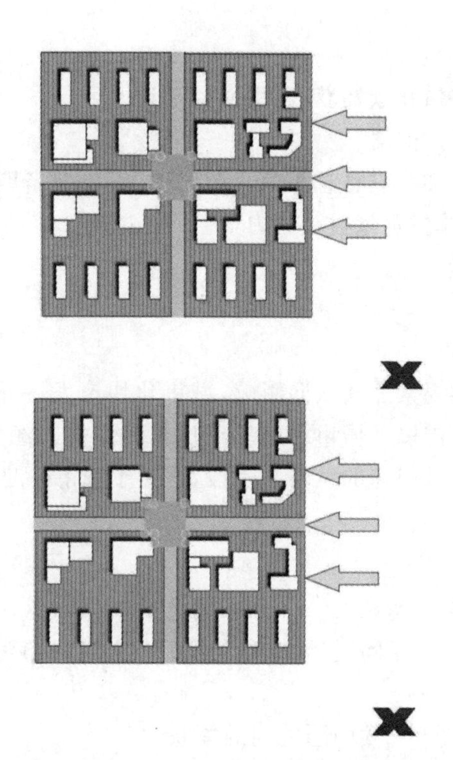

图12-8　上风向布置广场有益于通风(图片来源:自绘)

12.4.4　实现碳达峰、碳中和

碳达峰是指我国承诺2030年前，二氧化碳的排放不再增长，达到峰值之后逐步降低。

碳中和是指企业、团体或个人测算在一定时间内直接或间接产生的温室气体排放总量，然后通过植物造树造林、节能减排等形式，抵消自身产生的二氧化碳排放量，实现二氧化碳"零排放"。

气候变化是人类面临的全球性问题，随着各国二氧化碳排放量增加，温室气体猛增，生态系统受到威胁。在这一背景下，世界各国以全球协约的方式减排温室气体，我国由此提出碳达峰和碳中和目标。

实现碳达峰与碳中和的主要途径如下。

①通过节能和提高能效，降低能源消费总量(特别是降低化石能源消费)。

②利用非化石能源替代化石能源；解决碳排放问题关键要减少能源碳排放，治本之策是转变能源发展方式，加快推进清洁替代和电能替代，彻底摆脱化石能源依赖，从源头上消除碳排放。清洁替代即在能源生产环节以太阳能、风能、水能等清洁能源替代化石能源发电，加快形成清洁能源为主的能源供应体系，以清洁和绿色方式满足用能需求。电能替代即在能源消费环节以电代煤、以电代油、以电代气、以电代柴，用的是清洁发电，加快形成以电为中心的能源消费体系，让能源使用更绿色、

更高效。

③利用新技术将二氧化碳捕获、利用或封存到地下。

④通过植树造林增加碳汇。

碳中和目标的实现和我们息息相关。及时关电脑,自备购物袋、种一棵树等,每个人都能为碳中和、碳减排贡献自己的力量。

12.5 小结

城市的发展与气候要素之间双向影响,城市化快速发展导致了一系列的城市问题,如城市热岛、城市内涝以及城市污染。经过长时间实践经验的总结,规划师们给出了一系列解决城市气候问题的策略与手段,这对于城市的健康优化设计是有益的。

【思考题】

1. 什么是碳中和与碳达峰?

2. 面对城市诸多的气候问题(城市热岛、城市内涝、城市污染等),城市规划设计师应如何应对?

3. 分析城市化与城市气候问题之间的关联性。

【参考文献】

[1] 吴建国,吕佳佳,艾丽.气候变化对生物多样性的影响:脆弱性和适应[J].生态环境学报,2009,18(2):693-703.

[2] 崔胜辉,李旋旗,李扬,等.全球变化背景下的适应性研究综述[J].地理科学进展,2011,30(9):1088-1098.

[3] 宋德萱,魏瑞涵.气候适应性城市设计途径研究[C]//国际绿色建筑与建筑节能大会.北京:新华出版社,2015:1-7.

[4] 田银生.自然环境——中国古代城市选址的首重因素[J].城市规划汇刊,1999(4):28-29+13-7.

[5] 尤因,巴塞洛缪,温克尔曼,等.清凉增长:城市发展与气候变化的证据[J].国际城市规划,2013(2):12-18.

[6] 格劳,高枫,孙峥.气候适应型城市区域设计[J].中国园林,2014(2):67-72.

[7] 陈喆,魏昱.规划与设计中城市气候问题探讨[J].新建筑,1999(1):67-68.

[8] 张蔚文,何良将.应对气候变化的城市规划与设计——前沿及对中国的启示[J].城市规划,2009(9):38-43.

[9] 冒亚龙,何镜堂.遵循气候的生态城市节能设计[J].城市问题,2010(6):44-49.

[10] 魏薇,秦洛峰.德国适应气候变化与保护气候的城市规划发展实践[J].规划师,2012(11):123-127.

[11] 任超,吴思融,Katzschner Lutz,,等.城市环境气候图的发展及其应用现状[J].应用气象学报,2012(5):593-603.

[12] 王频,孟庆林.多尺度城市气候研究综述[J].建筑科学,2013(6):107-114.

[13] 刘滨谊,张德顺,张琳,等.上海城市开敞空间小气候适应性设计基础调查研究[J].中国园林,2014(12):24-29.

[14] 冷红,袁青.城市微气候环境控制及优化的国际经验及启示[J].国际城市规划,2014(6):114-119.

[15] 刘姝宇,宋代风,王绍森.城市气候问题解决导向下的当代德国建设指导规划[M].厦门:厦门大学出版社,2014.

[16] 巴尔克利.城市与气候变化[M].陈卫卫,译.上海:商务印书馆,2020.

[17] 闫利,胡纹,顾力溧.广场空气质量与空间设计要素相关性分析——以乌鲁木齐钻石城广场的六个设计方案为例[J].城市规划,2020,448:61-70.

[18] 黄焕春,运迎霞,王世臻.城市热岛的形成演化机制与规划对策[M].北京:中国建筑工业出版社,2016.

[19] 钱维宏.全球气候系统[M].北京:北京大学出版社,2009.